U0248077

自然的恐惧
中国古代的人与蛇

THE NATURAL FEAR

A HISTORY OF HUMAN BEING

AND

SNAKE IN CHINA

吴杰华　著

天津出版传媒集团

天津人民出版社

图书在版编目（CIP）数据

自然的恐惧：中国古代的人与蛇 / 吴杰华著. --
天津：天津人民出版社，2022.12
ISBN 978-7-201-19065-5

Ⅰ.①自… Ⅱ.①吴… Ⅲ.①人—关系—蛇—历史—
研究—中国 Ⅳ.①X24-092

中国版本图书馆 CIP 数据核字(2022)第 241071 号

自然的恐惧：中国古代的人与蛇

ZIRAN DE KONGJU：ZHONGGUO GUDAI DE REN YU SHE

出　　版	天津人民出版社
出 版 人	刘　庆
地　　址	天津市和平区西康路35号康岳大厦
邮政编码	300051
邮购电话	(022)23332469
电子信箱	reader@tjrmcbs.com

责任编辑	吴　丹
装帧设计	卢炀炀

印　　刷	天津海顺印业包装有限公司
经　　销	新华书店
开　　本	710毫米×1000毫米　1/16
印　　张	17.5
插　　页	2
字　　数	235千字
版次印次	2022年12月第1版　　2022年12月第1次印刷
定　　价	68.00元

序

吴杰华博士的《自然的恐惧：中国古代的人与蛇》一书即将付梓，作为他开展此项研究的主要对话者，我乐意受命赘言几句，以示特别推介之意。

单独乍看这部新著，读者或因其专讲人—蛇的故事而感到奇兀且心生疑窦：这是在为蛇类书写历史吗？其企图、目标和意义何在？但这部在博士学位论文基础上加工完成的作品，可在中外环境史学发展历程之中找到学术脉络。我想说明和坦承的是，这是南开环境史学规划之中的一项成果。当年杰华选择这个课题，本人曾经施加了些许影响，或者说我的某种学术设想，杰华正在帮助实现，所以我由衷地为他感到高兴。

在闻知"环境史"这个名词以前，我已经隐隐感到历史的内容比教科书所告诉我们的远为丰富和庞杂，即便仅把历史界定在"人的历史"，亦远非人类所能独自创造，众多自然因素包括其他物种曾经参与其中。30多年前刚开始研究农业史时，我即对历史上的动物产生兴趣，曾受文化人类学家凌纯声启发写过关于中国古代"犬文化"的文章，还收集整理过鼠类史料。转向环境史研究以后陆续拜读一些动物史和动物学史论著，特别是学习历史地理学家文焕然、何业恒等人的精彩论说后，我更加确信人与动物关系是非常重要而有趣的史学课题，写过关于中古华北鹿和鱼的文章，但同时深知这个方面有无数问题值得探讨，需要组织力量系统推进。最近10多年，我不断鼓动青年同伴（包括同事、博士后人员、研究生甚至本科生）开展相关探索，而他们已就鸟类（如大雁、喜鹊）、兽类（如老虎、驯象）、昆虫（如蜜蜂）……做了许多有益尝试。当年受邀主持《南开学报》"环境史研究专栏"时，我组织过《环境史视野下人与动物的关系》专题讨论［见《南开学报》（哲学社会科学版）2013年第4期］，在"主持者言"中曾简要说明了探讨历史上的人与动物关系的目的和意义，似未引起多少关注。其中一些言论对推介杰华这部新作倒是相当应景，不妨复述一下：

> 地球是人类唯一的家园。但这个家园不只属于我们，也属于其他物种。这个世界生机勃勃、奇丽瑰伟，不仅因为有人类活动和文明进步，还因为有无数物种和生命形式与我们共同栖息、生长、繁衍和进化于生物圈，构成一个相互依存的生命共同体。自从人猿揖别，人类自信就不断增强，自诩万物灵长，长期以来未能处理好与其他物种的关系，承担好保护生命共同体应尽的道德义务，导致物种锐减、生物多样性严重破坏，长此以往必将祸及人类自身。近半个世纪以来，相关问题日益受到普遍关注，环境史家亦自觉开展对人类与其他物种关系的历史探讨，给保护动植物资源和生物多样性提供过往经验，这是生态文明建设的一项重要基础性工作。

近年来，动物史研究渐成热点，国内一批学者积极推进，而在国际上，2022年8月召开的第23届国际历史科学大会把"相互交织的路径：动物和人类的历史"（Intertwined Pathways: Animals and Human Histories）作为大会主题报告的第一场，并且从时间安排看是最重要的一场，"动物主体性""人类记录中的动物""动物的展现"和"野生和家养动物的管理"成为重要论题，若在以往，这些乃是不可思议的！我看了有关报道，感觉自己10年前的预言正在变成现实，多少有点暗自得意。我在"主持者言"里曾经说道：

> 随着环境史学渐趋成熟，人与动物的关系史将日益受到重视。传统史学一向重人事而轻自然，中国古籍文献中的动物故事却多不胜数，其中所反映的历史上的人与动物关系，既充满价值和情趣，又充满矛盾与冲突。讲述和解读这些故事是环境史学的题中之义，这是因为：人类自身便是一种动物，物质和精神生活自古至今都不能离

开其他动物。无数动物种类曾经参与并将继续影响人类经济、社会和文化(生活),人类活动亦不断改变着许多动物的历史命运,并赋予它们无比丰富的文化内涵。采用环境史视角考察动物在人类历史进程中之角色和形象的演变,不仅有助于重新认识其生态和文化价值,构建新型的自然道德与环境伦理,亦有助于更加全面地认识人类自身。

动物史研究自有其学术脉络,与环境史的人与动物关系研究目标、旨趣并不完全相同。但不论相关研究是否属于历史学的"动物转向"和一种"后人类史学",站在环境史学的立场,我始终认为,人类不断认识天地万物,利用自然资源和改变生态环境,众多自然条件和因素逐渐进入人类历史,不断支持、规约甚至塑造社会生活和文化面貌,是人类系统与自然系统之间不断历史展开的双向作用过程。极其庞杂的自然物象和文化事项通过环境史学的重新归整,将形成连串的新故事,呈现别样的新画卷。既有助于具体了解自然世界的古今之变,也有助于更加全面深刻地认识人类历史。通过相关历史经验事实,既可以发现社会发展和文化演进的自然之根,亦可找到山川大地、万类生灵的文化之魂。我承认,这个目标非常高远,前进途中充满艰阻,不可能一蹴而就。正如营建高楼大厦需先制备一砖一瓦,建构环境史学需对众多具有典型标志意义的山水、草木、禽兽一项一项地进行具体研究。

杰华率先对中国古代人与蛇的关系展开探索,其进路和方法具有参考借鉴价值:对于初窥门径的青年学者,聚焦具体事物(特别是生物)追溯人与自然关系随着时间流逝而不断发生的变化,是一种较易操作的研究方式;他的摸索是认真而有成效的,多维考察并且系统呈现了一个以蛇作为中心的复杂"文化丛"萌生、发展和演化的历史过程,并与当今公众广泛关心的生物多样性问题相对接,提出了一些有价值的见解。我很高兴曾经介入其研究过程,乐意继续引为同道。

古往今来,人类与众多的动物之间或如密友相互依存、彼此共生、协同演化,或如仇雠、彼此吞噬、相互搏杀、你死我活,单就历史上的人蛇关系而言,情形亦是极其复杂。而迄今为止的中国环境史研究,从思想理论到技术方法都还远不成熟。杰华的这本处女作难免存在某些缺失。该书的文化史色彩相当浓厚,若作为环境史学成果接受评议,或将遭到一些质询和批评。例如,何为"自然的恐惧"?是蛇(并非全部)这类有毒有害的自然物种作为不利环境因素给人类造成的恐惧,还是人们基于漫长时代遭受毒蛇攻击的痛苦、死亡经验而产生的本能恐惧?围绕人蛇关系而展开的人与自然关系叙事、解说,如何更加充分地体现环境史学的旨趣和目标?甚至还有理由进一步刨根问底:作者心中的那个环境史究竟是什么?事实上,这些质问,不仅杰华需要面对,所有的环境史学同仁都需要继续思考。

无论如何,杰华博士勇敢探索,对中国古代的人蛇关系做了迄今最为全面的资料汇集和最为详细的故事梳理,功不可没。任何问题认识都是逐渐推进的,历史学者首先应尽的本份是整理基础资料和陈述基本事实,不是吗?

是为序。

王利华
2022年12月12日于空如斋

4

目　录

导　论

第一节　　问题的提出

中国的环境史研究,大致始于20世纪80年代。环境史的各位开拓者对环境史研究的内涵、框架、议题都曾做了自己的论述,诚如王利华所言:"环境史研究立足于人与自然相互接触的界面,不仅考察人类作用下的自然环境变迁,而且考察自然环境影响和参与下的人类活动、成果及其发展变化,着重揭示两者之间相互关系的历史演变。"[1]也就是说,环境史的研究内容侧重于人与自然相互接触的界面。但是通观目前大多数环境史研究论著,我们却发现具体的研究与环境史的界定还存在一定的差距。

近年来,有关环境史的著作不断出现,如《泾洛流域自然环境变迁研究》[2]《海南岛生态环境变迁》[3]《明清两湖平原的环境变迁与社会应对》[4]《政策与环境:明清时期晋冀蒙接壤地区生态环境变迁》[5]《水乡之渴:江南水质环境变迁与饮水改良(1840-1980)》[6],相关的学位论文和科研项

---

[1] 王利华:《浅议中国环境史学建构》,《历史研究》2010年第1期。
[2] 王元林:《泾洛流域自然环境变迁研究》,北京:中华书局,2005年。
[3] 颜家安:《海南岛生态环境变迁研究》,北京:科学出版社,2008年。
[4] 尹玲玲:《明清两湖平原的环境变迁与社会应对》,上海:上海人民出版社,2008年。
[5] 王杰瑜:《政策与环境:明清时期晋冀蒙接壤地区生态环境变迁》,太原:山西人民出版社,2009年。
[6] 梁志平:《水乡之渴:江南水质环境变迁与饮水改良(1840-1980)》,上海:上海交通大学出版社,2014年。

目同样层出不穷。①而这些论著大都有同一特点,即侧重于研究自然环境本身的发展演变,对于历史进程中自然环境要素与人的生产、生活、思想文化的关系、演变缺乏足够的关注和探讨。这样的总结绝不是泛泛而谈,而是在环境史的各个领域都存在,如笔者较为熟悉的历史动物研究领域,这一情况就非常普遍。

中国历史动物研究在环境史兴起之前就已经存在,相关研究领域即由文焕然、何业恒两位先生开创。1976年,文焕然在《动物学报》发表《中国古籍有关南海诸岛动物的记载》②一文,是为文焕然研究动物史之开端。此后文先生陆续有成果问世,与其他人的成果一起汇成《中国历史时期植物与动物变迁研究》一书。③何业恒先生是历史动物研究中另一位不可或缺的人物,其专以动物为研究旨趣,出版了一系列研究成果。④而在中国历史动物研究成型之初,就形成了以历史动物种类、分布、变迁为主要线索的研究模式。文焕然、何业恒两位先生具体的研究内容就是围绕动物分布、变迁展开,如《中国珍稀动物历史变迁的初步研究》一文就围绕历史上扬子鳄、孔雀、鹦鹉、野象、犀牛、野马、野驴等动物的分布、变迁、灭绝展开。对何业恒的著作稍一观察,我们也可以发现同样研究理路的存在,他对鸟兽虫鱼的关注亦多集中于梳理其分布、变迁。这样的研究理路构成了之后历史动物研究的模板和底色,之后大多数研究者都无法摆脱这一叙述模式,如刘洪杰《中国古代独角动物的类型及其地理分布的

---

① 具体内容可以参见张国旺:《近年来中国环境史研究综述》,《中国史研究动态》2003年第3期;佳宏伟:《近十年来生态环境变迁史研究综述》,《史学月刊》2004年第6期;汪志国:《20世纪80年代以来生态环境史研究综述》,《古今农业》2005年第3期;潘明涛:《2010年中国环境史研究综述》,《中国史研究动态》2012年第1期。

② 文焕然:《中国古籍有关南海诸岛动物的记载》,《动物学报》1976年第1期。

③ 文焕然等:《中国历史时期植物与动物变迁研究》,重庆:重庆出版社,1995年。

④ 何业恒先生的成果主要包括:《湖南珍稀动物的历史变迁》,长沙:湖南教育出版社,1990年;《中国珍稀兽类的历史变迁》,长沙:湖南科技出版社,1993年;《中国珍稀鸟类的历史变迁》,长沙:湖南科技出版社,1994年;《中国虎与中国熊的历史变迁》,长沙:湖南师范大学出版社,1996年;《中国珍稀爬行类两栖类和鱼类的历史变迁》,长沙:湖南师范大学出版社,1997年;《中国珍稀兽类的历史变迁(Ⅱ)》,长沙:湖南师范大学出版社,1997年。

历史变迁》①、蓝勇《历史时期野生犀象分布的再探讨》②、曹志红《老虎与人：中国虎地理分布和历史变迁的人文影响因素研究》③、李玉尚《海有丰歉：黄渤海的鱼类与环境变迁（1368～1958）》④、李冀《先秦动物地理问题探索》⑤、张洁《中国境内亚洲象分布及变迁的社会因素研究》⑥，等等。⑦

　　也就是说，在历史动物研究领域，在环境史兴起之前就形成了以历史动物分布、发展、演变为主要内容的研究模式，环境史兴起之后，这一模式仍然延续。而这种研究模式侧重于关注动物本身的变化，对人与动物之间的互动缺乏足够的重视。这正是目前多数环境史研究注重自然环境本身变化，对人与自然环境互动层面缺乏关注的体现。当然，环境史并不排斥对环境要素本身发展、变化的关注，但环境史更强调人与自然环境接触的层面，即人与自然环境的互动，目前环境史领域出现的这种情况与环境史的研究理念确有一定的差距。⑧

　　针对目前环境史发展存在的这类问题，选取一种在历史上自然演变不甚明显的自然要素或许可以打破目前的环境史研究模式，而蛇是其中的选择之一。蛇属于能够比较充分展现人与动物互动的类型。一方面，

　　① 刘洪杰：《中国古代独角动物的类型及其地理分布的历史变迁》，《中国历史地理论丛》1991年第4期。
　　② 蓝勇：《历史时期野生犀象分布的再探讨》，《历史地理》第12辑，上海：上海人民出版社，1995年。
　　③ 曹志红：《老虎与人：中国虎地理分布和历史变迁的人文影响因素研究》，陕西师范大学博士学位论文，2010年。
　　④ 李玉尚：《海有丰歉：黄渤海的鱼类与环境变迁（1368～1958）》，上海：上海交通大学出版社，2011年。
　　⑤ 李冀：《先秦动物地理问题探索》，陕西师范大学博士学位论文，2013年。
　　⑥ 张洁：《中国境内亚洲象分布及变迁的社会因素研究》，陕西师范大学博士学位论文，2014年。
　　⑦ 林颇（华林甫）在《中国历史地理学研究》（福州：福建人民出版社，2006年，第123—126页）一书中对2003年以前历史动物地理主要研究成果作了统计，从中也可以看出历史地理学科中对历史动物的研究侧重于动物的种类、分布、变迁。
　　⑧ 梅雪芹等诸多学者也都注意到了环境史发展过程中出现的这一问题，如梅雪芹《从环境的历史到环境史——关于环境史研究的一种认识》（《学术研究》2006年第9期）一文就比较深刻地涉及了这一问题。

在历史时期,蛇自身的种类、分布变化幅度较小。在漫长的历史当中,局部地区蛇的种类确实会有不小的变化,如华北地区水环境遭到破坏之后,理论上水蛇就会减少,而陆生蛇类则会增加。但总体上而言,中国古代蛇类变化不大,即使是对环境变化比较敏感的蟒蛇,其主要盘踞于岭南,古今分布并未发生大幅度的变迁。另一方面,蛇在地球上已经存在了数亿年,在人类出现之初就伴随左右,直到今日仍是如此,其对古人的生活、文化影响至深,人蛇之间的接触层面,抑或是人蛇之间的互动非常明显。

当然,选择蛇作为研究主题,并不全然囿于环境史学理上的考虑,也是对现实的一种反思。当今社会,人与自然的关系越来越疏远,人们情感中的自然感觉也逐渐淡化,作为一种令人恐惧的自然要素,蛇实际上是自然的缩影。从邃古时代开始,自然就给"人"造成恐慌。在原始信仰当中,对雷、闪电等自然物的崇拜,就是古人恐惧自然的表现。甚至到了秦汉以后,人们观念中喜怒无常的"天"的存在,也是古人对自然恐惧的表现。直到现在,对自然的恐惧仍然残存于我们绝大多数人的脑海中,特别是当自然灾害来临的时候。挖掘这些对自然的恐惧,正确处理人类与自然的关系,也是本书试图达到的目的。

第二节　中国蛇研究综述

本书主要以历史上的人蛇互动作为主要研究线索,这种互动,既有现实生活当中人蛇之间复杂的关系,也包括蛇对中国社会的印刻。在研究过程中,对动物学知识的了解是必不可少的,这就涉及自然科学领域的研究成果。

在自然科学领域中,《中国蛇类图谱》[1]《中国动物志》[2]《中国蛇类》[3]

---

① 浙江医科大学等编:《中国蛇类图谱》,上海:上海科学技术出版社,1980年。
② 赵尔宓、黄美华、宗愉等编著:《中国动物志·爬行纲》第三卷《有鳞目·蛇亚目》,北京:科学出版社,1998年。
③ 赵尔宓:《中国蛇类》,合肥:安徽科学技术出版社,2006年。

是了解蛇基本情况不可或缺的三本著作,这三本著作详细介绍了蛇的分类、生理特征、价值、不同名称等,其中的插图更是为认识种类繁多的蛇种提供了可靠的依据。蛇的起源与进化则是了解蛇的过程中难免关注到的话题,其中对蛇是从水中进化而来还是从陆地进化而来这个问题,生物学领域一直争论不休,至今未有定论。白公湜《蛇的起源与进化》认为蛇源自蜥蜴,类似于蛇的群体在一亿多年前的白垩纪就已经出现,关于蛇是在水中进化而来,还是陆地进化而来,文章虽未提出自己的观点,却都做了介绍。① 张晓培《蛇从陆地进化而来的新证据》介绍了2003年在阿根廷发现的古老蛇化石,认为这是蛇从陆地上进化而来的新证据。② 曹淑芬《蛇可能在陆地上演化》认为蛇独特的身形可能不是在水中演化而来,而是在陆地上演化的,而且蛇可能为小型穴居蜥蜴的后代。③

　　在理解人蛇之间关系的问题上,自然科学的研究视角可以给我们更多不一样,却又现实直接的有益借鉴,这种借鉴首先来自医学领域。在医药学领域,对蛇伤和蛇毒的治疗是无法回避的课题,④ 而蛇伤和蛇毒却并非现代新出现的问题,其在人类出现之初就已经出现。我们可以推想,数千年前中国陆地上自然环境尚且保存较为完好,蛇类的生存空间更为广阔,相比较而言,人类的力量当时还很弱小,如此,当时的人蛇关系与今日可能截然相反。而在进入农业社会之后,虽然古人力量逐渐强大,但蛇对人造成的威胁和困扰恐怕一直延续。遗憾的是,历史学界相关的研究可

① 白公湜:《蛇的起源与演化》,《生物进化》2007年第4期。
② 张晓培:《蛇从陆地进化而来的新证据》,《科学画报》2006年第6期。
③ 曹淑芬:《蛇可能在陆地上演化》,《科学之友》2012年第10期。
④ 相关的研究成果太多,如成都生物研究所等编:《中国的毒蛇及蛇伤防治》,上海:上海科学技术出版社,1979年;李怀鹏、陆含华编著:《蛇伤防治》,南宁:广西人民出版社,1981年;舒普荣编著:《蛇伤治疗》,南昌:江西科学技术出版社,1991年;黄美华、顾肃敏主编:《蛇伤防治学基础》,杭州:浙江大学出版社,1993年;印国银主编:《蛇伤急救与防治》,长沙:湖南科学技术出版社,1999年;黄兆胜主编:《蛇伤中草药与验方》,福州:福建科学技术出版社,2004年;刘艳晶、蒋笑怡:《烙铁头蛇咬伤的护理》,《蛇志》2015年第3期;万君荣:《蛇伤溃疡的中医治疗与护理》,《湖北中医杂志》2015年第6期;刘培路:《青竹蛇咬伤对患者凝血系统影响的探讨》,《中国临床医生杂志》2015年第10期。

谓稀见。蛇在威胁人的同时，人对蛇也并非没有威胁。在农林领域，就有很多著作介绍养蛇、捕蛇和对蛇的利用，如宗愉等编著《蛇的饲养与利用》①，顾学玲主编《蛇养殖技术》②，陈眷华、林加栋编著《蛇养殖新技术》③，胡明行《圈养尖吻蝮的繁殖特性及幼蛇人工饲养技术研究》④，陈广淦编著《捕蛇与养蛇》⑤，李怀鹏、柳志荣编著《捕蛇、养蛇及蛇伤防治》⑥等等。人类对周围动物的伤害和利用是毋庸置疑的，对蛇的捕捉可能有保护自身安全这样看似正当的理由，而养蛇的意义本身就揭示了情况的复杂性。

而回归到历史学科，涉及蛇的研究成果同样令人眼花缭乱，但由于蛇对中国文化、民俗影响不小，相关论著也多集中于此，其中比较突出的有四个方面，这四个方面对本书的写作均有借鉴意义。

第一个方面是《山海经》中多对蛇或与蛇有关神怪的描述，作为中国历史早期的珍贵文献，在研究蛇文化、民俗时总是绕不开其中的内容。有些文章还就《山海经》中的"蛇"做过系统的研究，其大致可分为两类：

第一类是总结《山海经》中的蛇形象，并对这些形象进行分类。宋志玛较早地关注了这一问题，其在《谈〈山海经〉中的蛇形象》观察到《山海经》当中存在丰富多样的蛇形象，这些蛇形象可分为自然界中纯粹的蛇、异体合构的带有蛇元素的异兽以及充满原始思维与蛇有关的神形象。⑦其后路瑞娟将《山海经》中的蛇现象分为三类：一是怪蛇、巴蛇、蛇鱼之化、啖蛇、射蛇现象，二是作为神的身体部分的"蛇"，三是践蛇、珥蛇、操蛇及蛇颜色现象。本书亦试图对《山海经》中的这些现象给予自己的解

---

① 宗愉等编著：《蛇的饲养与利用》，上海：上海科学技术出版社，1990年。
② 顾学玲主编：《蛇养殖技术》，北京：北京农业大学出版社，2003年。
③ 陈眷华、林加栋编著：《蛇养殖新技术》，贵阳：贵州科技出版社，2006年。
④ 胡明行：《圈养尖吻蝮的繁殖特性及幼蛇人工饲养技术研究》，中南林业科技大学硕士学位论文，2012年。
⑤ 陈广淦编著：《捕蛇与养蛇》，北京：科学普及出版社，1982年。
⑥ 李怀鹏、柳志荣编著：《捕蛇、养蛇及蛇伤防治》，南宁：广西科学技术出版社，1990年。
⑦ 宋志玛：《谈〈山海经〉中的蛇形象》，《衡水学院学报》2009年第2期。

释,其中不乏创见。①范慧莉《〈山海经〉中的蛇形象》则将《山海经》中的蛇形象作了分类概括,并将其中有关"蛇"的记载分为单一型蛇形象和复合型蛇形象,而在此分类之下又按照不同蛇的功用等标准进一步细分。这篇文章在史料上下了很多功夫,文中用表格的形式将《山海经》中的蛇形象进行分类,清晰易懂。②

第二类文章试图分析《山海经》中众多与蛇有关的神怪所蕴含的文化意味。李立《阴阳变化与龙蛇转换——先秦时期"北方"山神话形成与演变》一文从《山海经》出发,认为古代北方人认识到了阴阳之性和阴阳之别,并利用这一思想来构建山神,从《山海经》中可以看出北方山神多与蛇有关,当龙图腾兴起以后,山神中的蛇形象被龙形象取代。③李炳海《蛇:参与神灵形象整合的活性因子——珥蛇、操蛇、践蛇的文化意蕴》认为蛇在珥蛇、操蛇、践蛇神怪形象中乃是其"神灵"展现的助推因子,而蛇之所以具有这些功能,和人们对蛇的观察和蛇本身的属性分不开。④白春霞《战国秦汉时期龙蛇信仰的比较研究》一文亦多引用《山海经》中的内容,文章认为战国秦汉是中国龙蛇信仰发展和基本定型的一个时期,此时期人们对蛇的认识具有两面性,但当时人对于龙的认识却是高贵的,龙与皇权、与神灵联系在一起,高高在上。对于龙蛇崇拜之间的异同,文章认为蛇是自然界的事物,人们能够认识,故而在保持神性的同时,又可失去神性;但龙是人们虚构的事物,是观念中的存在,人们无法确切的认识,故而龙的神性一直保持。⑤王晶《从"蛇巫形象"探源〈山海经〉的原属文化系统》一文视角独特,认为《山海经》中众多与蛇有关的神怪乃是当时蛇巫的

① 路瑞娟:《〈山海经〉中的"蛇"现象初探》,重庆大学硕士毕业论文,2010年。
② 范慧莉:《〈山海经〉中的蛇形象》,云南大学硕士学位论文,2013年。
③ 李立:《阴阳变化与龙蛇转换——先秦时期"北方"山神话形成与演变》,《延安大学学报》(社会科学版)2001年第3期。
④ 李炳海:《蛇:参与神灵形象整合的活性因子——珥蛇、操蛇、践蛇的文化意蕴》,《文艺研究》2004年第1期。
⑤ 白春霞:《战国秦汉时期龙蛇信仰的比较研究》,陕西师范大学硕士学位论文,2005年。

映射。①

第二个方面是有关伏羲、女娲的研究。伏羲、女娲在文献记载中多以人首蛇身的形象出现，研究伏羲、女娲的著作中不少涉及蛇，是蛇研究中无法回避的课题。②而在众多著作中，关注伏羲、女娲中蛇因素的著作不少，这类著作对蛇的关注主要表现在两个方面。

第一是对伏羲女娲蛇形象来源的探讨。《伏羲考》认为伏羲、女娲人首蛇身乃是延维，也即委蛇。③芮逸夫也怀疑延维即为图像上的伏羲、女娲。④也有学者认为伏羲女娲人首蛇身形象与渭水流域的鲵鱼纹有关，李福清《中国神话故事论集》⑤、萧兵《楚辞与神话》⑥、杨利慧《女娲溯源——女娲信仰起源地的再推测》⑦都是持此观点。当然，更多的学者认为伏羲、女娲蛇身的出现乃是古代蛇崇拜的反映，张志尧《人首蛇身的伏羲、女娲与蛇图腾崇拜——兼论〈山海经〉中人首蛇神之神的由来》⑧和范立舟《伏羲、女娲神话与中国古代蛇崇拜》⑨两文就是其中代表。这两篇文章花了大量篇幅分析古代蛇崇拜及其与伏羲、女娲蛇身之间的文化传承关系。

第二是关注伏羲、女娲蛇身所包含的文化内容。蛇在自然界中繁殖力很强，而且汉代以后伏羲、女娲交尾图频繁出现，故而目前所见的研究

---

① 王晶：《从"蛇巫形象"探源〈山海经〉的原属文化系统》，河北师范大学硕士学位论文，2011年。

② 相关情况可参考余粮才、卢兰花：《二十世纪以来伏羲研究概述》，《西北民族研究》2012年第1期；杨利慧：《女娲神话研究史略》，《北京师范大学学报》(社会科学版)1994年第1期。

③ 闻一多：《伏羲考》，载《神话与诗》，天津：天津古籍出版社，2008年。

④ 芮逸夫：《三苗与饕餮》，《中国民族及其文化论稿》，台北：艺文印书馆，1972年。

⑤ [苏]李福清著，马昌仪编：《中国神话故事论集》，北京：中国民间文艺出版社，1988年，第65页。

⑥ 萧兵：《楚辞与神话》，南京：江苏古籍出版社，1987年，第377页。

⑦ 杨利慧：《女娲溯源——女娲信仰起源地的再推测》，北京：北京师范大学出版社，1999年，第98页。

⑧ 张志尧：《人首蛇身的伏羲、女娲与蛇图腾崇拜——兼论〈山海经〉中人首蛇身之神的由来》，《西北民族研究》1990年第1期。

⑨ 范立舟：《伏羲、女娲神话与中国古代蛇崇拜》，《烟台大学学报》(哲学社会科学版)2002年第4期。

著作普遍认为伏羲、女娲蛇身所蕴含的是古代对生殖、生育的崇拜。宋瑞芝、余志权《女娲与伏羲：华夏初民对两性关系的认识》①、何延喆《高昌地区伏羲女娲图像研究》②、涂敏华、程群《女娲生育生殖神话与考古发现》③都比较直观地提出了伏羲、女娲蛇身所包含的生殖或生育崇拜内容。其他论著对此也有提及。④木尧《伏羲女娲神话的文化学析义》一文则认为伏羲、女娲之所以具备蛇身，不仅与生殖崇拜有关，也与古人对长生的追求有关。⑤

另外，还有一类研究伏羲、女娲的综合性著作，这类著作或是学位论文，或是专著，或是论文集，故而涉及的内容比较多，对伏羲、女娲蛇身的来源、文化内涵等也多有关注，⑥其中杨利慧《女娲的神话与信仰》、过文英《论汉墓绘画中的伏羲女娲神话》两文当是其中的代表和集大成者。杨利慧一文不仅关注了女娲神话和女娲信仰的产生源头、发展历程、文化内涵，而且内容涉及古今，并对南方女娲信仰给予了特别关注。过文英则以汉代墓葬帛画、壁画以及石刻画像中的有关图像为研究材料，通过对图像分布特点、形象特征进行系统分析，归纳出伏羲女娲画像的基本像志，并

---

① 宋瑞芝、余志权：《女娲与伏羲：华夏初民对两性关系的认识》，《湖北大学学报》（哲学社会科学版）2003年第1期。

② 何延喆：《高昌地区伏羲女娲图像研究》，天津美术学院硕士学位论文，2010年。

③ 涂敏华、程群：《女娲生育生殖神话与考古发现》，《福建论坛》（人文社会科学版）2012年第11期。

④ 这些著作有汪小洋：《汉画像石中的女娲》，《文史知识》2007年第4期；郑先兴：《论汉代的伏羲女娲信仰》，《宁夏师范学院学报》（社会科学版）2008年第2期、第4期；汪聚应、霍志军：《女娲神话的原型意义》，《甘肃社会科学》2008年第5期；刘玉堂、吴成国：《楚帛书女娲形象钩沉——兼谈女娲与庸国》，《武汉大学学报》（人文社会科学版）2010年第6期。

⑤ 木尧：《伏羲女娲神话的文化学析义》，《渭南师专学报》（综合版）1993年第1期。

⑥ 这类著作如过文英：《论汉墓绘画中的伏羲女娲神话》，浙江大学博士学位论文，2007年；王洋：《汉画像石中伏羲女娲形象研究》，安徽大学硕士学位论文，2014年；霍想有主编：《伏羲文化》，北京：中国社会出版社，1994年；杨利慧：《女娲的神话与信仰》，北京：中国社会科学出版社，1997年；周天游、王子今主编：《女娲文化研究》，西安：三秦出版社，2005年；徐日辉：《伏羲文化研究》，深圳：中国教育文化出版社，2005年；曹明权主编：《女娲文化研究》，武汉：湖北人民出版社，2007年；刘惠萍：《伏羲神话传说与信仰研究》，西安：陕西师范大学出版总社有限公司，2013年；杜松奇编著：《伏羲文化研究》，北京：中国社会科学出版社，2013年；等等。

将其置于汉代的社会历史文化中,揭示图像所展示的时代文化内涵。周天游、王子今主编《女娲文化研究》、杜松奇编著《伏羲文化研究》虽都是论文集,但其中文章质量颇高。

第三方面是民族性、地方性蛇信仰研究。对民族、地域性蛇崇拜的研究成果颇多,在民族性蛇崇拜研究中又以对少数民族的关注占主流。

越族:吉成名《越族崇蛇习俗研究》对古代越族崇蛇习俗进行了探讨,认为越族崇蛇习俗源远流长,今日黎族、壮族、高山族及疍民中仍保留有崇蛇习俗,但这些民族崇蛇习俗也各有差异,有的崇拜无毒蛇,有的崇拜有毒蛇,有的崇蛇习俗发展为图腾崇拜,有的却没有。①陈国威《“蛇是百越民族的图腾”质疑》则认为蛇并不是百越的图腾,蛇图腾不具有百越民族的图腾特征,百越文身习俗是巫术力量的反映,蛇文化也只是巫术文化的内容之一。②

壮族:黄达武《壮族古代蛇图腾崇拜初探》认为壮族人崇拜蛇的历史比较久远,他们很早就在陶器和铜器等器物上面刻画蛇纹,壮族人还将蛇纹刻在身体上,不仅如此,壮族人还有祭拜蛇的仪式,壮族地区亦流传着很多蛇神话和蛇传说。③

侗族:陈维刚《广西侗族的蛇图腾崇拜》介绍了侗族的蛇图腾崇拜及有关的习俗,并认为这与当地多蛇有关。④

黎族:梅伟兰《试论黎族的蛇图腾崇拜》从史籍记载和当地民间传说的角度考察了黎族的蛇图腾崇拜,而且作者发现这种蛇图腾崇拜既有女性形象,也出现了男人的形象,文章认为这与母系氏族向父系氏族的过渡有关。⑤

巴族:杨华《巴族崇“蛇”考》介绍了巴族崇蛇的历史、原因和情况,且

① 吉成名:《越族崇蛇习俗研究》,《中央民族大学学报》(哲学社会科学版)1999年第6期。
② 陈国威:《“蛇是百越民族的图腾”质疑》,《广西社会科学》2003年第2期。
③ 黄达武:《壮族古代蛇图腾崇拜初探》,《广西民族研究》1991年第Z1期。
④ 陈维刚:《广西侗族的蛇图腾崇拜》,《广西民族学院学报》(哲学社会科学版)1982年第4期。
⑤ 梅伟兰:《试论黎族的蛇图腾崇拜》,《广东民族学院学报》(社会科学版)1990年第2期。

文章的内容不限于巴族,而是涉及南方诸多民族。①谷斌《"巴蛇"探源》认为巴蛇乃五步蛇,随着巴人的迁徙,巴逐步转变为地名、国名等。②

高山族:刘军《高山族排湾人的蛇图腾文化》对中央民族大学民族博物馆珍藏的30多件排湾人的重要器物做了研究,发现上面雕刻有蛇形花纹图案,表明直到20世纪初高山族排湾人仍然保留和传承着蛇图腾崇拜。③

汉族:吉成名《汉族毒蛇禁忌习俗研究》考察了与汉族毒蛇禁忌有关习俗,认为汉族的毒蛇禁忌习俗源远流长,毒蛇禁忌的习俗也融入平常的节日和生活当中,更有甚者,某些特殊场合的蛇崇拜也是建立在毒蛇禁忌的基础之上,汉族人希望毒蛇能够为自己辟邪御凶。④郭芬《中国上古民族复生神话中龟、蛇意象探究——以鳌灵、颛顼等为例》从中国上古某一类神话出发,认为蛇和龟都有蜕皮、冬眠、卵生、多子等特征,这些特征被上古民族赋予复生的想象,故而对蛇、龟的崇拜中蕴含着对死而复生的期待,这种期待又深入到人们的民俗和文化中。⑤

当然也有对多个民族或某个地域群体蛇崇拜进行研究的著作,林蔚文《中国南方部分民族崇蛇意念的差异与嬗变》⑥、杨甫旺《蛇崇拜与生殖文化初探》⑦、李金莲《恐惧与象征:云南少数民族的蛇禁忌与蛇巫术》⑧等都属此类,而且这些著作关注的多为南方族群。涉及民族蛇崇拜的还有

---

① 杨华:《巴族崇"蛇"考》,《三峡学刊》1995年第3期、第4期。

② 谷斌:《"巴蛇"探源》,《湖北民族学院学报》(哲学社会科学版)2011年第4期。

③ 刘军:《高山族排湾人的蛇图腾文化》,《中央民族大学学报》(哲学社会科学版)2001年第6期。

④ 吉成名:《汉族毒蛇禁忌习俗研究》,《广西师范学院学报》(哲学社会科学版)2004年第25卷第3期。

⑤ 郭芬:《中国上古民族复生神话中龟、蛇意象探究——以鳌灵、颛顼等为例》,云南大学硕士研究生学位论文,2010年。

⑥ 林蔚文:《中国南方部分民族崇蛇意念的差异与嬗变》,《中南民族学院学报》(哲学社会科学版)1992年第1期。

⑦ 杨甫旺:《蛇崇拜与生殖文化初探》,《贵州民族研究》1997年第1期。

⑧ 李金莲:《恐惧与象征:云南少数民族的蛇禁忌与蛇巫术》,《红河学院学报》2004年第5期。

诸如陈国强等著《百越民族史》①、王钟翰主编《中国民族史》、②王文光编著《中国南方民族史》③等研究民族史的著作,在此不一一介绍。

地域性蛇崇拜研究主要是以福建地区为主,这与福建地区得天独厚的文化条件有关。福建樟湖现仍存有蛇王庙,这在全国罕见。当地蛇文化亦多姿多彩,故而对福建的蛇崇拜研究,也总离不开对樟湖地区的关注。林蔚文当是早期关注樟湖崇蛇的学者之一,陈存洗、林蔚起、林蔚文《福建南平樟湖坂崇蛇习俗的初步考察》④、林蔚文《福建南平樟湖坂崇蛇民俗的再考察》⑤都是以亲身经历为基础,介绍了樟湖地区的蛇王庙,以及当地迎蛇、游蛇习俗。在此基础上,林蔚文还著有《闽越地区崇蛇习俗略论》⑥,不仅对闽越崇蛇习俗做了论述,还进一步引出闽江流域崇蛇文化圈的概念。此外,关注樟湖地区蛇崇拜的著作尚多,⑦其中林倩《樟湖镇崇蛇信仰习俗的传承与变异》一文是对樟湖镇崇蛇习俗研究的总结和发展,文章内容包括:1.樟湖镇所在地的自然环境是此处崇蛇习俗形成的基础;2.疍民是当地崇蛇习俗的传承者和传播者;3.道教、佛教和儒家文化都对当地崇蛇习俗施加了影响;4.蛇王节以及游蛇灯的仪式中包含着原始巫术等的影子;5.樟湖镇崇蛇习俗在市场经济的冲击下,民众参与度降低。

上述著作都是以福建樟湖地区为中心展开,对福建整体蛇崇拜进行研究的则有黄建铭《闽江流域的蛇图腾文化》⑧、王诗理《仙都龙窟,因蛇

---

① 陈国强等著:《百越民族史》,北京:中国社会科学出版社,1988年。

② 王钟翰主编:《中国民族史》,北京:中国社会科学出版社,1994年。

③ 王文光编著:《中国南方民族史》,北京:民族出版社,1999年。

④ 陈存洗、林蔚起、林蔚文:《福建南平樟湖坂崇蛇习俗的初步考察》,《东南文化》1990年第3期。

⑤ 林蔚文:《福建南平樟湖坂崇蛇民俗的再考察》,《东南文化》1991年第5期。

⑥ 林蔚文:《闽越地区崇蛇习俗略论》,《百越研究》第二辑,2011年。

⑦ 相关研究如叶大兵:《樟湖的蛇王节》,《民俗研究》1997年第2期;何彬:《蛇王节·闽越文化·稻作习俗—浅谈闽北樟湖的蛇王节》,《思想战线》2001年第3期;潘志光:《图腾崇拜与樟湖坂蛇文化探究》,《武夷学院学报》2008年第1期;林倩《樟湖镇崇蛇信仰习俗的传承与变异》,浙江师范大学硕士学位论文,2014年。

⑧ 黄建铭:《闽江流域的蛇图腾文化》,《中国民族报》2006年7月4日第008版。

而生的闽越遗风》①、郭志超《闽台崇蛇习俗的历史考察》②等论著。

王水、吴春明、黄莹等人视野更为广阔,王水《江南水神与水祭民俗》以江南为研究范围,认为龙蛇信仰属于自然信仰,龙蛇祭祀也是水祭,通常以沉祭为主。③吴春明《从蛇神的分类、演变看华南文化的发展》从华夏文化与华南文化的关系来考察当地蛇形象的演变。④邹卫东《岭南食蛇习俗考》⑤、张俊杰《试析蛇馔在中国古代饮食文化中的缺失现象及原因》⑥等则是考察了南方食蛇的问题。

最后,提到蛇,其与龙的关系是无法忽略的话题。

蛇与龙的关系一直以来都备受争议,关于龙的原型也有诸多不同的看法,多数研究龙的著作对此都有提及,如王东《龙是什么:中国符号新解密》就提到十余种有关龙的原型学说,⑦郭殿勇《论龙的起源与演变关系》⑧、陈伟涛《龙起源诸说辩证》⑨也都介绍了龙起源的不同观点和看法。

其中龙源于蛇这种观点出现相对较早,较早提出这一观点要属闻一多先生,闻先生在《伏羲考》中明确提到龙的基本形态是蛇。此后,众多学者在研究龙的著述中也认为龙乃起源于蛇,孙作云《敦煌画中的神怪画》⑩,徐乃湘、崔岩崌《说龙》⑪,罗世荣《龙的起源及演变》⑫,何星亮《中国

① 王诗理:《仙都龙窟,因蛇而生的闽越遗风》,《中国西部》2013年第5期。
② 郭志超:《闽台崇蛇习俗的历史考察》,《民俗研究》1995年第4期。
③ 王水:《江南水神与水祭民俗》,《上海道教》2001年第4期。
④ 吴春明:《从蛇神的分类、演变看华南文化的发展》,载北京大学考古文博学院等编:《考古学研究》(九),北京:文物出版社,2012年。
⑤ 邹卫东:《岭南食蛇习俗考》,《岭南文史》2000年第1期。
⑥ 张俊杰:《试析蛇馔在中国古代饮食文化中的缺失现象及原因》,《农业考古》2013年第1期。
⑦ 王东:《龙是什么:中国符号新解密》,北京:中央编译出版社,2012年。
⑧ 郭殿勇:《论龙的起源与演变关系》,《内蒙古社会科学》(文史哲版)1996年第4期。
⑨ 陈伟涛:《龙起源诸说辩证》,《史学月刊》2012年第10期。
⑩ 孙作云:《敦煌画中的神怪画》,《考古》1960年第6期。
⑪ 徐乃湘、崔岩崌:《说龙》,北京:紫禁城出版社,1987年。
⑫ 罗世荣:《龙的起源及演变》,《四川文物》1988年第2期。

图腾文化》①, 寇雪苹《先秦文献中的蛇意象考察》②等都属这类。林琳《龙的起源和神话演变》③则认为龙山地区的龙是由鳄鱼和蛇杂糅而成。

有的学者认为龙起源于某一种蛇, 杨秀绿《龙与龙文化新说》④认为龙源于蟒蛇, 吉成名《中国崇龙习俗研究》⑤认为龙源于毒蛇。关于龙起源的其他学说, 可参看上文提到的著作, 由于较少涉及蛇, 就不做介绍。

纵观历史领域内对蛇文化、习俗的研究, 实叹为观止, 相关成果很多, 研究相对已经非常成熟, 这些成果都是本书写作的基础。但本书的写作与上述大多数论著都不大相同。首先, 本书采用的是环境史的视角, 将蛇看作是一种环境要素, 而非纯粹的文化要素。再者, 本书采用的是长时段的观察视角, 在观察某一时空范围内蛇文化状况的同时, 对中国历史上蛇文化的演变, 以及隐藏在其后人蛇关系的转变均做了深入分析。具体而言, 本书是以新的视角重新审视一种人们自以为了解的物种——蛇, 并探讨历史时期人与蛇之间互相介入各自世界的历史, 以及这种介入又如何影响了各自的生命、生活轨迹; 古代蛇文化、蛇信仰如何产生, 又发生了何种变化。本书关注的不仅是蛇、蛇文化是怎样, 更关注那些人蛇之间曾经发生的故事, 以及蛇、蛇文化为何会这样。

第三节 需要说明的问题

历史动物地理学科的学者对历史动物已有深刻研究。但本文的研究是建立在环境史的视野下, 并试图避免简单套用历史动物地理中的研究模式, 以期在前人研究的基础上, 做出一些不一样的东西。但笔者亦深深感受到, 环境史视野下的历史动物研究虽然可以囊括非常丰富的研究内

---

① 何星亮:《中国图腾文化》, 北京:中国社会科学出版社, 1992年。
② 寇雪苹:《先秦文献中的蛇意象考察》, 西北大学硕士学位论文, 2012年。
③ 林琳:《龙的起源和神话演变》,《文史杂志》2000年第3期。
④ 杨秀绿:《龙与龙文化新说》,《中国人民大学学报》1990年第2期。
⑤ 吉成名:《中国崇龙习俗研究》, 天津:天津古籍出版社, 2002年版, 第130页。

容,但仍然只属于动物史研究众多方法中的一种,真正意义上的动物史非环境史视野所能囊括。

具体而言,环境史是研究人与自然的关系,动物环境史亦是研究历史上人与动物的关系,这种构建背后蕴含着一条重要的信息,即动物环境史其时段被限制在人类出现以后,在人类出现以前,根本没有所谓人与动物的关系与互动。这意味着环境视野下的动物研究无法将研究拓展到人类出现之前的时代,人类出现之前动物的分布与变迁、动物与动物的互动就被环境史视野所不容,但这确实又应当属于动物史研究的范畴。故而,环境史视野下的历史动物研究并不能包容全部的动物史,这一点是值得注意的。当然,历史动物地理同样不能囊括动物史,这一点与本书主题无关,此不详述。

另外,本书在行文过程中引入了动物伦理观念。动物伦理是处理人与动物关系的准则,要求人在对待动物时,保护、善待动物。在以往的研究中,对于人与动物的关系,有两种倾向:一种是人类中心主义,处理人与动物的关系时,以人类利益为中心,对动物的痛苦、权利漠视;另一种是生态中心主义,即认为动物与人类拥有完全同等的权利,人类不可为了自身的利益伤害其他动物,甚至为了保护动物人类需让渡自身利益。为了避免在环境史研究中产生这两种倾向,王利华提出"生命中心论",主张"既要关怀人类自己的生命,同时还要关怀其他物种和整个环境的生命"。但这种关怀也是有差别的,总体上仍是倾向于人本主义。①杨通进在动物伦理学的阐述中也曾提出类似看法,其曾借归真堂活取熊胆事件,反思人与动物的关系伦理,并提出基本利益优先原则,即当人的基本利益、重要利益与动物的基本利益发生冲突时,优先考虑人的基本利益和重要利益;当人的琐碎利益与动物的基本利益发生冲突时,动物的基本利益优先于

---

① 王利华:《探寻吾土吾民的生命足迹——浅谈中国环境史的"问题"和"主义"》,《历史教学》2015年第12期。

人的琐碎利益。①也就是说,动物伦理要求我们保护、善待动物,但人类为了满足自身基本的生存、健康,杀害、利用动物并不受道德谴责。

实际上,作为人类,在处理与其他动物的关系时,保证自身的生存、延续是我们本能的选择,若为了保护动物牺牲人类的生存与健康,这只存在于道德空想当中,在现实生活是不可能大规模推行的,故而动物史在面对自己的研究对象时,不免会有人本主义的倾向,比如我们多数人在研究动物利用课题上很少会犹豫,但只要不走向极端,这无可厚非。与此同时,无论是动物伦理学,或者是"生命中心论"都在告诉我们,动物史学者在面对自己的研究对象时,不可毫无道德顾忌,在面对其他动物时,也应该有最起码的敬畏与尊重。

故而,本着对生命的敬畏,在具体行文中,特别是在涉及动物利用的相关章节、内容中,笔者一方面并未大范围展开论述,而是主要围绕有代表性的几种蛇做了一些研究;另一方面,在蛇的利用中,笔者亦试图挖掘人类在利用蛇的过程中对蛇所造成的伤害。

---

① 杨通进:《人对动物难道没有道德义务吗——以归真堂活熊取胆事件为中心的讨论》,《探索与争鸣》2012年第5期。杨通进相关论著还有不少,如《环境伦理学对物种歧视主义和人类沙文主义的反思与批判》,《伦理学研究》2014年第6期;《动物拥有权利吗》,《河南社会科学》2004年第6期;《非典、动物保护与环境伦理》,《求是学刊》2003年第5期;《中西动物保护伦理比较论纲》,《道德与文明》2000年第4期;等等。

第一章　古人对"蛇"的认知

第一节　"蛇":是虫非虫

一、人体内的"蛇"

古人对蛇的界定与今日并不一致,这当然不是说古人对蛇有明确的定义,但古人对蛇的记载,可以为我们揭开其冰山一角。首先让我们先看一则事例。

> 沛国华佗,字元化,一名旉。琅琊刘勋为河内太守,有女年几二十,苦脚左膝里有疮,痒而不痛。疮愈数十日复发。如此七八年。迎佗使视,佗曰:"是易治之。"当得稻糠黄色犬一头,好马二匹,以绳系犬颈,使走马牵犬,马极辄易。计马走三十余里,犬不能行。复令步人拖曳,计向五十里。乃以药饮女,女即安卧,不知人。因取大刀,断犬腹近后脚之前,以所断之处向疮口,令二三寸停之。须臾,有若蛇者从疮中出,便以铁椎横贯蛇头。蛇在皮中动摇良久,须臾不动,乃牵出,长三尺许,纯是蛇,但有眼处,而无瞳子,又逆鳞耳。以膏散著疮中,七日愈。[1]

此事见《搜神记》,治病过程比较奇特。不过华佗似乎确实善于治疗这样

---

[1] (晋)干宝:《搜神记》卷三,北京:中华书局,1979年,第41页。

的疾病,因为在正史中亦有相关记载,具体见《后汉书》:

> 佗尝行道,见有病咽塞者,因语之曰:"向来道隅有卖饼人,萍齑甚酸,可取三升饮之,病自当去。"即如佗言,立吐一蛇,乃悬于车而候佗。时佗小儿戏于门中,逆见,自相谓曰:"客车边有物,必是逢我翁也。"及客进,顾视壁北,悬蛇以十数,乃知其奇。①

无论是正史或者笔记小说,文中华佗事例都涉及"蛇",不过此处的"蛇"似乎是致疾病之因由,故将"蛇"排出体外病情就得到控制。按照今日之常识,人体内当不可能有蛇的存在,但在古代人的观念中却并非如此。在古人看来,体内有蛇的叙述不但可以接受,而且还自有其逻辑。如:

> 甄权,许州扶沟人也。尝以母病,与弟立言专医方,得其旨趣。……弟立言,武德中累迁太常丞。御史大夫杜淹患风毒发肿,太宗令立言视之,既而奏曰:"从今更十一日午时必死。"果如其言。时有尼明律,年六十余,患心腹鼓胀,身体羸瘦,已经二年。立言诊脉曰:"其腹内有虫,当是误食发为之耳。"因令服雄黄,须臾吐一蛇,如人手小指,唯无眼,烧之,犹有发气,其疾乃愈。②

唐朝甄立言为老尼看病,认为病因是腹内有虫,这样的诊断应当并无问题,但当虫子从身体内吐出,却将之描述为蛇,可见体内的虫虽不是蛇,却可以蛇叙述。在叙述病因时,文中言明是误食头发。

不过大多数情况下,体内有"蛇"似乎更具有神秘性,在古人的观念中,人体内"蛇"的存在与因果报应息息相关。如河间王生病,玄俗为其医治,"买药服之。下蛇十余头"。在叙述病因的时候,玄俗云:"王瘕乃六世

---

① (南北朝)范晔:《后汉书》卷八十二下《方术列传》,北京:中华书局,1965年,第2737页。
② (后晋)刘昫:《旧唐书》卷一百九十一《方伎》,北京:中华书局,1975年,第5089—5090页。

余殃下堕,即非王所招也。王常放乳鹿,麟母也。仁心感天,故当遭俗耳。"①也就是说河间王所排出的"蛇"是六世积累的余祸。

除了上述玄俗事外,后魏也有类似叙述:

> 后魏末,嵩阳杜昌妻柳氏甚妒。有婢金荆,昌沐,令理发,柳氏截其双指。无何,柳被狐刺螫,指双落。又有一婢名玉莲,能唱歌,昌爱而叹其善,柳氏乃截其舌。后柳氏舌疮烂,事急,就稠禅师忏悔。禅师已先知,谓柳氏曰:"夫人为妒,前截婢指,已失指;又截婢舌,今又合断舌。悔过至心,乃可以免。"柳氏顶礼求哀,经七日,禅师令大张口,咒之,有二蛇从口出,一尺以上,急咒之,遂落地,舌亦平复。自是不复妒矣。②

文中柳氏因生前虐待残害奴婢,其所患一系列疾病被认为是因果报应所致,故而其体内的"蛇"充当的是报应的媒介,当"蛇"排出体外,意味着报应至少是阶段性地结束,其疾病也就好转。

又有认为体内"蛇"为蛇妖者,据明朝冯梦龙记载,宋朝宣和年间,有名谢石者,"拆字言人祸福"。其中有朝士妻子怀孕,可能是已经感觉到胎儿不正常,"手书一'也'字",让丈夫找谢石测字,谢石从字中推出其妻子所怀乃是蛇妖,"以药投之,果下数百小蛇"。③

与蛇妖类似的是,历史上亦有蛊毒之说,将体内"蛇"的出现看作是中了蛊毒,亦即是为他人所害。这样的记载不少,如《玉堂闲话》记载官员于遘曾中蛊毒,到处都无法医治,于是出远门寻求治疗之法,一日遇到一钉铰匠,说起生病之事,恰巧此人也曾中此蛊,几经周折,从于遘口中夹出一

---

① 王叔岷:《列仙传校笺》卷下,北京:中华书局,2007年,第166页。
② (唐)张鷟撰,赵守俨点校:《朝野佥载》卷二,北京:中华书局,1979年,第42页。
③ (明)冯梦龙:《增广智囊补》卷十八《捷智部》,《笔记小说大观》第31册,扬州:广陵古籍刻印社,1983年,第128页。

蛇，"遽命火焚之，遘遂愈"。①同书类似的事例又有：

> 京城及诸州郡阛阓中，有医人能出蛊毒者，目前之验甚多，人皆惑之，以为一时幻术，膏肓之患，即不可去。郎中颜燧者，家有一女使抱此疾，常觉心肝有物唼食，痛苦不可忍。累年后瘦瘁，皮骨相连，胫如枯木。偶闻有善医者，于市中聚众甚多，看疗此病，颜试召之。医生见曰："此是蛇蛊也，立可出之。"于是先令炽炭一二十斤，然后以药饵之。良久，医工秉小铃子于傍，于时觉咽喉间有物动者，死而复苏。少顷，令开口，铃出一蛇子长五七寸，急投于炽炭中燔之。燔蛇屈曲，移时而成烬，其臭气彻于亲邻，自是疾平，永无唼心之苦耳。则知活变起虢肉徐甲之骨，信不虚矣。②

与于遘相同的是，颜燧之女使也被认为是中了蛊毒，而且言明是蛇蛊，其治疗的方法也都非常类似，都是用铃子之类的物品从口出夹出一"蛇"，随后抛入火中焚烧。

通过上述事例，可以得知在古代人的观念中，体内出现"蛇"并不是稀奇的事情，而且对于此事，古人有复杂多样的解释，就本书涉及的就有食发说、报应说、蛇妖说、蛊毒说等。但令人不得不追问的是，古代人描述的这些体内的"蛇"到底是什么？是不是真正的蛇？

或许今人难以置信，在人体内，确实可能存在真正的蛇。古代自然环境状况较今日而言，不可同日而语，自然界中蛇亦众多，蛇钻入人体内的事件并非无稽之谈。晋人所著《肘后备急方》就有"蛇入人口中不出方"与"圣惠方治蛇入口并入七孔中"，其方法分别为"艾灸蛇尾即出。若无火，以刀周匝割蛇尾截令皮断，乃将皮倒脱即出""割母猪尾头沥血滴口中即

---

① （五代）王仁裕：《玉堂闲话》卷二，杭州：杭州出版社，2004年，第1860—1861页。
② （五代）王仁裕：《玉堂闲话》卷二，第1861页。

出"。①而这二方唐朝《千金方》《证类本草》与明朝的《证治准绳》都有记载,说明蛇进入人体的情况可能延续了较长时间。

但反观上述事例,人体内之"蛇"与自然界进入人体之蛇又非同一类,相比较而言,事例中涉及的"蛇"是人体寄生虫的可能性更大。②根据文中的事例,体内有"蛇"的患病者一般都身体羸弱,如甄立言所医治的老尼与颜燧之女使的病症中都明确提到身体瘦弱,这是体内有大量寄生虫吸食体内营养所致。甄立言所医治的老尼腹部胀痛与蛇蛊事例中喉咙有物蠕动也都是体内寄生虫过多会产生的症状。故而从症状上而言,事例中体内出现的"蛇"大致符合寄生虫患病的特征。加之,将活人体内可以排出、呕出或拉出之某物描述为"蛇",当是形体与蛇有相似之处,而符合条件者,非寄生虫莫属。比如蛔虫就与蛇的形象类似,特别是与盲蛇形象相近。

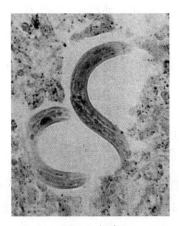

图1.1 蛔虫

图1.2 盲蛇

① (晋)葛洪:《肘后备急方》卷七,《景印文渊阁四库全书》第734册,台北:台湾商务印书馆,1983年,第513—514页。

② 寄生关系应源于生物间的偶然接触,之后经历漫长的环境适应过程,最终导致两者之间相互适应,其中一方产生了对另一方的依赖,并且依赖性愈来愈大,即从自生生活演化为寄生生活。寄生不同于共栖、共生关系,寄生虫"已经放弃了自生生活方式,而暂时或永久地寄生于人或动、植物的体表或体内以获取营养,赖以生存,并损害对方"。故而寄生虫对人体有害,也能致病。参见李雍龙主编:《人体寄生虫学》,北京:人民卫生出版社,2008年,第7页。

图1.1①与图1.2②分别是蛔虫与盲蛇,粗看形态较为相似。而且即使现代人,在对盲蛇与蛔虫的描述中,都将之与蚯蚓类比。如盲蛇的形态特征为"体型较小,形似蚯蚓",③而蛔虫成虫的形态为"圆柱形,形似蚯蚓",④故而它们在形态上是相似的。可能正因为如此,人体内的诸多寄生虫在古代被称之为"蛇"。

具体而言,寄生虫种类颇多,可分为体内寄生虫与体外寄生虫等。体内寄生指寄生于宿主体内器官或组织、细胞内的寄生虫。体外寄生虫主要指一些昆虫,如蚊、白蛉、虱、蚤、蜱等,当它们刺吸血液时与宿主体表接触,吸血后便离开。⑤若是将本文所涉及之人体内的"蛇"看作是寄生虫,那么其应当是体内寄生虫。体内寄生虫一般很小,其大小多以微米为单位衡量,故而大多数寄生虫肉眼是无法识别的。但是有些吸虫、绦虫、线虫个体相对较长,如卫氏并殖吸虫的成虫长度为7~12毫米,链带状绦虫长约2~4毫米,而线虫大多可为肉眼识别,其大者长达1米以上,大多数在1~15厘米之间。⑥上述事例,其体内的蛇无论是泻下、吐出,或者是牵引而出,其都可以被描述、被肉眼识别,故而若都将其看作是寄生虫,应该是个体较长的吸虫、绦虫或线虫。

但是泻下、吐出的寄生虫,与从皮肤中牵引而出的不大一样。古代文献中从皮肤牵引出"蛇"的例子亦不少,如:

> 唐贞观初,洛城有一布衣,自称终南山人,姓王名守一,常负一大壶卖药,人有求买之不得者,病必死。或急趁无疾人授与之者,其人旬日后必染沈痾也。柳信者,世居洛阳,家累千金,唯有一子。既冠后,忽于眉头上生一肉块。历使疗之,不能除去。及闻此布衣,遂躬

---

① 陈建平、王光西主编:《人体寄生虫学彩色图谱》,成都:四川大学出版社,2004年,第34页。
② 浙江医科大学等编:《中国蛇类图谱》,上海:上海科学技术出版社,1980年,彩图1。
③ 浙江医科大学等编:《中国蛇类图谱》,第23页。
④ 李雍龙主编:《人体寄生虫学》,北京:人民卫生出版社,2008年,第162页。
⑤ 李雍龙主编:《人体寄生虫学》,第9页。
⑥ 李雍龙主编:《人体寄生虫学》,第101、133、157页。

自祷请。既至其家,乃出其子以示之。布衣先焚香,命酒脯,犹若祭祝,后方于壶中探一丸药,嚼傅肉块,复请具樽俎。须臾间,肉块破,有小蛇一条突出在地,约长五寸,五色烂然,渐渐长及一丈已来。其布衣乃尽饮其酒,叱蛇一声,其蛇腾起,云雾昏暗。布衣忻然乘蛇而去,不知所在。①

文中提到肉块破后出现之"蛇"五色烂然,若依此特征在寄生虫中寻找类似之物恐怕愿望会落空,但我们关注的是在肉块破后出现了"蛇",这是古人对蛇之界定与今日不同的地方。又:

有人患脚疮,冬月顿然无事,夏月臭烂疼痛不可言。一道人视之曰:"尔因行草上惹著蛇交遗沥疮中,有蛇儿冬伏夏出,故疼痛也。"以生虾蟆捣碎傅之,日三四换,凡三日,有一小蛇自疮中出,以铁钳取之,其病遂愈。②

文中讲述的是一则脚疮的医学案例,其原因被认为是沾染了蛇交的残留物,故有蛇生于脚中,故将蛇钳出,其病就痊愈了。这样的说法当然不可靠,因为蛇之繁殖有卵生、胎生二种,只是沾染蛇交的残留物无法孕育出蛇,而且蛇卵之大多如鸟卵,不大可能进入人体皮肤而人本身没有察觉。而且唐朝有一则记载,直接将从皮肤中牵引出的生物唤作虫,只是在描述时指出其与蛇相似,其文曰:

常元载不饮,群像百种强之,辞以鼻闻酒气已醉。其中一人谓可用术治之,即取针挑元载鼻尖,出一青虫如小蛇,曰:"此酒魔也,闻酒

① 出自《大唐奇事》,此处参见(宋)李昉等:《太平广记》卷第八十二,北京:中华书局,1961年,第525页。
② (宋)张杲:《医说》卷十,《景印文渊阁四库全书》第742册,台北:台湾商务印书馆,1983年,第219页上。

即畏之,去此何患。"元载是日已饮一斗,五日倍是。①

文中明确将用针挑出的酒魔描述为青虫,只是叙述其形态的时候言其如小蛇。而因一虫就可以改变一个人的酒量,即使存在这种疾病,也必定非常罕见。

以上数例多是在皮肤中发现"蛇",但这些"蛇"不一定是寄生虫,因为如果是皮肤组织坏死,或者是皮肤生疮之类的疾病,在皮肤组织坏死的过程中,是会产生蛆虫之类的生物,而非寄生虫。不过,若这些皮肤组织下的"蛇"属于寄生虫,则可划定一个范围,因为可寄生于皮下组织的寄生虫其种类是有限的,其大致包括并殖吸虫、曼氏迭宫绦虫、链状带绦虫、犬钩口线虫、锡兰钩口线虫、巴西钩口线虫、麦地那龙线虫、罗阿罗阿丝虫、盘旋尾丝虫等。②若是进一步将之与古代记载具体对应,却并非笔者所能。

但不管如何,不论这些人体内的虫是否都是寄生虫,古人在叙述中都将其划入蛇中,并以"蛇"称之,这种情况在历史上一直存在。这意味着蛇在古人的界定中,其内涵远比今日广泛。而古人之所以将人体内的虫称之为蛇,可能是它们的形态相似。

要之,从上面的论述可以显而易见地发现,古人对蛇的认知与今日并不一致,人体内寄生虫因与蛇的形象类似,在古代存在被称为蛇的现象,这是古人对蛇的认识与总结,虽然与今人观念不同,却是我们认识中国古代历史,进入古代历史叙述所需措意者。

二、蛇非虫类

前文已经提到古人把体内虫称作蛇的现象,而且这种现象并不少见。除此之外,古代文献中经常将"虫蛇"二字连用,以表二者之通。如"麋鹿

---

① (唐)冯贽:《云仙杂记》卷八,《四部丛刊续编》,上海:商务印书馆,1934年,。
② 李雍龙主编《人体寄生虫学》,北京:人民卫生出版社,2008年,第101—106、126—127、160—162页。

乐深林,虫蛇喜丰草"①表达的是虫蛇喜草之性。而类似的用法在古代层出不穷,如"虫蛇白昼拦官道,蚊蟆黄昏扑郡楼"②"父母骨成薪,虫蛇自相食"③"虫蛇穿画壁,巫觋醉蛛丝"④等等,都属于此类,古代医书中亦多将"虫蛇伤"分为一类,可见古代虫蛇之间关系十分密切。《说文解字》在解释"虫"时就说:"虫,一名蝮,博三寸,首大如擘指,象其卧形。物之微细,或行,或毛,或蠃,或介,或鳞,以虫为象,凡虫之属皆从虫"。⑤按照许慎的看法,"蛇"字的偏旁是"虫",当然应该属于虫类。清代方旭著《虫荟》,其中将蛇也收入其中,即在作者观念中蛇就是属于虫。而在民间,北方有些地方也有将蛇称作长虫的习惯,如清朝光绪年间《顺天府志》载:"《燕山丛录》'蓟中不产蛇,独百花山有七尺蛇,至毒。'按土人称为长虫。"⑥直到现在,这种现象在北方也仍然存在。

这一切都表明至少在古代,虫蛇之间存在着千丝万缕的联系,在人们观念中二者有着诸多相似之处,故而才可能有将蛇称为长虫的现象出现。但是在古代分类学中,蛇与虫之间却是另一番景象。下面略做叙述。⑦

《尔雅》是中国目前现存最早的一部辞书,属于经学著作,是训诂学不可或缺的古籍。《尔雅疏叙》介绍此书时说:"夫《尔雅》者,先儒授教之术,

① (唐)白居易著,顾学颉校点:《白居易集》卷十,北京:中华书局,1979年,第202页。
② (唐)白居易著,顾学颉校点:《白居易集》卷十五,第310页。
③ (唐)曹邺:《曹祠部集》卷二,《景印文渊阁四库全书》第1083册,台北:台湾商务印书馆,1983年,第140页上。
④ (唐)杜甫撰,王学泰校点:《杜工部集》卷十四,沈阳:辽宁教育出版社,1997年,第291页。
⑤ (汉)许慎:《说文解字》卷一三上,北京:中华书局,1985年,第441页。
⑥ (清)张之洞等:《光绪顺天府志》卷五十,《续修四库全书》第684册,上海:上海古籍出版社,2001年,第422页上。
⑦ 这方面的研究如郭郛等著《中国古代动物学史》第四章《动物的分类》(北京:科学出版社,1999年)就根据先秦以及秦汉时期的著作,对当时中国的动物分类思想做了梳理。苟萃华、许抗生所著《也谈我国古代的生物分类学思想》(《自然科学史研究》1982年第2期)也是类似的著作,其谈论的范围多集中于先秦时期。而兰益辉《从〈本草纲目·释名〉看中国古代动植物命名的方法》(《自然科学史研究》1989年第2期)、《〈埤雅〉动植物名物训释研究》(扬州大学硕士学位论文,2014年)等则是较为专门的名物训释研究。

后进索引之方。诚传注之滥觞,为经籍之枢要。"①可见其对古人阅读典籍很重要,就如同今日的词典,阅读书籍时常常会用到,故"古人读应《尔雅》,故解古今语而可知也"。②更难能可贵的是,《尔雅》中对动植物进行了系统的分类,"虫鱼草木,爰自尔以昭彰"。③其中分类方法多为后世沿用。

对于动植物,《尔雅》将其分为草、木、虫、鱼、鸟、兽、畜,故《尔雅》有释草、释木、释虫、释鱼、释鸟、释兽、释畜等篇目,其中释畜专指被人类驯化的动物。在这种分类方法中,蛇并未归入虫类,而是归入鱼类,粗看不可思议,《尔雅》对此事是这样解释的,"案《说文》云:'鱼,水虫也。'此第释其见于经传者,是以不尽载鱼名。至于龟、蛇、贝、鳖之类,以其皆有鳞甲,亦鱼之类,故总曰释鱼也"。④意即因为蛇与鱼一样,皆有鳞甲,故归入鱼类。

《艺文类聚》是由唐高祖李渊下令编修,于武德七年(624年)九月十七日奏上。《艺文类聚》对动植物的分类更为详细与多样化,其分类为:药香草部、百谷部、果部、木部、鸟部、兽部、鳞介部、虫豸部、祥瑞部、灾异部。其不仅将文化判断融入分类思想中,单列祥瑞部和灾异部,将有祥瑞或灾异含义的动植物列入其中,而且将传统草木类植物更细致地划分为药香草部、百谷部、果部、木部。更为奇特地是,《艺文类聚》的分类中虽有虫豸部,却将其并入鳞介部其后,并未单独列出。在《艺文类聚》卷九十六《鳞介部上》包含龙、蛟、蛇、龟、鳖、鱼,而《鳞介部下》则包含螺、蚌、蛤、蛤蜊、乌贼、石劫,以及虫豸部的蝉、蝇、蚊、浮游、蛱蝶、萤火、蝙蝠、叩头虫、蛾、蜂、蟋蟀、尺蠖、蚁、蜘蛛、螳螂,虽然可以明显判断出蛇属于鳞介部,但将虫豸部并入鳞介部后这种做法在一定程度上仍然是模糊了虫与鳞介动物的界限。究其原因,可能与《艺文类聚》将龙收入、且将龙放在首位有关。

---

① (宋)邢昺等:《尔雅注疏叙》,(清)阮元校刻《十三经注疏》,北京:中华书局,1980年,第2564页。

② (汉)班固:《汉书》卷三十《艺文志第十》,北京:中华书局,1962年,第1707页。

③ (宋)邢昺等:《尔雅注疏叙》,(清)阮元校刻《十三经注疏》,第2564页。

④ (晋)郭璞注,(宋)邢昺等疏:《尔雅注疏》卷九,(清)阮元校刻:《十三经注疏》,北京:中华书局,1980年,第2640页上。

《艺文类聚》在介绍龙时就说:"《说文》曰:'龙,鳞虫之长,春分而登天,秋分而入川。'"①把龙看作鳞虫之长,即龙既属于鳞类,同样属于虫类,故书中将二者合并。

《初学记》②是唐朝一部综合性类书,其中对动植物亦有系统分类,此书卷二十七为"宝器部"与"花草部",卷二十八为"果木部",卷二十九"兽部",卷三十包括"鸟部""鳞介部""虫部"。如此,《初学记》将动植物分为花草、果木、兽、鸟、鳞介、虫六类,在所有分类中并没有蛇的存在,只是在鳞介部中有"龙",虽然古代龙与蛇之间"剪不断,理还乱",故而按照《初学记》的分类,蛇极有可能是归在鳞介部,但毕竟书中未做分类,难有定论。

《白氏六帖事类集》③对动植物的分类较为简单粗略,只分为鸟兽、草木杂果二类,虫与蛇都归入鸟兽部,故而在这种分类中,虫与蛇之间的界限并不明显。

《太平广记》④是宋朝类书,其中记载大量奇闻异事,动植物故事也不少,比如有草木类故事,也含有关龙、虎、畜兽、狐、蛇、禽鸟、水族、昆虫的故事,此书并未有严格系统的分类体系,但目录中蛇与昆虫属于并列关系,蛇并未归入昆虫当中。

同样是宋朝类书,与《太平广记》不同的是,《太平御览》⑤对动植物有系统的分类,其具体为:兽部、羽族部、鳞介部、虫豸部、木部、竹部、果部、菜部、香部、药部、百卉部。这种分类法明显是吸取了前人的经验,特别是与《艺文类聚》的分类大体比较类似,但明显也有不同,如《太平御览》没有百谷部、祥瑞部、灾异部,书中将鸟部改名为羽族部,把虫豸部单独列出,并且增加竹部、菜部、百卉部。但是在分类中,我们可以看到蛇是包含于鳞介部中。

---

① (唐)欧阳询:《艺文类聚》,上海:上海古籍出版社,1965年,第1661页。
② (唐)徐坚等:《初学记》,北京:中华书局,1962年。
③ (唐)白居易:《白氏六帖事类集》,北京:文物出版社,1987年。
④ (宋)李昉等:《太平广记》,北京:中华书局,1961年。
⑤ (宋)李昉等:《太平御览》,北京:中华书局,1966年。

《本草纲目》[①]成书于明代,其将动植物分为草部、谷部、菜部、果部、木部、虫部、鳞部、介部、禽部、兽部、人部,与《太平御览》略为类似。但其中独具创新之处在于将人也划入其中,创立"人部",这是前所未有的。另外,《本草纲目》打破传统分类法,将鳞部与介部分开,这在之前也是未见。故而,《本草纲目》不仅仅是一本划时代的医学著作,同样是分类学上的一座里程碑。具体而言,蛇在《本草纲目》中是划入鳞部。

表1.1　古代的动植物分类

著作	动植物分类										
尔雅	草	木	虫	鱼(蛇)	鸟	兽	畜				
初学记	花草	果木	兽	鸟	鳞介(蛇)	虫					
艺文类聚	药香草	百谷	果	木	鸟	兽	鳞介(蛇)	虫豸	祥瑞	灾异	
白氏六帖	鸟兽(蛇)				草木杂果						
太平御览	兽	羽族	鳞介(蛇)	虫豸	木	竹	果	菜	香	药	百卉
本草纲目	草	谷	菜	果	木	虫	鳞(蛇)	介	禽	兽	人

从上面的论述可以看到,从《尔雅》一直到《本草纲目》,在古代分类学中,虽然存在过虫蛇界限不清的情况,但蛇从来未被明确归入虫类,而是归入鳞介类或鱼类。故从这个角度而言,古代蛇与虫之间存在分类学上的鸿沟,蛇与虫在古代并非一类。而古人这种分类方法置于现代也有其合理性,蛇龟等鳞介类动物在今日动物分类学中多是属于脊索门,而虫类属于节肢门,所以无论是不是巧合,古人在分类学中将蛇与虫分开符合今日科学的分类法。

概括而言,在古代的叙述和观念中,蛇虫之间是可以转换的,虫可以称作蛇,蛇也可以称为虫,而在实际严格的分类中,蛇与虫之间隔着不可逾越的鸿沟,蛇从未正式归入虫类。这样明显矛盾的现象在古代中国似乎一点都不显得矛盾,而这也只是古人对蛇认知的冰山一角。

---

① (明)李时珍:《本草纲目》,北京:人民卫生出版社,1975年。

第二节 蛇:有足无足

古有寓言,其名"画蛇添足",出自《战国策》,其文曰:

> 楚有祠者,赐其舍人卮酒。舍人相谓曰:"数人饮之不足,一人饮之有余。请画地为蛇,先成者饮酒。"一人蛇先成,引酒且饮之,乃左手持卮,右手画蛇,曰:"吾能为之足。"未成,一人之蛇成,夺其卮曰:"蛇固无足,子安能为之足。"遂饮其酒。为蛇足者,终亡其酒。①

其文意暂且不论,亦非本文所关注的部分。但文中认为蛇并没有足,故而为蛇画上足乃多余之举,这与古人对蛇的认知基本相符,故《淮南鸿烈解》云:"兔丝无根而生,蛇无足而行,鱼无耳而听,蝉无口而鸣,有然之者也。"②似乎蛇无足与兔丝无根、鱼无耳、蝉无口一样,已然成为人们认知中的常识,因之,"舒州有人入灊山,见大蛇,击杀之。视之有足,甚以为异"。③蛇有足被当作异常现象。

作为蛇无足观念之延伸,蛇有足反倒为怪。如《易林》曰:"心多恨悔,出门见怪。歹蛇三足,丑声可恶。"④《唐开元占经》载:"《河图》曰:'蛇四足四翼各群立,见则兵作。'《合诚图》曰:'白帝将亡,则蛇有足,伏如人。'《京氏易传》曰:'青蛇见足,军中将罢。'"⑤蛇有足,要么为怪,要么预示着灾祸,而这恰巧佐证人们认知中蛇无足之观念。

但这是否是历史的真实,是古人对蛇认知的全部?或许尚需探究,而其线索,仍然出自"画蛇添足"一事中。我们可以作一逻辑推演,若蛇无足

---

① (汉)刘向集录:《战国策》卷九,上海:上海古籍出版社,1985年,第356页。
② (汉)刘文典撰,冯逸、乔华点校:《淮南鸿烈集解》卷十七,北京:中华书局,1989年,第579页。
③ (宋)徐铉撰,白化文点校:《稽神录》卷二,北京:中华书局,1996年,第21页。
④ (汉)芮执俭:《易林注译·蛊之第十八》,兰州:敦煌文艺出版社,2001年,第271页。
⑤ (唐)瞿昙悉达:《唐开元占经》卷一百二十,《景印文渊阁四库全书》第807册,台北:台湾商务印书馆,1983年,第1039页上。

成为社会普遍常识,为何在画蛇过程中仍有人生出为蛇画足之念,且将其付诸实践。既然有人为蛇画足,则蛇无足之常识当不攻自破,即并非所有人都认为蛇乃无足之物,或者蛇有足亦为古人对蛇认知的一部分。就如清朝《王荆公年谱考略》所言:"夫画蛇者不可为之足,天下固有有足之蛇矣。"①

从生物进化的角度而言,蛇从蜥蜴进化而来,必有从有足到无足之进化过程,如当今蟒蛇泄殖肛孔两侧有退化成爪状的后肢残余,②而推至数千年前之古代,保留有足之蛇类可能较现代多。中国古人善于观察周围的环境,其"仰则观象于天,俯则观法于地,观鸟兽之文,与地之宜,近取诸身,远取诸物"。③在对自然的不断探索下,古人对蛇有足之事已经有所察觉,《酉阳杂俎》曰:"蛇以桑柴烧之,则见足出。"④唐慎微对此也有记载,《证类本草》云:"蛇以桑薪烧之则足出见,无可怪也。"⑤宋代朱翌亦云:"余在曲江,老兵捕一蛇烧之,四足垂出,如鸡足状,以此知古人有未尽穷之事。"⑥《本草纲目》"诸蛇"条下陶弘景注亦言:"五月五日烧地令热,以酒沃之,置蛇于上则足见。"⑦这些材料都言及用火烧蛇,则有足出。当然,古人用加热之法所见之蛇足是否是真正意义上的蛇足现在尚不能断言,但在古人看来,他们愿意相信加热之后所见的乃是蛇足,这构成了他们对蛇认知的一部分。

不仅如此,古人似乎并不排斥将有足之物归入蛇类,古代文献中多有二足蛇、四足蛇之记载。《文忠集》载:"五月朔辛卯早,同贡之甥游径山

---

① (宋)詹大和等撰,裴汝诚点校:《王安石年谱三种》,北京:中华书局,1994年,第637页。
② 赵尔宓等编著:《中国动物志·爬行纲》第三卷《有鳞目·蛇亚目》,北京:科学出版社,1998年,第34页。
③ (唐)孔颖达:《周易正义》,(清)阮元校刻:《十三经注疏》,北京:中华书局,1980年,第86页中。
④ (唐)段成式撰,方南生点校:《酉阳杂俎·前集》卷十一,北京:中华书局,1981年,第106页。
⑤ (宋)唐慎微:《证类本草》卷二十三,北京:人民卫生出版社,1957年,第459页上。
⑥ (宋)朱翌:《猗觉寮杂记》卷上,扬州:广陵书社出版,1983年,第41页下。
⑦ (明)李时珍:《本草纲目》卷四十三,北京:人民卫生出版社,1975年,第2419页。

道……山多两足小蛇,不伤人,背有金缕,自腰以下纯青。"①古人将二足之物归入蛇类,将其称之为二足蛇,可见古人观念中对有足之蛇并非完全排斥,只是文中二足蛇外形虽与今日二足蜥蜴相似,但颜色与二足蜥蜴有所不同,今日之二足蜥蜴与盲蛇颜色容易混淆,其颜色并不花俏,与文中描述不大相符,故其种属难以断定。

当然,亦有四足蛇之记载,②元代王恽《玉堂嘉话》载:"四月六日,过讫立儿城。所产蛇皆四跗,长五尺余,首黑身黄,皮如鲨鱼,口吐紫艳。"③讫立儿城位于西域,其所产蛇皆四跗。清代著作《物理小识》在介绍蛇时亦言:"青蛙蛇最毒,怒时毒在头尾,桑柴烧蛇则见其足。四足蛇则木仆、苟印、千岁蝮也。"④青蛙蛇乃今日之竹叶青,文中对其描述不见得符合今日之科学,但文中介绍蛇类中存在四足之蛇,名为木仆、苟印、千岁蝮,可见有足之物在古人观念中亦可划入蛇类。当然,这些四足蛇可能是蜥蜴,《蛇谱》就直接将四足蛇称之为蜥蜴,⑤且即使在今日,仍有将蜥蜴称作蛇的说法,如丽斑麻蜥,别名麻蛇子、蛇狮子;石龙子,别名猪婆蛇、四脚蛇;蓝尾石龙子,别名蓝尾四脚蛇;变色树蜥,别名马鬃蛇、公鸡蛇、雷公蛇;斑飞蜥又称飞蛇等等。⑥故而,古代人将某些蜥蜴称为四脚蛇应有可能。

要而言之,蛇无足可能是古人对蛇认知的常态,但并非全部。从事实层面而言,古人至少认为某些蛇有足,用火烤之即出。而从蛇类叙述层面探究,二足蛇、四足蛇亦被划入蛇类。故而,古人对蛇的认知中并非完全排斥蛇足,而是认为蛇可以有足。这一点出土画像亦可佐证。

伏羲女娲在中国文化中的意义非同一般,其形象被描述为人首蛇身,

---

① (宋)周必大:《文忠集》卷一百六十五,《景印文渊阁四库全书》第1148册,台北:台湾商务印书馆,1983年,第782页上。

② 何新先生在《龙:神话与真相》(北京:时事出版社,2002年,第195—200页。)一书中将蜥蜴、鳄鱼划入蛇类,虽不无道理,但亦不能作为确论。

③ (元)王恽撰,杨晓春点校:《玉堂嘉话》卷二,北京:中华书局,2006年,第60页。

④ (清)方以智:《物理小识》卷十一,上海:商务印书馆,1937年,第267页。

⑤ (清)陈鼎:《蛇谱》,清昭代丛书本。

⑥ 《中国药用动物志》协作组编著:《中国药用动物志》第2册,天津:天津科学技术出版社,1983年,第302—316页。

如《鲁灵光殿赋》云:"伏羲鳞身,女娲蛇躯。"①曹植在《女娲赞》中亦云:
"或云二皇,人首蛇形;神化七十,何德之灵!"②《帝王世纪辑存》亦载:"大
皥帝庖牺氏,风姓也。母曰华胥。遂人之世,有大人之迹,出于雷泽之中,
华胥履之,生庖牺于成纪,蛇身人首,有圣德,为百王先。"③等,伏羲女娲
人首蛇身的形象不用多赘述。

而且从汉代之后便有伏羲、女娲图像流传,图1.3是四川郫县一号棺
出土,④图1.4出自山东,⑤两幅图均是伏羲女娲图,图中伏羲、女娲人首蛇
身,尾部相交,属于典型的伏羲女娲图。

图1.3　　　　　　　　　　　图1.4

① (汉)王文考:《鲁灵光殿赋》,(梁)萧统编,(唐)李善注:《文选》,上海:上海古籍出版社,
1986年,第515页。
② (魏)曹植撰,赵幼文校注:《曹植集校注》卷一,北京:人民文学出版社,1998年,第70页。
③ 徐宗元辑:《帝王世纪辑存》,北京:中华书局,1964年,第3页。
④ 中国画像石全集编辑委员会:《中国画像石全集》卷七《四川汉画像石》,郑州:河南美术出
版社,2000年,第99页。
⑤ 中国画像石全集编辑委员会:《中国画像石全集》卷三《山东汉画像石》,济南:山东美术出
版社,2000年,第49页。

但是也存在有足之伏羲、女娲图,这种图像在多地都有出现。陕西地区曾出土不少伏羲、女娲画像,其中不乏有足者。图1.5是陕西四十铺汉墓后室口的画像局部,图中伏羲女娲皆为蛇身,但蛇身上却赫然有两足存在。图1.6是陕西裴家茆汉墓墓门上的局部图像,墓门竖石之上为伏羲女娲图像,且蛇身亦有两足。[①]

图1.5　　　　　　　　　　　　　　　图1.6

河南地区是出土汉代画像比较集中的区域,在出土的伏羲、女娲图像中,有较多包含两足。仅《南阳两汉画像石》就有10余幅有足之伏羲、女娲图像,在此列举其中3幅。图1.7是南阳县出土,女娲手持仙草,蛇身之上明显有足。图1.8是南阳县英庄出土,图中伏羲手持灵芝,蛇身有双足。图1.9是一幅伏羲女娲图,在南阳县军帐营出土,伏羲女娲相对而立,蛇尾并未相交,但蛇身均有双足。[②]

---

① 李贵龙、王建勋主编:《绥德汉代画像石》,西安:陕西人民美术出版社,2001年,第21、26页。

② 王建中、闪修山:《南阳两汉画像石》,北京:文物出版社,1990年,161、167、162图。

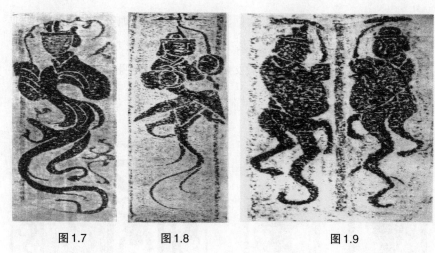

图1.7　　　　图1.8　　　　　　　图1.9

山东同样有不少有足伏羲、女娲图像。图1.10是伏羲执规画像,图1.11是女娲执矩画像,两幅画像中伏羲、女娲都是蛇身,但有两足。图1.12和图1.13分别是《青龙、女娲、门卒画像》和《白虎、伏羲、亭长图像》,虽然残破,但图像中蛇身上的两足却可辨别。①

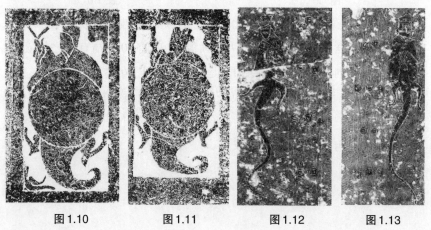

图1.10　　　　图1.11　　　　图1.12　　　　图1.13

不只是北方,南方也存在这种情况。图1.14中人物是伏羲,出土于四川江津崖墓,图中伏羲亦是蛇身两足。图1.15则是四川长宁二号石棺出

———————————

① 中国画像全集编辑委员会:《中国画像石全集》卷三《山东汉画像石》,济南:山东美术出版社,2000年,第76、77、131页。

土的伏羲女娲图,图中伏羲、女娲交尾,而且皆有两足。图1.16出于四川
南溪三号石棺,名为"单阙·伏羲·女娲",图中伏羲、女娲仍然是蛇身,但蛇
身上有两足。[①]

图1.14　　　　　　　图1.15　　　　　　　　图1.16

伏羲女娲在古代一直被描述为人首蛇身的形象,这在前文已有论述。
在汉代,其蛇身被人画上双足,可谓汉代人对蛇认识的映射,即汉代人认
为蛇可以有足,这为古人蛇有足之观念提供了强有力的佐证。

概而言之,蛇无足当是古代人的某种常识,但是古代人也并不排斥有
足蛇的存在。特别是在秦汉时期,大量有足伏羲、女娲图像的出现,更是
证明至少在这一时期人们观念中是接受有足蛇的存在,故而伏羲、女娲蛇
身上被加上了两足。而古代蛇有足的事实和观念,对龙的原型说也有着
独特的意义。

中国人对龙有着特殊的感情,在文化建构中,中国人被统一认为是龙
的传人,这是中国文化的积累结晶,也是加强民族和国家凝聚力的文化保
障。中国的龙可以呼风唤雨,这使得龙与中华农业文明之间有着密不可
分的联系,古代人为了风调雨顺,希望"龙王"能够帮助自己,因此龙王庙

[①] 中国画像全集编辑委员会:《中国画像石全集》卷七《四川汉画像石》,郑州:河南美术出版
社,2000年,第29、84、106页。

在中国的土地上广泛分布，而且古代皇帝也自诩为龙。龙可以说是中华文明中最核心的组成部分，对龙的研究在学术界一直非常兴盛，硕果累累。但是对于龙的原型这个问题，一直存在争论，目前可见的，就有十几种之多，主要有：蛇原型说、鳄鱼原型说、蜥蜴原型说、鱼原型说、鲵原型说、马原型说、牛原型说、猪原型说、羊原型说、狗原型说、鸟原型说、恐龙原型说、云原型说、闪电原型说、黄河原型说、星象原型说、虹原型说、松树原型说等。①

目前而言，蛇原型说占主导地位，多数著作都持这一观点。但鳄鱼原型说影响仍然很大，卫聚贤先生早在1934年就曾提出了这个观点，②之后不断有论著支持这一观点，③何新是其中最为活跃的学者之一。在1986年的著作中，何新本来坚持龙的原型是云，④但三年之后，在《龙：神话与真相》一书中，却转向了鳄鱼原型说。⑤在《"龙"的古音、字形考及神龙真相》一文中，何新进一步论证自己的观念，认为龙的原型是蛟鳄。⑥但是无论如何论证，鳄鱼原型说（包括蜥蜴原型说⑦），其基础都建立在鳄鱼或者蜥蜴与龙的外形相似之上，特别是龙和鳄鱼、蜥蜴都有脚，而蛇没有脚。而在上文的论述中，已经可以看出，蛇并非就没有脚，有的蛇是有脚的，而且在民众的观念中，蛇也可以有脚，故而在伏羲女娲图中，都存在为其蛇

① 以上主要参考王东：《龙是什么 中国符号新解密》，北京：中央编译出版社，2012年；汪田明：《中国龙的图像研究》，中国艺术研究院博士学位论文，2008年；何星亮：《中国图腾文化》，北京：中国社会科学出版社，1992年；郭殿勇：《论龙的起源与演变关系》，《内蒙古社会科学》（文史哲版）1996年第4期；陈伟涛：《龙起源诸说辩证》，《史学月刊》2012年第10期。

② 卫聚贤：《古史研究》，上海：上海文艺出版社，1990年。

③ 相关研究如王明达：《也谈我国神话中龙形象的产生》，《思想战线》1981年第3期；祁庆富：《养鳄与豢龙》，《博物》1981年第2期；景以恩：《龙的原型为扬子鳄考辨》，《民俗研究》1988年第1期；游修龄：《龙和稻文化》，《中国稻米》1994年第2期；仓林忠：《龙脉寻踪》，银川：宁夏人民出版社，2007年；王大有：《龙凤文化源流》，北京：北京工艺美术出版社，1988年。

④ 何新：《诸神的起源》，北京：生活·读书·新知三联书店，1986年。

⑤ 何新：《龙：神话与真相》，北京：时事出版社，2002年。

⑥ 何新：《"龙"的古音、字形考及神龙真相》，《汉字文化》2006年第1期。

⑦ 龙的蜥蜴原型说相关研究有黎翔凤：《周易新释》，沈阳：辽宁大学出版社，1994年；唐兰：《古文字学导论》，济南：齐鲁书社，1981年；刘城淮：《略说龙的始作者和模特儿》，《学术研究》（社会科学版）1964年第3期；刘城淮：《中国上古神话》，上海：上海文艺出版社，1988年。

躯加上脚的情况。故而若以外形论,龙的原型也可以是蛇,单纯以鳄鱼、蜥蜴有脚,形象类似龙,而排斥龙的蛇原型说恐怕难以站住脚了。

第三节 蛇:曲行之论

数千年前的中国古人望着天空一闪而过的流星,或与今人一样,不免生出激动之情,或不明所以,呼呼嚎叫。或又登高望远,一览秀美山川,曲折蜿蜒,气势如虹。或又曲径探幽,领略自然风韵。今人已积累诸多词汇,可感叹流星划过长空的凄美,称颂山川曲折的英姿,细数曲径上的古今故事,更不必说仅仅描述其貌。而古人在描述这些周围的事物时,或许同样并不乏词,本书仅以"蛇行"为例,探寻古人描述周围世界的一种方式。

中国古人与蛇长期共存,不可能没有注意到蛇行进的方式。蛇行进的方式不止一种,但一般都是"靠身体在平面上左右弯曲摆动来进行的,每一个弯曲的外侧是着力点,承受反作用力推动蛇体蜿蜒运动。进行这种运动是靠多达141~500枚脊椎及其灵活而又联结良好的关节和肋骨、肋皮肤、腹鳞的相互配合"。[1]简单而言,蛇一般是弯曲前进的,古人对此也有清醒的认识,故又造"委蛇"一词,像"蛇行之状"。[2]《埤雅》云:"蛇属纡行,《诗》曰委蛇,盖取诸此。"[3]而蛇行与委蛇所表现出来的曲线美恰恰非常契合中国多数人的审美观。

在中国人的审美观中,曲线美的地位无疑非常重要,曲水流觞、曲径探幽更是深入文人骚客灵魂深处的自然审美情怀,白居易:"诚知曲水春

---

① 浙江医科大学等编:《中国蛇类图谱》,上海:上海科学技术出版社,1980年,第3页。

② (宋)范处义:《诗补传》卷二,《景印文渊阁四库全书》第72册,台北:台湾商务印书馆,1983年,第46页下。

③ (宋)陆佃:《埤雅》卷十,《北京图书馆古籍珍本丛刊》第5册,北京:书目文献出版社,2000年,第325页下。

相忆,其奈长沙老未还?"①阮元:"曲水照桃花,云月生文字。"②吴伟业:
"曲水金人立,凌波玉女归。"③等等都是文人对曲水情怀的体现,其数量
不胜枚举,似乎文人骚客面对曲折的涓涓水流,总是难免生出各式的情
怀,白居易是无奈,阮元和吴伟业则是超然。这并非是曲水本身具有喜怒
哀乐,而是文人骚客触景生情,似乎自然界的事物总能在人的心中打下各
种烙印,曲水无情而人有情,不知是不是"庸人自扰"。

　　曲径探幽又是文人心中的另一种情怀,走在曲折的道路上,欣赏道路
两旁的花草树木,倾听鸟木虫鱼的自然声响,确是好不痛快。而道路曲
折,一眼无法望穿,似乎前方有更美好的神秘景色正等待着人去探寻,在
不断的行走中也总能发现不一样的自然风韵,这就是曲径之妙。故而文
人对曲径也有着割不断的情怀,"禅房花木有残红,此地还因曲径通"④在
曲径的衬托下,禅房不觉多了几分神秘性和超然感。"晓穿曲径千林去,晚
度危桥一木支"⑤似乎无曲径就无千林,无曲径就少了许超然。类似的还
有"曲径深深久未过,凉风相引到藤萝"⑥"小圃幽亭曲径通,风光多在画
阑东"⑦"曲径钟声细,空堂竹影疏"⑧等,举不胜举。

　　这种对曲水和曲径的审美情绪也影响到了中国古代园林的布局,甚
至是中国古代的建筑风格,其中中国古塔及中国古建筑屋顶的曲线之美,

---

　　①(唐)白居易著,顾学颉校点:《白居易集》卷十六,北京:中华书局,1999年,第345页。
　　②(清)阮元:《淮海英灵集·丁集》卷二,《续修四库全书》第1682册,上海:上海古籍出版社,
2001年,第207页下。
　　③(清)吴伟业:《梅村家藏稿》卷十三,《清代诗文集汇编》第29册,上海:上海古籍出版社,
2010年,第75页下。
　　④(宋)陈思:《两宋名贤小集》卷一百七十三《太仓稊米集》,《景印文渊阁四库全书》第1363
册,1983年,第439页下。
　　⑤(宋)陈思:《两宋名贤小集》卷二百二十三《遂初小稿》,《景印文渊阁四库全书》第1363
册,台北:台湾商务印书馆,1983年,第751—752页。
　　⑥(明)姚孙业:《亦园全集》卷二,《四库禁毁书丛刊》集部第86册,北京:北京出版社,1997
年,第493页下。
　　⑦(明)叶盛:《泾东小稿》卷一,《续修四库全书》第1329册,上海:上海古籍出版社,2001年,
第4页上。
　　⑧(清)施润章:《学余堂诗集》卷二十五,《景印文渊阁四库全书》第1313册,台北:台湾商务
印书馆,1983年,第600页上。

就是中国人对曲线情怀的体现。①

与对曲线热衷相伴随的,是蛇行与委蛇被用来描述星空、山川、路径等的曲线之形。

偶然划过长空的流星绽放了转瞬即逝的美丽,这种美丽如今已经被赋予了爱情与誓言的意义,成了青年男女表达爱意的凭借之一。而流星划过长空的运动轨迹,古人常用蛇行来描述,如《汉书》:"枉矢,状类大流星,蛇行而仓黑,望如有毛目然。"②而用蛇行来描述流星运动的轨迹历代不乏,如《后汉书》:"(熹平)二年四月,有星出文昌,入紫宫,蛇行,有首尾无身,赤色。"③《新唐书》:"十一月壬戌,有流星大如斗,东北流,长数丈,蛇行屈曲,有碎光迸出。占曰:'是谓枉矢。'""(天祐)二年三月乙丑,夜中有大星出中天,如五斗器,流至西北,去地十丈许而止,上有星芒,炎如火,赤而黄,长丈五许,而蛇行,小星皆动而东南,其陨如雨,少顷没,后有苍白气如竹丛,上冲天中,色瞢瞢。占曰:'亦枉矢也。'"④《宋史》:"雍熙元年十月丁酉,有星出昴,赤色,东南蛇行二丈余,没。"⑤《明史》:"西方有赤星大如盋,自中天西行近浊,尾迹化白气,曲曲如蛇行良久,正西轰轰如雷震。"⑥这些都是用蛇行描述流星运动,而且这样的例子古代实在太多,这里仅摘取了正史中的极少部分。

不过中国古人长期宣扬天人感应之说,星象与人间祸福似乎有着密切的关系,流星蛇行也正因为其曲折之形,亦被赋予了不祥之征。《汉书》言:"物莫直于矢,今蛇行不能直而枉者,执矢者亦不正,以象项羽执政乱也。"⑦就将流星蛇行赋予执矢者不正的蕴意,并将之与当时的政治勾连

---

① 可参见王赫、王炎松:《基于文化传播与审美心理的中国古建筑屋顶曲线起源初探》,《华中建筑》2015年第11期;戴孝军:《中国古塔及其审美文化特征》,山东大学博士学位论文,2014年。

② (汉)班固:《汉书》卷二十六《天文志第六》,北京:中华书局,1962年,第1293页。

③ (南北朝)范晔:《后汉书》志十二《天文下》,北京:中华书局,1965年,第3258页。

④ (宋)欧阳修:《新唐书》卷三十二《天文二》,北京:中华书局,1975年,第843、848页。

⑤ (元)脱脱等:《宋史》卷五十七《天文十》,北京:中华书局,1977年,第1234页。

⑥ (清)张廷玉等:《明史》卷二十七《天文三》,北京:中华书局,1974年,第419页。

⑦ (汉)班固:《汉书》卷二十六《天文志第六》,第1301页。

起来。《晋书》中也明确提出："蛇行者，奸事也。"①认为流星蛇行，是人间有奸事的表征。

山川秀丽，总引得古人登山瞭远，试图发现更远方的风景，感叹人生短暂，河水东逝，一去不返。蜿蜒的河流山脉，同样被古人以委蛇加以描绘，"河以逶蛇故能远，山以陵迟故能高"②这句数千年前的话语，仍能让人感受到大河蜿蜒，消失在视线所及远方的场景。曲径之态，同样如此，如"委蛇微径出荒芜，缭绕重峦当燕几"③"将辟草际委蛇之径，成人间广牡之途"④等都是以委蛇形容曲径之态。

但同样值得注意的是，委蛇在古代又不仅像蛇行弯曲，也有其他含义。比如《庄子》中就将之描述为一种鬼物，"其大如毂，其长如辕，紫衣而朱冠。其为物也恶，闻雷车之声，则捧其首而立。见之者殆乎霸"。⑤委蛇虽为鬼物，却是紫衣朱冠，见之者可成为霸主。齐桓公在后文自言见到的怪物就是委蛇，其本人在春秋时期也成为一时的霸主。委蛇又可表示委曲自得之意，其出自"退食自公，委蛇委蛇"句，笺云："退食，谓减膳也。自，从也。从于公，谓正直顺于事也。委蛇，委曲自得之貌。节俭而顺心志定，故可自得也。"⑥故委蛇之章句虽浩若烟海，本书也只取了明显表示蛇行弯曲的寥寥数语。

而蛇行同样可以用在人身上。《战国策》记载苏秦"将说楚王，路过洛阳"，"妻侧目而视，倾耳而听，嫂蛇行匍伏，四拜自跪而谢"。⑦《史记》亦

---

① (唐)房玄龄：《晋书》卷十二《天文中》，北京：中华书局，1974年，第328页。

② 何宁：《淮南子集释》卷二十，北京：中华书局，1998年，第1397页。

③ (元)袁易：《静春堂诗集》卷三，《景印文渊阁四库全书》第1206册，台北：台湾商务印书馆，1983年，第283页上。

④ (明)董思张：《吴兴艺文补》卷四十，《续修四库全书》第1679册，上海：上海古籍出版社，2001年，第369页上。

⑤ (清)王先谦：《庄子集解》卷五，北京：中华书局，1987年，第162页。

⑥ (唐)孔颖达：《毛诗正义》卷一，(清)阮元校刻《十三经注疏》，北京：中华书局，1980年，第289页上。

⑦ (汉)刘向集录：《战国策》卷三，上海：上海古籍出版社，1985年，第90页。

言其嫂"委蛇蒲服,以面掩地而谢"。^①这里的蛇行、委蛇亦是以蛇行之曲状形容苏秦嫂子的卑躬。《游梅田洞记》:"洞后有隧穴极深,窈不可入。闻好事者尝挽绠篝火,鱼贯蛇行,循小涧之空以达,然不可行也。"^②则是游览观光途中,以蛇行弯曲的方式在前进,而这里的蛇行大概是因路途荆棘、草木密布,不得已而为之。但以蛇行来形容其行进的轨迹,倒也生动恰当。类似的还有王稚登记载自己游张公洞,"着促裾,脱帽去屦作蛇行",^③《徐霞客游记》:"逾岭隘,一里,至角庵基。复从庵后丛中伏身蛇行入,约四里,穿丛棘如故,已乃从右崖丛中蛇行上。"^④洪颐煊介绍石台山风景时曰:"石台距县治仅五里,所山皆土阜,非有奇岩峭峰水泉花药竹箭之美。由山足缘坡陀蛇行,穿灌莽而上。至其脊乃有巨石五六,相积压如累器物。"^⑤王械述在安徽黄山寻觅龙穴,"蛇行数十步,顿觉天日清朗,审视,已出洞外"。^⑥此类记载,不一一详述。

又有军队行军打仗,以蛇行之势行军、布阵,这种蛇行方式就属于刻意而为之者。《平苗纪略》同样有多处蛇行行军、布阵的记载,如"苗在山梁举火放枪,暗使百十人蛇行而进""贼匪均于乱石之内蛇伏放枪,百十成群""贼众力奔上山,争夺大梁。所有密林乱石之内,均各蛇行蚁伏,密排放枪以为接应"。^⑦这里面作战人员蛇行或蛇伏应当多是为了隐蔽的需要,故而在"乱石中蛇伏放枪"或"蛇行蚁伏,密排放枪以为接应",既攻击敌人,又使得自身受到一定的保护。苗人战士在举火放枪的同时,在战场上让百十人蛇行前进,其蛇行大致也是为了减少受到攻击的概率。"贼人

---

① (汉)司马迁:《史记》卷六十九《苏秦列传》,北京:中华书局,1959年,第2262页。
② (明)何镗:《古今游名山记》卷十一下,《续修四库全书》第736册,上海:上海古籍出版社,2001年,第707页上。
③ (明)王稚登:《王百谷集十九种·荆溪疏》卷上,《四库禁毁书丛刊》集部第175册,北京:北京出版社,1997年,第139-140页。
④ (明)徐弘祖:《徐霞客游记校注》,昆明:云南人民出版社,1985年,第300页。
⑤ (清)洪颐煊:《台州札记》卷四,清钞本。
⑥ (清)王械:《秋灯丛话》卷十六,济南:黄河出版社,1990年,第277页。
⑦ (清)鄂辉:《平苗纪略》卷五、卷十三、卷十四,《四库未收书辑刊》第4辑14册,北京:北京出版社,1997年,第136页上、262页上、280页下。

数千从西南山沟蛇行而进,绕至东首观景山"①既可能是为了行军隐蔽的需要,又或者和上述旅人一样是不得已而为之,故采取了蛇行行军的方式。

若稍稍总结,可以得知,蛇弯曲行进的方式本是自然界的万千现象之一,而古人在观察到了这一点之后,确是用蛇行、委蛇来描述周围的世界。其既用以描述天空中的流星,也用以描绘山河、道路的蜿蜒曲折,同时也用以描述人的行进轨迹,所谓天、地、人蜿蜒曲折者,多有涉及。这就是古人描绘周围世界的一种方式,通过观察自然界的各种现象,并将其用来形容、描绘周围的其他事物。在这个过程中,不仅使得事物的描述显得生动形象,也丰富了汉语的词汇,使得汉语可以表达越来越丰富的内容,可以描绘更为复杂隐晦的含义。我们周围有很多这样的词汇,如龙行、虎步、雀跃等,无一不是古人观察自然界后将之应用于描绘周围的世界,而这恰恰又是人与自然互动的一种表现。人既在观察自然,同时又被自然印记。

第四节　蛇:南方的意象

一、南方多蛇

蛇是冷血动物,只需要较少的能量来维持自身体温和生理机能的运转,故相对而言对多样性环境具有更强的适应性。加之蛇对特定生态环境并没有强烈的依赖性,所以蛇成了为数不多遍布全球几乎各个角落的物种之一。我们可以在人迹罕至的沙漠中发现蛇的踪影,比如骇人听闻的响尾蛇就能在沙漠环境中生存,而且在河水中有水蛇,海洋中有海蛇,陆地上蛇更是种类繁多。但是这并非意味着蛇的分布在各地都很均衡,与大多数野生动物一样,良好的生态环境更能为多样化的蛇类提供生存

---

① (清)鄂辉:《平苗纪略》卷十六,《四库未收书辑刊》第4辑14册,北京:北京出版社,1997年,第314页下。

之所,故而在森林草地植被丰富、河水沼泽遍布之地,蛇无论是种类,抑或是在数量上都更多。

而具体到中国,南方较北方有着更为丰富的蛇类分布,[①]这当然与南方相对优越的生态环境分不开。中国南方大部分地区属于热带、亚热带气候,气候温暖湿润;从植被带而言,南方多属于常绿阔叶林地带,所以在人为影响同等的条件下,南方相对良好的环境承载较北方更为丰富的蛇类也属自然之理。更不用说在古代,特别是明清以前,中国南方较北方而言受人为影响更少,其生态环境状况有时候超乎想象,比如魏晋时期,南方多数地区尚未受到人类活动的影响,依然草木繁茂,郁郁葱葱,青山绿水。[②]唐代江南已属发达之地,人类活动痕迹遍布,但当时的江南仍然是"日出江花红胜火,春来江水绿如蓝",[③]当时对南方"卑湿""瘴气""多毒"的描写与意象恰恰也正是南方生态环境良好的印证。而且研究古代南方,特别是中古南方环境的重量级的作品已经出现不少,如左鹏《论唐诗中的江南意象》[④]、李荣华《"南方本多毒,北客恒惧侵":略论唐代文人的岭南意象》[⑤]、赵仁龙《唐代宦游文士之南方生态意象研究》[⑥]、连雯《魏晋南北朝时期南方生态环境下的居民生活》[⑦]、薛爱华《朱雀:唐代的南方意

---

① 浙江医科大学等编:《中国蛇类图谱》(上海:上海科学技术出版社,1980年)第7—19页以省为单位将现代中国蛇类的分布作了统计(部分省份没有统计),若以江苏、安徽、浙江、江西、福建、台湾、湖北、湖南、广东、广西、四川、贵州、云南作为南方,表格中所列166种蛇南方有156种,北方只有47种,这意味着盲蛇、大盲蛇、高雄盲蛇、海南闪鳞蛇、闪鳞蛇、蟒蛇、瘰鳞蛇、青脊蛇、台湾脊蛇、海南脊蛇、美姑脊蛇、阿里山脊蛇、棕脊蛇、过树蛇、八莫过树蛇、滇西蛇、尖尾两头蛇、云南两头蛇、黄链蛇、粉链蛇、眼镜蛇、眼镜王蛇、金环蛇、银环蛇等119种蛇属于南方特有。北方特有蛇种有沙蟒、花脊游蛇、黄脊游蛇、团花锦蛇、游蛇、棋斑游蛇、灰链游蛇、花条蛇、极北蝰、草原蝰,共10种,而这10种蛇除黄脊游蛇、团花锦蛇、灰链游蛇外,都分布在中国西北,特别是新疆,这与当地沙漠、半沙漠、草原气候有关。

② 吴征镒主编:《中国植被》,北京:科学出版社,1980年,第78页。

③ (唐)白居易著,顾学颉校点:《白居易集》卷三十四,北京:中华书局,1999年,第775页。

④ 左鹏:《论唐诗中的江南意象》,《江汉论坛》2004年第3期。

⑤ 李荣华:《"南方本多毒,北客恒惧侵":略论唐代文人的岭南意象》,《鄱阳湖学刊》2010年第5期。

⑥ 赵仁龙:《唐代宦游文士之南方生态意象研究》,南开大学博士学位论文,2012年。

⑦ 连雯:《魏晋南北朝时期南方生态环境下的居民生活》,南开大学博士学位论文,2013年。

象》①等等。这些著作对南方相对原始的生态环境样貌都有描述,其中赵仁龙《唐代宦游文士之南方生态意象研究》更是将南方划分为江南、淮南、巴蜀、荆襄、湘中、江西、岭南、闽中、黔中,在古代南方区域生态环境研究中,属至今为止最为细致深入的佳作。

而古人在认识南方的过程中自然也注意到南方多蛇这一现象,②文献对此多有记载。《汉书》就说:"南方暑湿,近夏瘴热,暴露水居,蝮蛇蠚生,疾疫多作。"③道出南方多蛇的特征。唐代李绅"天将南北分寒燠,北被羔裘南卉服。寒气凝为戎虏骄,炎蒸结作虫虺毒"与"瘴岭冲蛇入,蒸池蹋虺趋"④比较了中国南北之不同,其中北方寒冷,南方却是"炎蒸结作虫虺毒""瘴岭冲蛇入蒸池"。李绅此人生活在晚唐,《旧唐书》有传,生于南方,却也因为仕宦到过北方,故而对南北的认识要么是出于真实的认知,要么是附和当时人的一般意象,但无论是哪一种,其作品中南方多蛇的意象都显而易见。不仅如此,唐代文献中还存在比较极端的说法,其文为:

禁蛇法

一名蛇,二名蟮,三名蝮,居近野泽,南山腹蛇,公青蛇,母黑蛇,公字麒麟蛇,母字接肋,犀牛角,麝香牙,鹳鹊嘴,野猪牙,啄蛇腹腹熟,啄蛇头头烂,蜈蚣头,鸩鸟羽,飞走鸣唤,何不急摄汝毒,还汝本乡江南畔,急急如律令。

---

① [美]薛爱华著,程章灿、叶蕾蕾译:《朱雀:唐代的南方意象》,北京:生活·读书·新知三联书店,2014年。

② 但不得不提的是,古人对南方的认识实经历了漫长的过程。中国南北方人群的接触其历史应当相当早,今日南方苗族就是数千年前由北方南迁而来,但是到了中古时期,对南方的描述仍然带着异域这样陌生的色彩,描述南方的著作多冠以"异物"之名,如《隋书》卷三十三《经籍二》所载就有:杨孚《异物志》、万震《南州异物志》、杨孚《交州异物志》、朱应《扶南异物志》、沈莹《临海水土异物志》等。

③ (汉)班固:《汉书》卷六十四上《严助传》,北京:中华书局,1962年,第2781页。

④ (唐)李绅:《追昔游集》卷上,《景印文渊阁四库全书》第1079册,台北:台湾商务印书馆,1983年,第83页上、81页下。

禁蛇敛毒法

晖晖堂堂,日没停光,姿擢之节,唾蛇万方,蛇公字蚰蜒,蛇母字弥勒,汝从江南来,江北言汝何失准,则汝当速敛毒,若不收毒,吾有鸠鸟舌、野猪牙、蜈蚣头、何咤沙,吾集要药破汝,速出速出,敛毒还家,急急如律令。

…………

山鹊蛇,山蚱,山青蛇,泽青蛇,马蛇,蛟黑似蜥蜴,上六种螫人不死,令人残病。咒曰:吾有一切之禁,山海倾崩,九种恶毒,元出南厢,令渡江北,专欲相伤,吾受百神之禁,恶毒元出南边,今来江北,截路伤人,吾一禁在后,你速摄毒,受命千年,急急如律令。①

以上皆为禁蛇咒语,在每段咒语里都提到蛇是来自于南方,故有"还汝本乡江南畔""汝从江南来,江北言汝何?""元出南方,今来江北"这样极端的说法,似乎北方并无蛇,北方的蛇都是来自南方,故而禁蛇的目的之一就是将蛇赶回南方。这种蛇专属南方的观念自然是不符合实际,却是当时人对蛇之南方意象的极端例子。

宋元时期,虽没有如此极端之观念,但南方多蛇的概念仍然一如既往,宋《鸡肋集》有奏曰:"百越之地,少阴多阳,其人疏理,鸟兽希毛,故性能暑。三月五月,春草黄茅,岚雾瘴氛,上炎下潦,飓风之所扇鼓。且土多毒虫、蚖蛇、沙虱,过而踣者犹十三四焉。"②直言南方恐怖、多毒虫蚖蛇之状,劝皇帝罢兵。宋刘敞亦有《上仁宗请罢五溪之征》,言明出兵原因是由"武溪诸彭,父子结怨"引起,武溪今地属湖南,刘敞劝仁宗罢兵时曰:"今盛夏动众,下潦上雾,多毒蛇恶草之害,难以得地。"③亦是以南方多毒蛇恶草为由。元代陈孚在《思明州》一诗中也说明州(今地属浙江)"毒虫含

---

① (唐)孙思邈著,李景荣等校释:《千金翼方校释》卷三十,北京:人民卫生出版社,1998年,第458页。

② (宋)晁补之:《鸡肋集》卷二十五,《四部丛刊初编》,上海:商务印书馆,1922年。

③ (宋)赵汝愚:《诸臣奏议》卷一百四十三,上海:上海古籍出版社,1999年,第1626页。

弩满汀沙,荒草深眠十丈蛇"。①

当然,南方有的地方在某些文人笔下,却也并非都是多蛇之地,白居易对南方比较熟悉,其有传颂千古之《忆江南》流传于世。对于江州(今地属于江西),白居易亦认为:"江州风候稍凉,地少瘴疠;乃至蛇虺蚊蚋,虽有甚稀。滹鱼颇肥,江酒极美。"②蛇、蚊蚋稀少,而鱼肥酒美的江州在白居易的笔下俨然成为他的钟爱之地。再比如受文人钟爱的江南,至少在清代也是"毒蛇多生广西,江南则少矣"。③但有的地方情况与此不同,南方之西南、岭南在文献记载中一直都是多蛇之地,到清代也是如此。

西南地区的蛇意象出现很早,巴蛇吞象就是早期先民对西南多大蛇的描述。《华阳国志》亦曰:"土地无稻田蚕桑,多蛇蛭虎狼。俗妖巫,惑禁忌,多神祠。"④

到了唐朝,有大量文人描绘西南地区的环境,许多诗作流传至今。白居易著《得微之到官后书备知通州之事怅然有感因成四章》,其中有"来书子细说通州,州在山根峡岸头。四面千重火云合,中心一道瘴江流。虫蛇白昼拦官道,蚊蟆黄昏扑郡楼。何罪遣君居此地?天高无处问来由!"⑤唐朝通州地属今四川,而"虫蛇白昼拦官道"将当地多蛇的情状生动展现。白居易在《送客南迁》中对西南也充满了恐怖的描述,其文为:"我说南中事,君应不愿听。曾经身困苦,不觉语叮咛。烧处愁云梦,波时忆洞庭。春畲烟勃勃,秋瘴露冥冥。蚊蚋经冬活,鱼龙欲雨腥。水虫能射影,山鬼解藏形。穴掉巴蛇尾,林飘鸩鸟翎。飓风千里黑,蘋草四时青。客似惊弦雁,舟如委浪萍。谁人劝言笑?何计慰飘零?慎勿琴离膝,长须酒满瓶。大都从此去,宜醉不宜醒。"⑥在这些所有恐怖描绘中,"穴掉巴蛇尾"是西南地区多大蛇的反映。与此类似,王建《荆门行》"火声朴朴塞溪烟,人家

---

① (元)陈孚:《陈刚中诗集》,明钞本。
② (唐)白居易著,顾学颉校点:《白居易集》卷四十五,北京:中华书局,1999年,第973页。
③ (清)郑光祖:《一斑录·杂述五》,北京:中国书店,1999年,第17页左(总845页)。
④ (晋)常璩撰,刘琳校注:《华阳国志校注》卷四《南中志》,成都:巴蜀书社,1984年,第421页。
⑤ (唐)白居易著,顾学颉校点:《白居易集》卷十五,第310页。
⑥ (唐)白居易著,顾学颉校点:《白居易集》卷十九,第411页。

烧竹种山田。巴云欲雨蒸石热,麋鹿入江虫出穴。大蛇过处一山腥,野牛惊跳双角折"①描绘了西南地区放火烧山种田时,大蛇被惊扰逃窜的情景。另,《蛮书》载:"阁外至蒙夔岭七日程,直经朱提江,下上跻攀,伛身侧足。又有黄蝇、飞蛭、毒蛇、短狐、沙虱之类。"②说明西南地区从阁外至夔岭的路上毒蛇对行旅构成威胁。《旧唐书》在介绍西南地区南平獠也说:"土气多瘴疠,山有毒草及沙虱、蝮蛇。人并楼居,登梯而上,号为'干栏'。"③也言及当地毒蛇的情况。

而且西南多蛇的意象一直延续,如"沅州安抚使郭彦高,大名人,说广中风土:'其地皆山,如水之波浪然。盖古盘瓠国,在夜郎西南数百里,与大理东境相接。'郭有诗:'地连两广多蛇窟,水隔三湘绝雁书。'"④古盘瓠国位置大致在今日贵州境内,宋郭彦高讲当地"地连两广多蛇窟",意即当地蛇非常多。到了清朝,西南仍是"瘴疠蛇虺之窟,人迹不至"。⑤

与西南地区类似,岭南⑥地区在历史上也一直被划上多蛇的符号。汉元帝议发大军讨珠崖(今地属海南),贾捐之认为珠崖"雾露气湿,多毒草虫蛇水土之害,人未见虏,战士自死"。⑦点出当地多虫蛇之害。

唐宋元时期文献对广东、广西、福建多蛇亦多有描述。相关记载如宋朝《与胡学士书》:"后退之贬阳山,投身于蛇虺蛊毒之地,画字于鸟言夷面之人。"⑧阳山今地属广东,而在作者笔下,阳山乃是"蛇虺蛊毒之地"。另元朝《送王廷瑞序》亦曰:"南粤去京师万里……去天既远,雨露偏枯,宅土最穷,蛇鳄暴横。"⑨意即南粤乃"蛇鳄暴横"之地。而这时期对广西多蛇

---

① 黄永年、陈枫校点:《王荆公唐百家诗选》卷十三,沈阳:辽宁教育出版社,2000年,第183页。
② (唐)樊绰撰,向达校注:《蛮书校注》卷一,北京:中华书局,1962年,第28页。
③ (后晋)刘昫:《旧唐书》卷一百九十七《南蛮西南蛮》,北京:中华书局,1975年,第5277页。
④ (元)王恽:《玉堂嘉话》卷三,北京:中华书局,2006年,第89页。
⑤ (清)吴其濬:《滇西矿厂图略》卷下,清钞本。
⑥ 此文所指岭南含今福建、广东、广西、海南地区。
⑦ (汉)班固:《汉书》卷六十四下《贾捐之传》,北京:中华书局,1962年,第2834页。
⑧ (宋)葛胜仲:《丹阳集》卷三,《宋集珍本丛刊》第32册,北京:线装书局,2004年,第532页上。
⑨ (元)徐明善:《芳谷集》卷一,胡思敬辑:《豫章丛书》,南昌:古籍书店,杭州:杭州古籍书店,1985年,第6页。

的描述更为恐怖,如柳宗元《寄卫珩》有:"初拜柳州出东郊,道旁相送皆贤豪……桂州西南又千里,漓水斗石麻兰高。阴森野葛交蔽日,悬蛇结虺如葡萄。"①诗中描绘在由桂州到柳州之间的路上,竟然"悬蛇皆虺如葡萄",蛇互相聚集在一起,看起来如葡萄一般,今日实在难以想象。元朝陈孚《邕州》一文中也描述当地"两江合流抱邕管,暮冬气候三春暖。家家榕树青不凋,桃李乱开野花满。蝮蛇挂屋晚风急,热雾如汤溅衣湿"。②诗中其实对邕州(今地属广西)的冬天充满正面的描述,"家家榕树青不凋""桃李乱开野花满"这样优美的意境表现出陈孚对邕州此地至少并不厌恶,而在如此充满正面的描述中也避不开对"蝮蛇挂屋"的现实描述,说明广西此地当时蛇确实太多。一直到清朝,都仍然是"毒蛇多生广西"。③福建在古代也属于"蛇山鳄水"之地,④《宋史》描述福建漳浦"处山林蔽翳间,民病瘴雾蛇虎之害",⑤也是说当地多蛇虎之害。

要到了清朝,岭南在文献中仍然是多蛇之地,除上文已经提到的"广西多毒蛇"外,又如清朝《蚺蛇行》云:"五岭嶙峋去天尺,蛮云深处蚺蛇宅。"⑥清朝汪森更是直言:"岭南不惟烟雾蒸郁,亦多毒蛇猛兽。"⑦

要而言之,南方多蛇的记载在古代基本一直存在,唐朝还曾经出现北方的蛇是来自于南方这样夸张的记载。但这种对南方"瘴疠""暑湿"以及多蛇的描述其实是建立在南方良好的生态环境基础之上,并非是凭空对南方的污蔑,岭南与西南地区多蛇的记载之所以到清代仍未改观也和当地自然环境相对完好有关。而对于江南等地,由于历史上不断移民开发,其生态环境已非原始面貌,故而早在唐代,白居易就提到江州少蛇这一情

① (唐)柳宗元:《柳河东集》卷四十二,上海:上海人民出版社,1974年,第690页。

② (元)陈孚:《陈刚中诗集》,明钞本。

③ (清)郑光祖:《一斑录·杂述五》,北京:中国书店,1999年,第17页右(总845页)。

④ (唐)皇甫湜:《皇甫持正文集》卷二,《四部丛刊初编》,上海:商务印书馆,1922年。

⑤ (元)脱脱等:《宋史》卷四百七十一《奸臣一》,北京:中华书局,1977年,第13705页。

⑥ (清)陶元藻:《泊鸥山房集》卷二十四,《清代诗文集汇编》第341册,上海:上海古籍出版社,2010年,第277页上。

⑦ (清)汪森:《粤西丛载》卷十八,《笔记小说大观》第18册,扬州:广陵古籍刻印社,1983年,第244页下。

况。故而大体上而言,虽然古代文献中对南方的描述非常恐怖,而且有些是出于想象,其中可能不乏贬低之词,但这些基本上都是建立在南方自然环境事实的基础上,而且诸如元朝陈孚虽然在诗文中描述广西多蛇,而诗中对广西冬天的热爱也溢于言表。是故恐怖的南方并非都是以文明自居的文人对南方的异域想象,而在很大程度上是对南方的写实,或者有时候是对南方夸张的写实。

二、南人食蛇

对于古人而言,南方人食蛇也属异闻,南方多蛇的自然基础与南人食蛇的习俗当密不可分。[①]

南方人食蛇的习俗持续时间很长,早在西汉,《淮南子》就明确提出:"越人得蚺蛇以为上肴,中国得而弃之无用。"[②]葛洪亦曰:"越人之大战,由乎分蚺蛇之不钧。吴、楚之交兵,起乎一株之桑叶。"[③]说明蚺蛇肉在南方越人中间算是非常重要的食物。《交州外域记》记载更为详细,其文曰:

> 山多大蛇,名曰蚺蛇,长十丈,围七八尺,常在树上伺鹿兽,鹿兽过,便低头绕之,有顷鹿死,先濡令湿讫,便吞,头角骨皆钻皮出。山夷始见蛇不动时,便以大竹签签蛇头至尾,杀而食之,以为珍异。[④]

其不仅记载山夷食蚺蛇的事实,而且将捕蛇方法也详加叙述。但南方人

---

① 中国人食蛇之事已有专论,邹卫东《岭南食蛇习俗考》(《岭南文史》2000年第1期)、张骏杰《试析蛇馔在中国古代饮食文化中的确实现象及原因》(《农业考古》2013年第1期)就是这类专著。本书既以"南方蛇意象"为专题,则详细将南方人食蛇之情况作一叙述,文章与前人一样,关注南人食蛇之事,但对前人观点也有回应,文章食蛇一节的讨论部分皆是针对上述两篇著作,在书中就不一一点出。

② 何宁:《淮南子集释》卷七,北京:中华书局,1998年,第551页。

③ 杨明照:《抱朴子外篇校笺》卷四十八,北京:中华书局,1991年,第578页。

④ (北魏)郦道元著,陈桥驿校证:《水经注校证》卷三十七,北京:中华书局,2007年,第860页。

捕杀蚺蛇也有主动发起攻击的方式,《桂海虞衡志》就载:

> 蚺蛇。大者如柱,长称之,其胆入药。南人腊其皮,刮去鳞,以鞔鼓。蛇常出逐鹿食,寨兵善捕之。数辈满头插花,趋赴蛇。蛇喜花,必驻视,渐近,竞拊其首,大呼红娘子,蛇头益俛不动,壮士大刀断其首。众悉奔散,远伺之。有顷,蛇省觉,奋迅腾掷,傍小木尽拔,力竭乃毙。数十人升之,一村饱其肉。①

这段文字蕴含的信息比较多,其不仅记载了捕杀蚺蛇的具体方法,虽然这种方法可能并没有多少真实性,而且其将蚺蛇的各种功用也大致列出,如胆可入药、皮可鞔鼓、肉可食。值得注意的是,我们在论述古代食蛇一事时,不可过分强调蛇药用之功能,似乎古人食蛇乃是因为其能治病强身。事实是,蛇确实有治病之效,但南人食蛇肉,至少是蚺蛇肉,并非源自其药效之功,而是将其作为可以补充能量的食物对待。

南方人食蚺蛇,宋朝《续博物志》也有记载:"九真山多大蛇,名曰蚺蛇。长十丈,围七八尺。吞鹿,角骨钻皮出,夷以大竹签杀而食之。杨氏《南裔异物志》曰:'蚺惟大蛇,既洪且长。采色驳荦,其文锦章。食犬吞鹿,腴成养创。宾享嘉燕,是豆是觞。'"②这段记载与前引《交州外域志》相似,应有传承关系。明朝《五杂俎》亦曰:"南人口食可谓不择之甚。岭南蚁卵、蚺蛇,皆为珍膳。水鸡、虾蟆,其实一类。"③

而且南人食蛇之事,其记载不曾断绝。《太平寰宇记》在叙述沅州(今地属湖南)风俗时说:"有乌浒之民,啖蛇鼠之肉。"④描述了宋代或之前湖南存在食蛇肉的群体。《岭外代答》则可能较为夸张,认为:"深广及溪峒

---

① (宋)范成大:《桂海虞衡志》,北京:中华书局,2002年,第110页。
② (宋)李石:《续博物志》卷八,成都:巴蜀书社,1991年,第115页。
③ (明)谢肇淛:《五杂俎》卷九,上海:上海书店出版社,2001年,第265页。
④ (宋)乐史:《太平寰宇记》卷一百二十二,北京:中华书局,2007年,第2431页。

人,不问鸟兽蛇虫,无不食之","至于遇蛇必捕,不问短长"。①说广东一带的人什么都吃,遇到蛇不论大小都捕来食用。这样的说法放在今日虽亦有合理性,但"遇蛇必捕,不问短长"可能也有夸张的成分。宋代朱彧甚至提到"广南食蛇,市中鬻蛇羹",②朱彧《萍州可谈》多为其父朱服的见闻,若此条记载可信,唐宋时期今两广地区食蛇之普遍可能超乎今日想象,以至于市场上有贩卖蛇羹者。宋朝《宋朝事实类苑》亦曰:"岭南人好啖蛇,其名曰茅鳝。"③也是此时期南人食蛇之证。

明清时期,南人食蛇的记载亦多。《诚意伯文集》载:"南海之岛人食蛇,北游于中国,腊蛇以为粮。之齐,齐人馆之厚。客喜,侑主人以文蚨之修,主人吐舌而走。客弗喻,为其薄也,戒皂臣求王虺以致之。"④文中南海之岛人被描述为食蛇的形象,在报恩时仍然将蛇视为珍物,以作馈赠之用。不过此事虽载于明朝文献,却应当发生在之前的时代。明朝《湧幢小品》亦曰:"岭南人惯食蛇,云其味肥美。"⑤也点出了岭南人食蛇的习惯。到了清朝,《粤西丛载》也载有南人食蛇事一例:

> 《冷斋夜话》云:"章子厚谪海康,过贵州南山寺,寺有老僧,名奉忠,蜀人也,自眉山来欲渡海见东坡不及,因病于此寺。子厚宿山中,邀与饮,忠忻然从之。又以蒸蛇劝食之,忠举筋啖之,无所疑。"⑥

意即在贵州南山寺,曾有文人与寺僧共同食蛇之事。慵讷居士是今浙江出生,更是以亲身见闻为据,言"吾乡城南,有石洞焉。群丐居之,以蛇为

---

① (宋)周去非著,杨武泉校注:《岭外代答校注》卷六,北京:中华书局,1999年,第237—238页。
② (宋)朱彧:《萍洲可谈》卷二,北京:中华书局,2007年,第137页。
③ (宋)江少虞:《宋朝事实类苑》卷六十二,上海:上海古籍出版社,1981年,第827页。
④ (明)刘基:《诚意伯文集》卷之二,上海:商务印书馆,1936年,第41—42页。
⑤ (明)朱国祯:《湧幢小品》卷三十一,《明代笔记小说大观》,上海:上海古籍出版社,2005年,第3851页。
⑥ (清)汪森:《粤西丛载》卷十二,《笔记小说大观》第18册,扬州:广陵古籍刻印社,1983年,第212页下。

羹"。①说明浙江在清朝时期,有乞丐食蛇之事。当然,乞丐生活艰辛,食蛇恐属无可奈何。

当然,食蛇亦非南方独有,古代北方食蛇的现象虽不如南方,却并非天方夜谭。如《报应记》载:"鱼万盈,京兆市井粗猛之人。唐元和七年,其所居宅有大毒蛇,其家见者皆惊怖。万盈怒,一旦持巨棒,伺其出,击杀之,烹炙以食,因得疾,脏腑痛楚,遂卒。"②另宋朝党进"一日自外归,有大蛇卧榻上寝衣中,进怒,烹食之"。③这两例都是北方人食蛇之证,但例子中二人食蛇都属于"怒食",即发怒后食蛇,并非是其本身就有食蛇之习惯。而且北方确实对食蛇是持排斥态度。

上文已提到:"越人得蚺蛇以为上肴,中国得而弃之无用。"说明中原地区的人不食蚺蛇,这可能与北方不产蚺蛇有关,但据《刘子》载:"越人躩蛇以飨秦客,秦客甘之,以为鲤也。既而知其是蛇,攫喉而呕之。"④秦客得知食蛇后,竟然呕吐,北人不食蛇之状跃然。而且随着古人对食蛇之事的感受、认识不断增长之后,食蛇在古代也有各种禁忌。

首先,食蛇具有时间禁忌。《千金要方》曰:"黄帝云:四月勿食蛇肉鳝肉,损神害气。"⑤提到四月不能食蛇。《岁时广记》亦载:"四月为乾,万物以成,天地化生。勿冒极热,勿大汗后当风,勿暴露星宿,以成恶疾。勿食大蒜,勿食生薤,勿食鸡肉蛇蟮。"⑥也提到四月禁食蛇。但《云笈七签》曰:"仲夏,是月也,万物以成,天地化生。勿以极热,勿大汗当风,勿曝露星宿,皆成恶疾。勿食鸡肉,生痈疽、漏疮。勿食蛇蟮等肉,食则令人折算

---

① (清)慵讷居士:《咫闻录》卷五,《笔记小说大观》第24册,杭州:广陵古籍刻印社,1983年,第310页上。

② 出自《报应记》,此处参见(宋)李昉等:《太平广记》卷一百七,北京:中华书局,1961年,第724页。

③ (元)脱脱等:《宋史》卷二百六十《党进传》,北京:中华书局,1977年,第9019页。

④ 王叔岷:《刘子集证》卷十,北京:中华书局,2007年,第225页。

⑤ (唐)孙思邈著,李景荣等校释:《备急千金要方校释》卷二十六,北京:人民卫生出版社,1998年,第571页。

⑥ (宋)陈元靓:《岁时广记》卷二,上海:商务印书馆,1939年,第27页。

寿,神气不安。"①仲夏一般而言是夏之第二个月,即农历五月,故而文中提到是五月不能食蛇。明朝《遵生八笺》在"五月事忌"中也摘录《本草》曰:"勿食生菜,勿食鸡肉,勿食蛇鳝,勿食羊蹄。"②故而在古代有四月或五月不能食蛇之说。这种说法若从生态方面略加分析,实有其合理之处,农历四月或五月都属夏季,如文献所言,夏季乃"万物以成,天地化生"之时,也是大多蛇类繁殖的季节,而此时不食蛇,实为尊重自然之举,这也是中国民俗中的自然智慧。

其次,食蛇在古代观念中容易致病,甚至有生命之危。比如蛇瘕是瘕生腹内,其状如蛇,而古人认为蛇瘕致病的原因是"人有食蛇不消,因腹内生蛇瘕也"。③意即食蛇不消导致腹内生蛇瘕。张杲在解释蛇瘕时也说:"盖因食蛇肉不消而致,斯病但揣心腹上有蛇形也。"④甚至"亦有蛇之精液,误入饮食内,亦令病之"。⑤吃下蛇之精液也可致病。一般而言蛇之精液食用后对人体无大碍,但目前不见蛇精液之专门研究,具体情况不敢妄断。但更为恐怖的是,食蛇在古代确有致命的事例,其中有间接食蛇而死者,亦有直接食蛇而死者。间接食蛇而死者如:"李舟之弟患风疾,或说蛇酒可疗,乃求黑蛇,生置瓮中,醖以曲蘖,戛戛蛇声,数日不绝。及熟,香气酷烈,引满而饮之,斯须悉化为水,唯毛发存焉。"⑥其中李舟之弟因为喝蛇酒"斯须悉化为水",因为喝蛇酒丧命。直接食蛇而死者亦有之,清朝孙治载:"余又尝寓居东里,有桥曰菜市,有乞者于其下日煮蛇为食。一日得一黄蛇而食之,大喜过望,明日与蛇俱化,头目手足皆为脂膏,委流于

---

①（宋）张君房:《云笈七签》卷三十六,北京:华夏出版社,1996年,第204页。

②（明）高濂著,赵立勋校注:《遵生八笺校注》卷四,北京:人民卫生出版社,1993年,第123页。

③（隋）巢元方:《巢氏诸病源候总论》卷十九,《中国医学大成》第41册,上海:上海科学技术出版社,1990年,第11页。

④（宋）张杲:《医说》卷五,《景印文渊阁四库全书》第742册,台北:台湾商务印书馆,1983年,第121页上。

⑤（隋）巢元方:《巢氏诸病源候总论》卷十九,第11页。

⑥（唐）李肇:《唐国史补》卷上,上海:上海古籍出版社,1979年,第29页。

草褥间。"①乞丐食蛇可能是无奈之举,但最后因食蛇"与蛇俱化"。食蛇致病或致命倒是有可能,特别是食用某些毒蛇,而食用前又处理不当,但食蛇后化为水或者脂膏应当是不大可能。

最后,食蛇也有文化上的禁忌。具体表现是以因果报应之说谴责食蛇者,而这种因果观念大多是通过故事表达。《稽神录》载:

> 安陆人姓毛善食毒蛇,以酒吞之。尝游齐鲁,遂至豫章,恒弄蛇于市,以乞丐为生,积十年余。有卖薪者自鄱阳来,宿黄培山下,梦老父云:"为我寄一蛇与江西弄蛇毛生也。"乃至豫章观步间,卖薪将尽,有一蛇苍白色蟠于船舷,触之不动。薪者方省向梦,即携之至市,访得毛生,因以与之。毛始欲展拨,应手啮其指。毛失声颠仆,遂卒。食久即腐坏,蛇亦不知所在。②

毛氏因为食蛇、弄蛇,最后遭到蛇报复而死,实乃"因果报应"之说的表现,其目的在于谴责食蛇者,亦是对践踏生命的劝诫。此外,《博异志》也有相似的例子,但其更有另一番文化蕴含。其文为:

> 元和六年,京兆韦思恭与董生、王生三人结友,于嵩山岳寺肄业。寺东北百余步,有取水盆在岩下,围丈余,而深可容十斛,旋取旋增,终无耗,一寺所汲也。三人者自春居此,至七月中,三人乘暇欲取水,路臻于石盆,见一大蛇,长数丈,黑若纯漆,而有白花似锦,蜿蜒盆中。三子见而骇,视之良久。王与董议曰:"彼可取而食之。"韦曰:"不可。昔葛陂之竹、渔父之梭、雷氏之剑,尚皆为龙,安知此名山大镇,岂非龙潜其身耶!况此蛇鳞甲尤异于常者,是可戒也。"二子不纳所言,乃投石而扣蛇且死,萦而归烹之。二子皆咄韦生之诈洁。俄而报盆所

① (清)孙治:《孙宇台集》卷十九,清康熙二十三年孙孝桢刻本。
② (宋)徐铉撰,白化文点校:《稽神录》卷二,北京:中华书局,1996年,第22—23页。

又有蛇者,二子之盆所,又欲击,韦生谏而不允。二子方举石欲投,蛇腾空而去。及三子归院,烹蛇未熟,忽闻山中有声,殷然地动,觇之,则此山间风云暴起,飞沙走石,不瞬息至寺,天地晦暝,对面相失。寺中人闻风云暴起,中云:"莫错击。"须臾雨火中半下,书生之宇,并焚荡且尽。王与董皆不知所在,韦子于寺廊下无事。故神化之理,亦甚昭然,不能全为善。但吐少善言,则蛟龙之祸不及矣,而况于常行善道哉!其二子尸,追两日于寺门南隅下方索得。斯乃韦自说。至于好杀者,足以为戒矣。①

这个例子中,王生、董生因烹蛇遭到"天罚",最后身死。作者在文末将所烹之蛇描述为蛟龙,而确也正如作者所言,古代经常将蛇当作龙,而龙在中国文化中的地位自不待言,这大概也是古代食蛇禁忌形成的原因之一。

概言之,食蛇在古代基本被描述为南方特有的现象,虽然北方亦有食蛇之事,但相对南方而言较少发生,北方也没有形成食蛇之习俗。南方食蛇自有其环境基础,即南方多蛇,但在食蛇文化发展的过程中,食蛇也存在许多禁忌。但从能量获取而言,食蛇与北方食用牛羊肉本无多大区别,所谓的情感判断多是文化建构的结果。

三、南方蛇种

南方蛇意象不仅涉及蛇,还牵扯到族群。南方一些族群或在他者的描述中,或者在自我的追忆里,都成为蛇之后代。

中国古代的话语权首先是掌握于北方中原地带,在历史的早期,北方总是以他者的眼光审视南方,以至于南方人被称为蛮。而《说文解字》将南蛮和东南越人都称作蛇种,②这种说法一直被后人效仿。杨雄就引用《说文解字》的说法,将东南越称为蛇种。③《舆地纪胜》《两汉博闻》《路

---

①（唐)谷神子:《博异志》,北京:中华书局,1980年,第45—46页。

②（汉)许慎:《说文解字》卷一三上,北京:中华书局,1985年,第446页。

③（清)钱绎:《方言笺疏》卷一,上海:上海古籍出版社,1984年,第87页。

史》等著作也都沿用此说。而此说也遭到清人的驳斥,清朝梁章钜就有过一段议论:

> 许氏《说文》云:"闽,东南越蛇种,从虫门声。"所指东南,较濮之在西南为得其实。然蛇种之言,实不知所据。近人有据《说文》谬称闽人为蛇种者,先叔父太常公笑驳之云:"《汉书》明言迁其人于江、淮间,则今江、淮间民乃真蛇种,而今之闽产无与焉。"最为痛快,近人无以难之。窃思今之连江、罗源及顺昌诸邑山谷间,有一种村氓,男女皆椎鲁,力作务农,数姓自相婚姻,谓之畲民,字亦作佘,意即《汉书》所云:"武帝既迁闽、越民于江、淮间,虚其地,其逃亡者自立为冶县。"此即冶县之遗民,而畲之音与蛇同,岂许氏承讹遂以为蛇种欤?且蛮之字,许氏亦云蛇种,安得蛇种之多如此?岂蛮与闽名异实同。①

文中对许慎将东南越人称为蛇种的说法颇不认同,并且猜测许慎之所以将东南越人称为蛇种是承畲族称谓之讹。梁章钜的说法可能有其道理,这也是南方话语权崛起的表现。当然,许慎作为他者,将蛮与闽人称为蛇种,可能有其文化上的狭隘之处,或者说是对中原以外四方的歧视。但站在我者的立场,南方到底有没有所谓蛇种呢?答案可能是肯定的,虽然这种我者的立场并不纯粹,因为这些记载都非出自我者之手。

在今福建一带活跃着一种族群,其名为蜑人,其"所祀神宫皆画蛇像,相传以为蛇种。以舟为宅,或编蓬水浒,谓之水栏。惟捕鱼食之,不事耕种,无土著,亦不与土人通婚。能辨水色,以知龙之所在,故又谓之龙人"。②蜑人被传为蛇种,以捕鱼为业,不与土人通婚。《赤雅》也有相似记载,其曰:"蜑人神宫,画蛇以祭,自云龙种,浮家泛宅,或往水浒,或住水澜,捕鱼而食,不事耕种,不与土人通婚。能辨水色,知龙所在,自称龙神,

---

① (清)梁章钜:《归田琐记》卷三,北京:中华书局,1981年,第40—41页。
② (明)魏浚:《西事珥》卷八,明万历刻本。

籍称龙户。"①只是《赤雅》所记蜑人虽画蛇以祭,却称为龙种,古人有将蛇视作龙的传统,蜑人自称龙种可能正是这一现象的反映。

另,《舆地纪胜》和《方舆胜览》都引《平黎记》,其文曰:"故老相传雷摄一蛇卵在此山中,生一斐号为黎母,食山果为粮,巢林木为居。岁久,因致交趾之蛮过海采香,因与之结婚,子孙众多,方开山种粮。"②即海南黎族中有祖先源自一枚蛇卵的传说。

故而,南方蛮与闽族群在历史上曾长期被认为是蛇种,这无疑有文化歧视之嫌。而事实上,南方可能确实存在一些族群,比如蜑人和黎族,其本身就有蛇种之传说,这些与南方多蛇、南人食蛇一起,共同构成了古代丰富多彩的南方蛇意象。

小　结

这一章内容的编排是为了向今人展示古人观念中的蛇,以及古人如何认识蛇,其主要包括三方面的内容:第一,古人对蛇是如何"界定"的。本章第一节和第二节都在讨论这个问题。首先,在古人的认识中,蛇与虫之间的界限实际上非常模糊,古人经常将虫蛇互称,但在生物分类中,蛇与虫却又泾渭分明,这看似是非常矛盾的。其次,在古人一般的观念中,蛇是无足之物,但这并不意味着蛇有足就完全不被古人接受,因为有足之蛇本来就存在,文献中也经常出现二足蛇、四足蛇的记载,更有甚者,人首蛇身之伏羲女娲图像也被汉代人加上了双足。第二,古人在观察蛇的过程中,认识到蛇曲行这一特征,并将之用于描述周围的世界。这里当然只是以蛇曲行为例,而类似的案例不少,如雀跃、龙行、虎步等等,古人就是在这样不断地积累中,不断地认识世界,并描述这个世界。第三,中国南北均有不少蛇分布,由于南方自然环境相对优越,蛇类相对众多,故而在

---

① (明)邝露:《赤雅》卷上,北京:中华书局,1985年,第14页。
② (宋)王象之:《舆地纪胜》卷一百二十四,北京:中华书局,1992年,第3562页;(宋)祝穆:《方舆胜览》卷四十三,北京:中华书局,2003年,第771页。

古人对蛇的地域感知当中,特别是在以中原为文化核心的叙述中,蛇似乎成为南方的代名词,也成了"蛮荒"的某种象征,殊不知在北方、中原,蛇类虽不如南方众多,却也同样纵横。

当然,上述三个方面的内容仅为抛砖之举,其他相关的内容,如对蛇的恐惧、蛇与财富的联系等等在下面的章节虽会叙述,但仍无法展示古人对蛇认识的全貌,这也是今后需继续努力的方向。

第二章 人蛇相遇与致命威胁

第一节 生命进化与人蛇相遇

地球上最古老的生命可能在38亿年前已经出现。38亿年前的地球与今日完全是两种情形,在那时候,地球上根本并没有如今的大气层,空气中已经有大量二氧化碳,但几乎没有氧气,臭氧层也没有形成,灼热的阳光近乎直接烘烤地球。加之火山、地壳活动频繁,当时的地球可以说是一片炎热的火海,地球上的水是热的,甚至有可能是沸腾的。而地球上最古老的生命就是出现在这种今日我们无法想象的环境中。①

科学家推测,地球上最古老的生命应当是原核生物,比如某些菌类、蓝藻等等,这些生命形式属于噬热型,否则就无法在当时炎热的环境中生存。最原始的代谢方式可能是化学自养的,以二氧化碳为唯一的碳源进行硫呼吸。而最早的生命可能产生于水热环境,例如水热喷口、温泉,那里往往温度很高,有大量的硫、硫化物、氢、甲烷和二氧化碳等为最早的生命提供呼吸所必需的元素。而且最早的生命形态应当是厌氧的,因为在漫长的生命进化史中,可能从38亿年前一直到20亿年前,地球上应当都没有氧气,或者只有极少的氧气。

而到了大概20亿年前,大气中的氧气开始积累,比较复杂的细胞类型,即真核细胞开始出现了。真核细胞的出现是进化史上的重要一步,之

---

① 本节生命进化相关内容可参考郝守刚等编:《生命的起源与演化——地球历史中的生命》,北京:高等教育出版社,2000年。书中包含生命进化过程中世界各国学者的观点和看法,每一章节后都列有参考文献,可以快速找到,本文就不一一列出了。

后各种复杂生命形式的出现大多是建立在真核细胞的基础之上。而且随着大气层中氧气的增加,到达地球表面的紫外线逐渐减少。大气中二氧化碳在植物光合作用的影响下,不断被消耗、固定,这使得地球的气温开始缓慢下降。

到了距今5.8亿年左右,复杂的生命形态已经出现,其中知名者即为埃迪卡拉动物群。埃迪卡拉生物群与后来延续下来的生物群非常不同,有的科学家认为这种生物群只是细胞的堆叠。而且这些生物如此奇特,美国学者塞拉赫一语惊人地指出:如果对奇异生物感到好奇,想知道它们可能是什么模样的话,我们不必把目光投向遥远的星球,因为在我们的地球上就存在过奇异生物,那就是埃迪卡拉动物群。它们的形体结构完全不同于我们周围可以见到的所有各种生物。他认为:埃迪卡拉动物群不是我们熟悉的自寒武纪后生动物分异大爆发以来所出现的各种主要形体结构的限区;相反的,埃迪卡拉动物群所代表的是一场广泛的,但是最终失败的生物实验。

而戏剧性的是,紧随类似"外星生物"埃迪卡拉生物群之后的,是地球演化史上知名的寒武纪大爆发,寒武纪大约距今5.44亿年,在这一时期,地球上生物近乎爆炸式地出现,而这已经打破了达尔文的进化学说,中国云南澄江生物群就是寒武纪大爆发的杰作。

在澄江生物群中可以发现大量节肢动物的身影,其展示的演化模式不但证实了大爆发式的演化时间在5亿多年前确实曾经发生,而且最令人惊叹的是这一事件的发生可能仅仅用了一两百万年,几乎所有现生动物的门类和许多已经灭绝的生物,都爆发式地出现在这一时期。这意味着,如今地球上存在的各种动物门类,都可以在寒武纪大爆发中找到其祖先。

而同样大概是在5亿年前左右,生命进化史上的另一革命性变化也在悄然发生。前面已经讲到,在生命进化过程中,地球环境也在不断改变,随着空气中氧气增加,二氧化碳减少,大气圈、臭氧层也在逐渐形成。可能与地球环境的变化有关,原本海洋中的生物逐渐向陆地进军。因为在科学家的假设中,最早的生命是出现在海洋中,如此,依照当今的生态现实,生物在进化中必定出现过从海洋向大陆蔓延的过程。

前寒武纪海洋潮间带的蓝菌可能是最早向陆地迁移的生物,随后是地衣。到了早志留世,维管植物也出现在陆地上。而节肢动物、蜘蛛和蠕虫可能是最早的陆生动物,与早期陆生植物一起形成了最早的陆生生态系统。

如今的爬行动物纲是起源于两栖纲,本文所讨论的蛇也属于爬行动物。世界上已知最早的爬行动物化石,是大致3亿年前晚石炭纪早期发现的杯龙类林蜥和古石蜥。①在数千万年的进化中,爬行动物就像含苞待放的美丽花朵,在中生代彻底绽放。这一时期,最为著名的爬行动物当属于恐龙,这是一个爬行动物的辉煌时代,也是恐龙的时代。爬行动物从中生代开始,成为地球上的优势物种,一直统治地球长达1亿多年。

中生代大致从2.5亿年前开始,到大致6500万年前结束,这近乎两亿年的历史就是爬行动物的时代,特别是进入侏罗纪,恐龙时代来临,爬行动物的辉煌达到了鼎盛,它们占据了当时的海陆空,成为海陆空领域中的优势种群。而即使是如此强大的种群,在1亿多年后却衰落,爬行动物中的强者到了白垩纪晚期纷纷灭绝。而恐龙灭绝的原因仍然是众说纷纭,莫衷一是。本书所关注的蛇也属于爬行动物,其在恐龙时代已经出现,只是似乎并未充当这一时期的主角。②

蛇是蜥蜴亚目高度特化的后裔,③具体的话应该是由中生代穴居蜥蜴演变而成,白垩纪时出现了活动于地表的蟒蛇,到以后才繁衍出游蛇和毒蛇。④由于蛇的骨骼结构并不算坚硬,其化石难以保存下来,现存最古老的蛇化石可以追溯到1亿年前,⑤当时正处于白垩纪中期。这也印证了

---

① 郝守刚等编:《生命的起源与演化——地球历史中的生命》,北京:高等教育出版社,2000年,第134页。

② 爬行动物这一章节主要参考周明镇等:《脊椎动物进化史》,北京:科学出版社,1979年。

③ 郝守刚等编:《生命的起源与演化——地球历史中的生命》,第159页。

④ 张孟闻等编:《中国动物志·爬行纲》第一卷,北京:科学出版社,1998年,第29页。

⑤ Michael W.Caldwell, Randall L.Nydam, et al, " The oldest known snake from the Middle Jurassic-Lower Cretaceous provide insights on snake evolution, "Nature Communications, vol.6, 2015.

白垩纪蛇已经出现的观点,而其起源的时间可能更早。

而在蛇起源的诸多问题当中,有关蛇是从水中进化而来,还是从陆地进化而来这个问题,生物学领域一直争论不休,至今未有定论。白公湜在文章中对二者均做了介绍。①不过总体上而言,蛇陆地起源说目前略占优势。张晓培介绍了2003年在阿根廷发现的古老蛇化石,认为这是蛇从陆地上进化而来的新证据。②曹淑芬同样认为蛇独特的身形可能不是在水中演化而来,而是在陆地上演化,且蛇可能为小型穴居蜥蜴的后代。③外国学者在2003年也利用DNA技术对蛇进行了测试,支持蛇陆地起源学说。④相反,蛇水域起源学说近年来却没有新的证据和论著出现。

在蛇出现以后,曾与恐龙一起,经历过辉煌的爬行动物时代,到了白垩纪晚期,在爬行动物遭遇灭顶之灾时,蛇成为数不多幸存至今的爬行动物之一,而且即使在之后,与爬行动物纲趋于灭绝的命运相反,蛇类今天却正处在演化繁盛的过程中。⑤但与今日不同的是,在经历白垩纪大灭绝之后,蛇的形体依然比较大,科学家就曾经根据古新世时代的蛇化石,复原出当时蛇的大小。复原出的蛇长大概有13米,重达1135千克,⑥而这应当还不是当时最大的蛇。虽然今日的蟒蛇有时候也可达到超过10米的长度,但一般都在10米以下,体形较小的沙蟒体长只有0.5米左右,⑦更不用说其他蛇类。故相比较而言,蛇在进化当中,其形体可能在不断缩小。

---

① 白公湜:《蛇的起源与演化》,《生物进化》2007年第4期。

② 张晓培:《蛇从陆地进化而来的新证据》,《科学画报》2006年第6期。

③ 曹淑芬:《蛇可能在陆地上演化》,《科学之友》(上旬刊)2012年第10期。

④ Nicolas Vidal and S.Blair Hedges, "Molecular evidence for a terrestrial origin of snakes," Proceedings of the Royal Society B Biological Sciences, Suppl 4, 2004.

⑤ 张孟闻等编:《中国动物志·爬行纲》第一卷,北京:科学出版社,1998年,第29页。

⑥ JJ.Head , JI Bloch, AK Hastings, et al, "Giant boid snake from the Palaeocene neotropics reveals hotter past equatorial temperatures," Nature, vol.457, 2009.值得一提的是,这篇文章利用蛇的大小还原古新世时代的气温,文章一经问世,立即遭到质疑,在2009年的Nature杂志上有多篇文章对其进行反驳,而作者同样在Nature杂志上对反对意见也进行了回应。

⑦ 赵尔宓等编著:《中国动物志·爬行纲》卷三《有鳞目·蛇亚目》,北京:科学出版社,1998年,第32页。

与蛇类似的是，灵长目起源的时间可能也是在白垩纪，与蛇出现的时间相当，或者稍晚。与人类相近的现代猿类则在一千多万年前的中新世已经存在，但人类真正的祖先却在五百万年前才出现。①现在世界各地，很多地方都已经发现了不少早期人类的化石，在亚非欧三洲出土了早期智人或古人的化石，甚至还有猿人的化石。②可能正是世界上多地都曾出现早期人类的化石，人类多地区起源学说曾经盛行一时。但是随着技术的进步，人类多地区起源学说已经被单一地区起源学说冲击。现代科学家利用 DNA 技术比对，越来越倾向于人类单一地区起源学说，认为现代人都起源于非洲，非洲才是现代人的发源地，甚至将人类如何从非洲迁移到世界各地的轨迹都一一画出。③

但是白垩纪现的灵长目动物在那个恐龙横行的时代，虽然可能没有遭受到蛇的太多骚扰，却恐怕受尽了恐龙的威胁与摧残，如果他(它)们曾在一起共同繁衍的话。而若将一千多万年前的现代猿类视作人类的远祖，当其出现的时候，蛇已经存在于地球上。蛇躲过了白垩纪爬行动物的那场灾难，一直存活至今，上文提到古新世的蛇长达 13 米，重 1135 千克，而这应当还不是当时最大的蛇。也就是说，即使现代猿类出现的时候，蛇就已经出现，并威胁着现代猿类，更别说 500 万年前人类真正祖先出现之时。

当然，数百万年前的历史场景已经很难还原。我们可以试着想象，在人类祖先出现之初，在其周围可能存在着不少 13 米长的大蛇，这些蛇以捕捉鹿、兔子，甚至是大象(如果巴蛇吞象有一定的真实性)为食，而在蛇的食谱中，或许人类的祖先也是其重要的食物来源之一，人类的祖先时时刻刻面临着沦为蛇食物的危险。美国学者 Thomas N.Headland 和 Harry

---

① 郝守刚等编：《生命的起源与演化——地球历史中的生命》，北京：高等教育出版社，2000年，第232—242页。

② 吴汝康等：《人类的起源和发展》，北京：科学出版社，1980年，第109页。

③ R Nielsen, JM Akey, M Jakobsso, et al, "tracing the peopling of the world through genomics," *Nature*, vol.541, 2017.

W.Greene 就曾在以采集狩猎为生的"原始"部落中做过调查,以期更好地还原人类祖先与蛇的关系。在其研究中可以发现,即使到了21世纪,这些采集狩猎的部落仍被蛇当作食物之一,面临被蛇吞噬或者绞杀的危险。[1]今日尚且如此,更何况是在数百万年前,那时候的生态更适宜动植物的生存,而人类祖先的力量又更为弱小。

LA Isbell 曾经在其著作中也认为在遥远的古代,人类祖先很可能是蛇最喜爱的食物之一,人类祖先为了保护自己,获得更大的生存机会,随之在不断进化,而在这个过程中,人对蛇变得恐惧又敏感,人类的大脑和视力在这个过程中也得到进化。[2]而持这种观点的学者并不少,Ohman、Mineka 和 Ondarza 都曾表达过类似的观点,认为蛇曾经对人类的祖先造成过巨大的威胁。[3]这意味着特洛伊战争中的拉奥孔和他的儿子被蛇缠杀的命运或许时常发生在我们祖先身上。

对人类造成危险的不仅是当时可能大量存在的巨蛇,还有毒蛇。毒蛇出现的时间虽然不如巨蛇早,但至少在1500万前年就已经存在,[4]这意味着一千多万年前的现代猿类就已经遭遇了毒蛇,500万年前的人类祖先就更是如此。在远古茂密的草丛和森林中,形体不算大的毒蛇游弋于其间,难以被人类的祖先发现。而一旦相遇,在当时的条件下,或许等待被咬人的命运注定只有死亡。

要之,在人与蛇的进化中,现代猿类与蛇在一千多万年前就已经相遇,人类的祖先与蛇也在500万年前相遇,而相遇并没有给人类带来愉悦,而是面临被当作食物的威胁,或被毒蛇咬伤的命运,时时担惊受怕。

---

[1] Thomas N.Headland and Harry W.Greene,"Hunter-gatherers and other primates as prey, predators, and competitors of snakes,"Proceedings of the National Academy of Sciences of the United States of America, vol.108, 2011.

[2] LA Isbell, "Snakes as agents of evolutionary change in primate brains,"Journal of Human Evolution, vol.51, 2006.

[3] A. Ohman and S. Mineka , "The Malicious Serpent Snakes as a Prototypical Stimulus for an Evolved Module of Fear,"Current Directions in Psychological Science, vol.12, 2010;RN Ondarza, "The dragons of eden.:Speculations on the evolution of intelligence,"Critical Care, vol.11, 1978.

[4] 白公湜:《蛇的起源与演化》,《生物进化》2007年第4期。

即使爬行动物辉煌不再，哺乳动物的时代已经来临，但数百万年前蛇带给人类祖先的危险和恐惧确是实实在在的，这或许就是人类即使今日仍然惧怕蛇的源头。在长期受到蛇威胁的情况下，人类进化出对蛇的恐惧与敏感，这一点或许使得人类获得了更大的生存机会，造就了今日人类的辉煌，虽然在现代社会我们人类仍然未能摆脱蛇带来的困扰。

第二节　人蛇相遇与长期威胁

在一亿多年前，蛇就已经活跃在地球这片土地上，[1]其出现甚至比人类还早，这意味着在人类出现以后可能就一直与蛇为伴，蛇对人类的影响亦可谓至深。在长期的人蛇接触中，中国人形成了自己对蛇的独特感觉与文化（如蛇崇拜[2]），伏羲、女娲人首蛇身的形象亦被视为古人蛇崇拜的象征[3]。如此，在中国古人长期与蛇的接触中，对蛇的崇拜已经构成了中国文化的一部分，甚至现在中国人引以为豪的龙，其与蛇也脱不开干系。[4]在我们遥想上古蛇意象的时候，脑中往往出现的或许就是蛇图腾、蛇崇拜这些内容。但这些也只是中国古人与蛇打交道的部分真实，如果我们回到历史场景中，又可以发现人蛇之间的另外一面。

早在上古时期，蛇对人的威胁已经存在，"上古之世，人民少而禽兽

---

① 白公滉：《蛇的起源与演化》，《生物进化》2007年第4期。

② 相关论著甚多，如[英]丹尼斯·兆著，李鉴踪译：《蛇与中国信仰习俗》，(《文史杂志》1991年第1期；何星亮：《中国图腾文化》，北京：中国社会科学出版社，1992年；闻一多：《伏羲考》，载《神话与诗》，天津：天津古籍出版社，2008年；白春霞：《战国秦汉时期龙蛇信仰的比较研究》，陕西师范大学硕士学位论文，2005年；代岱：《中国古代的蛇崇拜和蛇纹饰研究》，苏州大学硕士学位论文，2008年；卜会玲：《神话中的蛇意象研究》，陕西师范大学硕士学位论文，2011年等等。

③ 持此观点的如，张志尧：《人首蛇身的伏羲、女娲与蛇图腾崇拜——兼论〈山海经〉中人首蛇身之神的由来》，《西北民族研究》1990年第1期；范立舟：《伏羲、女娲神话与中国古代蛇崇拜》，《烟台大学学报》(哲学社会科学版)2002年第4期。

④ 相关研究如，孙作云：《敦煌画中的神怪画》，《考古》1960年第6期；徐乃湘、崔岩峋：《说龙》，北京：紫禁城出版社，1987年；罗世荣：《龙的起源及演变》，《四川文物》1988年第2期；何星亮：《中国图腾文化》，北京：中国社会科学出版社，1992年，第356—363页；寇雪苹：《先秦文献中的蛇意象考察》，西北大学硕士学位论文，2012年。

众,人民不胜禽兽虫蛇"。①且上古人蛇之间的关系之紧张,若如文献所言,其程度今日可能只能想象,东汉许慎有言:"上古草居患它,故相问'无它乎?'"②在上古,人蛇关系紧张,以致人们见面都会问"没有蛇吧?"当然,这二则材料均为后世文人对这个时代蛇类繁多态势的追忆,但其中追忆并非毫无根据。

根据文献记录,在尧舜时期蛇类可能确实横行,"当尧之时,水逆行,泛滥于中国,蛇龙居之,民无所定"。③《淮南子》亦云:"逮至尧之时,十日并出,焦禾稼,杀草木,而民无所食。猰貐、凿齿、九婴、大风、封豨、修蛇皆为民害。"④可见在尧那个时代,不论是水逆行,爆发水灾,或是十日并出,出现旱灾,与其相伴随的都出现了蛇患,人蛇关系紧张,故而历史上有大禹驱蛇一说。《孟子》载:"泽水者,洪水也。使禹治之,禹掘地而注之海,驱龙蛇而放之菹,水由地中行,江淮河汉是也。"⑤大禹不仅是治理洪水,而且"驱龙蛇而放之菹"。《论衡》亦曰:"洪水滔天,蛇龙为害,尧使禹治水,驱蛇龙。"⑥文中同样表明大禹在治理洪水的同时,亦肩负起"驱龙蛇"的"重任"。

尧舜时期,后羿亦曾有杀大蛇之举。《识遗》载:"尧时羲和君之子名十日,又有窫窳、九婴、大风、封豕、长蛇等皆顽凶为民害。尧命羿杀窫窳,射十日,缴大风,戮九婴、封豕、长蛇而民害息。"⑦大禹,抑或是后羿都有消除大蛇祸患之功,这表明在尧舜时期曾经确实大蛇为患。直至后世韩愈,其在《鳄鱼文》中仍然说到:"昔先王既有天下,列山泽,罔绳擉刃,以除虫蛇

① (清)王先慎撰,钟哲点校:《韩非子集解》卷十九,北京:中华书局,1998年,第442页。
② (汉)许慎:《说文解字》卷一三下,北京:中华书局,1985年,第450页。
③ (清)焦循撰,沈文倬点校:《孟子正义》卷十三,北京:中华书局,1987年,第447页。
④ 何宁:《淮南子集释》卷八,北京:中华书局,1998年,第574页。
⑤ (清)焦循撰,沈文倬点校:《孟子正义》卷十三,第447—448页。
⑥ 黄晖:《论衡校释》卷二,北京:中华书局,1990年,第84页。
⑦ (宋)罗璧:《识遗》卷八,《影印文渊阁四库全书》第854册,台北:台湾商务印书馆,1983年,第593页。

恶物为民物害者,驱而出之四海外。"①实借先王驱蛇之说,为自己驱逐鳄鱼提供依据。

之后情况并未发生较大改善,中国的土地上蛇类仍然较为活跃,如成公二年(前589年)"丑父寝于辅中,蛇出于其下,以肱击之,伤而匿之,故不能推车而及"。②春秋时期丑父在车上休息,竟有蛇爬上车,丑父"以肱击之"导致自己受伤。"晋献公太子之至灵台也,蛇绕左轮"。③晋国太子乘车到灵台,蛇绕车的左轮。"晋文公出猎,前驱还白,前有大蛇,高若堤,横道而处"。④晋文公外出打猎,前面有大蛇挡在路中。"齐景公出猎,上山见虎,下泽见蛇"。⑤齐景公外出打猎,到了泽地即遇到蛇。文公十六年(前611年),"有蛇自泉宫出,入于国,如先君之数"。⑥鲁文公时期有蛇从泉宫出现,且其数量"如先君之数"。"熹平元年四月甲午,青蛇见御坐上"。⑦在东汉,蛇竟然进入皇宫,出现在皇帝的御座上。

这一系列的记载均为蛇类活跃,甚至猖狂的反映。蛇不仅可以在野外大量存在,以致丑父在车中休息蛇能爬上车;晋文公出门打猎,蛇堂而皇之地挡在路中间。即使在人们生活的集聚区域,蛇依然能大肆逞凶,故而在灵台和汉朝皇宫,也依然可见蛇活跃之情状。这些还只是如今文献中可见的事例,而且主人公皆是王公显贵,如此可推测不见记载却经常与自然环境打交道的普通民众遇见蛇的频率应更高,遭受蛇之威胁应更严重。

---

① (唐)韩愈著,马其昶校注:《韩昌黎文集校注》卷八,上海:上海古籍出版社,1986年,第574页。

② (晋)杜预注,(唐)孔颖达等正义:《春秋左传正义》卷二十五,(清)阮元校刻:《十三经注疏》,北京:中华书局,1980年,第1894页下。

③ (汉)刘向著,石光瑛校释,陈新整理:《新序校释》卷七,北京:中华书局,2001年,第885—886页。

④ (汉)贾谊撰,阎振益、钟夏校注:《新书校注》卷六,北京:中华书局,2000年,第248页。

⑤ (汉)刘向撰,向宗鲁校证:《说苑校证》卷一,北京:中华书局,1987年,第19页。

⑥ (晋)杜预注,(唐)孔颖达等正义:《春秋左传正义》卷二十,(清)阮元校刻:《十三经注疏》,第1858页下。

⑦ (南北朝)范晔:《后汉书》志第十七《五行五》,北京:中华书局,1965年,第3345页。

　　除此之外,在人蛇实际交往中,毒蛇也不可避免地给当时人造成困扰。《论衡》曰"天生万物,欲令相为用,不得不相贼害也,则生虎狼蝮蛇及蜂虿之虫,皆贼害人",又曰:"天地之间,万物之性,含血之虫,有蝮、蛇、蜂、虿,咸怀毒螫,犯中人身,谓护疾痛,当时不救,流徧一身。"①蝮、蛇怀毒,害人不浅,若"当时不救",很容易丧命。而对于那个时代的人而言,毒蛇咬伤之后想得到及时的救治,恐怕又非常难以实现,故"人见蛇蝎,莫不身洒然",②人看见蛇之后就产生恐惧,浑身不舒服。

　　上古时期的人蛇矛盾在《山海经》中也有表现。《山海经》相传成于战国时期,后由刘向整理成书,反映的至少为战国秦汉或之前的事情,因其中的内容多"荒诞不经",③以致司马迁有"《山海经》所有怪物,余不敢言之也"④之论。在《山海经》中有很多操蛇的形象,如《中山经》:"洞庭之山……是多怪神,状如人而载蛇,左右手操蛇。"《海外东经》:"雨师妾在其北,其为人黑,两手各操一蛇。"《大荒北经》:"又有神衔蛇操蛇,其状虎首人身,四蹄长肘,名曰强良。"⑤等等。但就是这样看似荒诞的记载,却有类似的图像流传至今。战国秦汉时期的墓中有许多操蛇图像出土,有些与《山海经》中的描述颇为相似,有些虽不甚相同,却也是人蛇关系的某种反映,对我们理解"操蛇"现象有一定的帮助。兹从中摘出数图,以观其概要。

---

　　① 黄晖:《论衡校释》卷三,北京:中华书局,1990年,第147页;同书卷二十三《言毒篇》,第949页。

　　②(汉)刘向撰,向宗鲁校证:《说苑校证》卷十六《谈丛》,北京:中华书局,1987年,第403页。

　　③ 对《山海经》之性质,古今有多种不同的论调,范慧莉在《〈山海经〉中的蛇形象》(云南大学2013年硕士研究生学位论文)中将其归纳为"地理'方物志'说""小说说""巫觋说""神话说""图腾说"五类。

　　④(汉)司马迁:《史记》卷一百二十三《大宛列传》,北京:中华书局,1959年,第3179页。

　　⑤ 以上记载分见于袁珂校注:《山海经校注》,上海:上海古籍出版社,1980年,第176、263、426页。

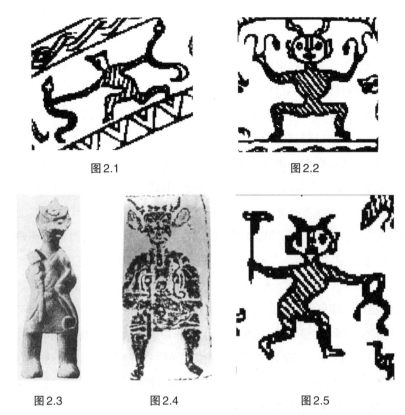

图2.1　　　　　　　　　　　　图2.2

图2.3　　　　　　图2.4　　　　　　　图2.5

图2.1出土于江苏淮阴高庄战国墓一铜盘外壁,[1]图中人左右手各握一蛇,图2.2出土地与图2.1相同,图案出现在一出土铜匜腹内壁上,图中人也是左右手握蛇。这与《山海经》中"两手各操一蛇""左右操蛇"的记载略为类似。

古人操蛇形象的形成不会凭空出现,而应当有其现实原型,或者表达着当时民众想要表达的某种意愿。萧兵在解释操蛇现象时,认为蛇是一种力量的象征,操蛇则是对这种力量的掌控,通过操蛇或者饰蛇,操蛇者可获得某种权力和认可。[2]这种解释不无道理,但如果从直观上观察操蛇图,图中人物两手操蛇,那么将操蛇形象理解为当时人蛇争斗的某种反

————————

① 王立仕:《淮阴高庄战国墓》,《考古学报》1988年第2期。

② 萧兵:《操蛇或饰蛇:神性与权力的象征》,《民族艺术》2002年第3期。

映，应不会太离谱。而且人蛇争斗的含义在其他操蛇图中表现得更明显，图2.3是重庆化龙桥东汉墓中之物，①图2.4是四川柿子湾汉代崖墓中的画，②两幅图有惊人的相似之处，图中人物均左手操蛇，右手持棍状物体，直观上看乃打蛇之状。图2.5与图2.2同出一物，图中一人右手持一工具，左手握蛇，表现的明显是打蛇的场景。故而，人蛇争斗实乃操蛇图中的应有之意，并非出自臆测。

秦汉以后，蛇对人的威胁仍然持续。《魏书》云："诸君不见毒蛇乎？断其头尤能为害。"③亦言毒蛇之害。《北史》所载与《魏书》不甚相同，其云："诸君不见毒蛇乎？不断其头，尤能为害。"④《魏书》中"断其头"在《北史》中变成"不断其头"，但其内容都是强调毒蛇之害。与此类似，《法苑珠林》亦曰："蛇子虽小，毒能杀人，亦不可轻。"⑤李白："朝避猛虎，夕避长蛇，磨牙吮血，杀人如麻。"⑥元稹："大有虎豹蛇虺之患，小有蟆蚋浮尘蜘蛛之类，皆能钻啮肌肤，使人瘡痏。"⑦更是描述了蜀地蛇类猖獗的情状。

明清以降，蛇患对于中国人而言似乎并未有大的改观。明朝王思任亦言："有蛇有蛇，有毒其口。"⑧明代滇地的一些湖中小岛，仍然"有虫蛇不可居"。⑨清朝《黄山志》则载当地人"亦间罹蛇虎之患"，⑩《履园丛话》则言："蛇能索命，击之者往往不祥。"⑪

---

① 胡人朝：《重庆市化龙桥东汉砖墓的清理》，《考古通讯》1958年第3期。
② 唐长寿：《乐山柿子湾崖墓画像石刻研究》，《四川文物》2002年第1期。
③ （北齐）魏收：《魏书》卷四十《陆俟传》，北京：中华书局，1974年，第903页。
④ （唐）李延寿：《北史》卷二十八《陆俟传》，北京：中华书局，1974年，第1008页。
⑤ （唐）释道世撰，周叔迦、苏晋仁校注：《法苑珠林校注》卷四十一，北京：中华书局，2003年，第1296页。
⑥ （唐）李白：《李太白集》卷三，长沙：岳麓书社，1989年，第21页。
⑦ （宋）计有功：《唐诗纪事》卷三十七，上海：上海古籍出版社，1955年，第567页。
⑧ （明）王思任：《谑庵文饭小品》卷二，清顺治刻本。可参见《续修四库全书》第1368册，上海：上海古籍出版社，2001年，第76页上。
⑨ （明）谢肇淛：《滇略》卷二，《景印文渊阁四库全书》第494册，台北：台湾商务印书馆，1983年，第114页下。
⑩ （清）闵麟嗣：《黄山志》卷二，清康熙自刻本。可参见《续修四库全书》第723册，上海：上海古籍出版社，2001年，第773页下。
⑪ （清）钱泳：《履园丛话》卷二十二，北京：中华书局，1979年，第589–590页。

正因为古代蛇患严重,故唐朝孔颖达等人在解释《尚书》时感叹:"螫人之虫蛇虺之类,实是人之所苦。"①蛇给当时人造成的困扰,已到了"人之所苦"这种地步。宋代倪思也说:"物类之恶者,莫若蛇虺。"②表达了对蛇虺的深恶痛绝。也正是因为这样,"人见蛇蠋,莫不身洒然",③或者"人见蛇则惊骇",④人见蛇之后往往心生恐惧,以至于法师收徒,虽有百千万众,"唯有六人从入,余者谓是毒蛇窟,惧而不入"。⑤

要之,在文献记载中,人蛇相遇之后,从上古一直到明清,蛇对人的威胁一直存在,古人深受蛇的困扰,对蛇亦深深恐惧。

第三节　致命的毒蛇与大蛇

自人类出现,蛇的威胁就一直伴随左右,给人造成非常大的困扰,历史上肯定也有不少人为之丧命。但蛇的种类繁多,现今全世界共有蛇类约2700种,分隶10科,约400属。中国已知的有7科51属165种。⑥这些蛇并非都对人有威胁,一般而言,能够对人造成致命伤害的蛇主要有两种,分别是毒蛇和大蛇。毒蛇因其能施毒,人被咬伤后可能中毒身亡。大蛇因其形体巨大,可以吞噬、缠绞人的身体,对人的生命威胁也很大。下面就对此进行具体论述。

一、恐怖的毒蛇

古代蛇患之轮廓,上面略有论述,蛇的威胁让人倍感无奈,《说文解

---

① (汉)孔安国传,(唐)孔颖达等正义:《尚书正义》卷八《汤诰》,(清)阮元校刻:《十三经注疏》,北京:中华书局,1980年,第162页上。

② (宋)倪思:《经锄堂杂志》卷五,明万历潘大复刻本。

③ (汉)刘向撰,向宗鲁校证:《说苑校证》卷十六《谈丛》,北京:中华书局,1987年,第403页。

④ (清)王先慎撰,钟哲点校:《韩非子集解》卷八《说林下》,北京:中华书局,1998年,第186页。

⑤ (唐)释道世撰,周叔迦、苏晋仁校注:《法苑珠林校注》卷五,北京:中华书局,2003年,第174页。

⑥ 浙江医科大学等编:《中国蛇类图谱》,上海:上海科学技术出版社,1980年,第1页。

字》在解释"蚗"这种毒蛇时也毫不吝啬地用"恶毒"这样的词汇,①似乎蛇对人的困扰已经到了令人极度反感的程度,特别是某一些种类的蛇,其中尤其是毒蛇,②在古代的文献中总是频频被描述为恐怖的事物。

蝮蛇就是其中一种。蝮蛇在今日动物学上是指蝮亚科,其并非单纯指一种蛇,而是包括一类蛇,其成员包括短尾蝮、响尾蛇、矛头蝮、竹叶青、尖吻蝮、黑眉蝮等。其特征是在头部两侧眼与鼻孔之间各有一凹陷颊窝,多数卵胎生,一部分产卵,卵生多有护卵习性。

但古代蝮的含义与今日或许不尽相同,《尔雅》曰:"蝮虺,博三寸,首大如擘。"③而段玉裁在《说文解字注》中认为:"依《尔雅》之形,则头广一寸,身广三寸,必四足之它乃有此形。"④也就是说,若按照《尔雅》的描述,蝮与虺乃四足蛇。而且段玉裁在解释虺的时候,明确表示"虺为蜥易属可知矣",⑤即虺就是蜥蜴,那么前文所言四足蛇可能就是蜥蜴了。如此,古代的蝮、虺可能是今日的蜥蜴。

不过问题并没有这么简单,蝮在古代其他诸多描述中确实属于我们今日所认为的蛇类。关于这一点,《中国动物志》利用《名医别录》《尔雅注》等文献记载,认为古代文献中的蝮蛇多指尖吻蝮,而辨别的依据就是有关尖吻的描述,如"蝮蛇,黄黑色如土,白斑黄颔尖口""蝮蛇唯南方有之,一名反鼻,细颈大头焦尾,鼻上有针"等等。⑥这有一定的说服力。白花蛇一般而言也是指尖吻蝮,其也可称为蕲蛇、褰鼻蛇,这一点《中国动物

---

① (东汉)许慎:《说文解字》卷九下,北京:中华书局,1985年,第314页。

② 蛇可能在产生之初可能并不是有毒的生物,其毒牙、毒液应当是在生物进化的过程中产生的。在中新世中、晚期,陆生蛇类中的一些种类进化出具有管的牙,并能注射毒液。在距今1500万年前,原始的古蝰蛇和古眼镜蛇类已出现,它们以毒液捕杀猎物,提高了捕猎效率,并迅速演化发展出现代有毒蛇类。相关内容参见白公湜:《蛇类的起源与演化》,《生物进化》2007年第4期。

③ (晋)郭璞注,(宋)邢昺疏:《尔雅注疏》卷九《释鱼》,(清)阮元校刻:《十三经注疏》,北京:中华书局,1980年,第2641页中。

④ (清)段玉裁:《说文解字注》,上海:上海古籍出版社,1981年,第663页下。

⑤ (清)段玉裁:《说文解字注》,第664页。

⑥ 赵尔宓等编著:《中国动物志·爬行纲》卷三《有鳞目·蛇亚目》,北京:科学出版社,1998年,第391页。

志》已有论述,且将白花蛇、蕲蛇、褰鼻蛇列作尖吻蝮的别名。[①]如此,蝮蛇与白花蛇在古时可以同指一物。

但是就如《中国动物志》所引《尔雅注》所言,蝮蛇又叫反鼻蛇,这种记载在古代并不少见,比如《朝野金载》载:"山南五溪黔中皆有毒蛇,乌而反鼻,蟠于草中。其牙倒勾,去人数步,直来疾如缴箭,螫人立死。中手即断手,中足即断足,不然则全身肿烂,百无一活。谓蝮蛇也。"[②]《尔雅翼》载:"蝮,蛇之最毒者,短形反鼻锦文。"[③]等等。但是《中国动物志》中将反鼻蛇视作是短尾蝮的地方名,[④]而非尖吻蝮的地方名,如此对应,古代的蝮蛇也可能是短尾蝮。故而,蝮蛇在古代的所指似乎并不是单一和固定的。

而且古代蝮和虺的关系也是错综复杂,蝮与虺经常被认为是同一种蛇,如《尔雅》言:"蝮一名虺,江淮以南曰蝮,江淮以北曰虺。"[⑤]与此类似,《赤雅》亦曰:"王虺,江北曰虺,江南曰蝮,首大如臂,背青腹赤,有齿极毒,啮人立死。"[⑥]同样将虺与蝮视为同一种蛇。但《中国动物志》认为蝮和虺在古代所指并不一样,其认为古代蝮蛇多指尖吻蝮,而现今习称的蝮蛇叫作虺。当然此书也提到古代蝮蛇有时候就是现今习称的蝮蛇,其举的例子是《本草拾遗》,"蝮蛇锦文,亦有与地同色者,众蛇之中,此独胎产"。而尖吻蝮是卵生,所以此处胎产的蝮蛇并非尖吻蝮,而是与现今习称的蝮蛇为一类。[⑦]

不论如何,蝮蛇和虺蛇在古人笔下都是骇人听闻的毒蛇。《史记》言:

---

① 赵尔宓等编著:《中国动物志·爬行纲》卷三《有鳞目·蛇亚目》,北京:科学出版社,1998年,第386—393页。

② (唐)张鷟撰,赵守俨点校:《朝野金载》卷五,北京:中华书局,1979年,第121页。

③ (宋)罗愿:《尔雅翼》卷三十二,王云五主编《丛书集成初编》第1148册,上海:商务印书馆,1935—1937年,第338页。

④ 赵尔宓等编著:《中国动物志·爬行纲》卷三《有鳞目·蛇亚目》,第394页。

⑤ (晋)郭璞注,(宋)邢昺疏:《尔雅注疏》卷九,(清)阮元校刻:《十三经注疏》,北京:中华书局,1980年,第2641页中。

⑥ (明)邝露:《赤雅》卷下,北京:中华书局,1985年,第44页。

⑦ 赵尔宓等编著:《中国动物志·爬行纲》卷三《有鳞目·蛇亚目》,第391—392页。

"蝮螫手则斩手,螫足则斩足。何者? 为害于身也。"①在古代的医疗条件下,蝮蛇螫手则要斩手,螫足则要斩足,否则性命不保,可谓至毒。白花蛇与之类似,如《鸡肋编》云:"《图经》云其文作方胜白花,喜螫人足。黔人被螫者,皆立断之。其骨刺伤人,与生螫无异。"②被白花蛇螫足也须立断之,故而"螫手断手,螫足断足"说的可能就是尖吻蝮。而更为恐怖的是,"蝮蛇秋月毒盛,无所蜇螫,啮草木以泄其气,草木即死。人樵采,设为草木所伤刺者亦杀人",③蝮蛇之毒沾染草木,人为此草木所刺伤,也能杀人。这种看法稍显夸张,但以蝮蛇之毒也是有可能的。巢元方在《巢氏诸病源候总论》中也说:"蝮蛇形乃长,头褊口尖颈斑身亦艾斑色青黑,人犯之,颈腹帖著地者是也。江东诸山甚多,其毒最烈,草行不可不慎。"④即江东诸蛇中蝮蛇最毒,行走在草地上都需要谨慎。《酉阳杂俎》亦言:"蝮与青蛙,蛇中最毒。"⑤认为蝮蛇是最毒的蛇之一。与此类似的记载还有《尔雅翼》:"蝮,蛇之最毒者,短形反鼻锦文,亦有与地同色者。"⑥以及上文所引《朝野金载》载:"山南五溪黔中皆有毒蛇,乌而反鼻,蟠于草中。其牙倒勾,去人数步,直来疾如缴箭,螫人立死。中手即断手,中足即断足,不然则全身肿烂,百无一活。谓蝮蛇也。"⑦《翠渠摘稿》:"今夫蝮蛇为毒,啮草则草枯,啮木则木瘁,啮人不死则亦肢体拘挛而不能伸缩,其毒甚矣。"⑧等等。

虺蛇同样如此,《巢氏诸病源候总论》云:"虺形短而褊,身亦赤黑色,

① (汉)司马迁:《史记》卷九十四《田儋列传》,北京:中华书局,1959年,第2644页。

② (宋)庄绰:《鸡肋编》卷下,北京:中华书局,1983年,第114页。

③ (晋)张华撰,范宁校正:《博物志校正》卷三,北京:中华书局,1980年,第38页。

④ (隋)巢元方:《巢氏诸病源候总论》卷三十六,《中国医学大成》第41册,上海:上海科学技术出版社,1990年,第4页。

⑤ (唐)段成式:《酉阳杂俎·前集》卷十一,北京:中华书局,1981年,第106页。

⑥ (宋)罗愿:《尔雅翼》卷三十二,载王云五主编:《丛书集成初编》第1148册,上海:商务印书馆,1939年,第338页。

⑦ (唐)张鷟撰,赵守俨点校:《朝野金载》卷五,北京:中华书局,1979年,第121页。

⑧ (明)周瑛:《翠渠摘稿》卷四,《景印文渊阁四库全书》第1254册,台北:台湾商务印书馆,1983年,第788—789。

山草自不甚多。每六七月中,夕时出路上……其蜇人亦往往有死者。"①
《粤西丛载》载:"王虺,江北曰虺,江南曰蝮,首大如擘,背青腹赤。有齿极
毒,啮人立死。"②清代陈鼎《蛇谱》还载有一种秃虺蛇,其"尾秃而色黑,带
绿腹赤,蛇中之最毒者也。不畏人,见人故迟迟行,啮人治少缓即毙"。③
真正秃尾的蛇就今日而言应当不存在,若是指尾巴短倒可能是短尾蝮,而
其毒性也令人惊恐。古代的地扁蛇也可能是短尾蝮,据《中国动物志》可
知,地扁蛇是短尾蝮的地方名。地扁蛇在古代的描述中也是致命的毒蛇,
其"形扁而色苍,亦蛇之最毒者也,啮人极难治,治少缓即毙"。④

竹叶青是今日众所周知的毒蛇。在古代,竹叶青有多种叫法,如青蛙
蛇、青条蛇、青攒蛇、燋尾蛇、青蛇、青竹蛇、青竹标、竹根蛇、青蝰蛇等,这
些不同的称呼大多也出现在《中国动物志》所载竹叶青蛇的地方名中。竹
叶青不仅在古代称呼较多,而且在古代人们的观念中,这些称呼后面都是
杀人的"恶魔"。

《巢氏诸病源候总论》载:"青蛙蛇者正绿色,喜缘树及竹上自挂,与竹
树色一种,人看不觉。若入林中行,有落人项背上者。然自不伤啮人,啮
人必死。此蛇无正形,极大者不过四五寸,世人皆呼为青条蛇,言其与枝
条同色,乍看难觉。其尾二三寸色黑者,名镐尾,毒最猛烈,中人立死。"⑤
文中青蛙蛇、青条蛇的颜色和习性与今日竹叶青一致,而其毒性猛烈,人
被咬后立刻死亡。《酉阳杂俎》同样说:"蝮与青蛙,蛇中最毒。"⑥其中"青
蛙"就是指竹叶青。

青攒蛇和燋尾蛇在古代也是指竹叶青,《元和郡县图志》载:"青攒蛇

① (隋)巢元方:《巢氏诸病源候总论》卷三十六,《中国医学大成》第41册,上海:上海科学技术出版社,1990年,第4页。
② (清)汪森:《粤西丛载》卷二十三,《笔记小说大观》第18册,扬州:广陵古籍刻印社,1983年,第278页上。
③ (清)陈鼎:《蛇谱》,清道光吴江沈氏世楷堂刻昭代丛书本。
④ (清)陈鼎:《蛇谱》,清道光吴江沈氏世楷堂刻昭代丛书本。
⑤ (隋)巢元方:《巢氏诸病源候总论》卷三十六,《中国医学大成》第41册,第4—5页。
⑥ (唐)段成式撰,方南生点校:《酉阳杂俎·前集》卷十一,北京:中华书局,1981年,第106页。

一名燋尾蛇,常登竹木上,能十数步赞人。人中此蛇者,即须断肌去毒,不然立死。"①其中"常登竹木上"是古代描写竹叶青的常用表达,而且文中也提到此蛇毒性之强,容易致命。

古代青蛇不专指竹叶青,但有时候却是竹叶青的代名词。宋代陈应行有诗句:青蛇上竹一种色,黄蝶隔溪无限情。②其中青蛇当指竹叶青。清朝《浔阳跖醢》亦载:"青蛇,小蛇也。盛夏时常自悬竹木上,其色与竹木叶相乱,入林行有被啮者。"③这里的青蛇应当也是指竹叶青,文中涉及其啮人之能,却未言其毒性。

青竹蛇、青竹标和竹根蛇与今日竹叶青之名颇为相近,同样是竹叶青在古代的名称。《方舆胜览》载:"江南有号青竹者,修细如筋,螫人若针芒,死者十九,幸而一活,肢肤已残。"④文中将青竹蛇的危害淋漓尽致地表达出来。青竹标同样如此,清代《札朴》对青竹标有介绍,其言:"顺宁绿蛇,细而长,有毒,善逐人,其行如飞,击以木不中,惟竹之单节者能毙之。"⑤青竹标文中言其有毒,但"惟竹之单节者能毙之"倒不准确,这应是当时人对竹叶青蛇与竹子之间紧密关系的一种联想。竹根蛇《本草纲目》有介绍,其曰:"又有竹根蛇,《肘后》谓之青蝰蛇,不入药用,最毒。喜缘竹木,与竹同色。"⑥这里的竹根蛇或青蝰蛇也被描述为最毒的蛇,只是《中国动物志》中没有把竹根蛇、青蝰蛇收入竹叶青的别名或地方名中。

鸡冠蛇也是可致命的毒蛇,《录异记》载:"鸡冠蛇,头如雄鸡有冠,身长尺余,围可数寸,中人必死。会稽山下有之。"⑦这里的鸡冠蛇"中人必死"。鸡冠蛇在《中国动物志》中被当作虎斑颈槽蛇的地方名,而虎斑颈槽

① (唐)李吉甫:《元和郡县图志》卷二十二,北京:中华书局,1983年,第562页。
② (宋)陈应行:《吟窗杂录》卷十五,北京:中华书局,1997年,第484页。
③ (清)文行远:《浔阳跖醢》卷一,清康熙谷明堂刻本。
④ (宋)祝穆:《方舆胜览》卷四十九,北京:中华书局,2003年,第872页。
⑤ (清)桂馥:《札朴》卷十,北京:中华书局,1992年,第411页。
⑥ (明)李时珍:《本草纲目》卷四十三,北京:人民卫生出版社,1975年,第2409页。
⑦ (五代)杜光庭:《录异记》卷五,明崇祯时期汲古阁刊本。此条记载亦见(宋)李昉等:《太平广记》卷四百五十六,北京:中华书局,1961年,第3723页。

蛇虽是毒蛇,却并非"中人必死"。①

黄颔蛇在《中国动物志》属于黑眉锦蛇的地方名,《本草纲目》中将黄颔蛇与黄喉蛇视作一种,认为其"不甚毒"。②但《录异记》载:"黄颔蛇,长一二尺,色如黄金,居石缝中,欲雨之时作牛吼声,中人亦死,四明山有之。"③文中认为黄颔蛇可作牛吼声,"中人亦死"。若黄颔蛇是黑眉锦蛇,《录异记》的记载则有问题,黑眉锦蛇并不会发出牛吼声,而且并非毒蛇。又或者《录异记》中所载黄颔蛇是另一种毒蛇。

而黄喉蛇也可能并非如《本草纲目》所载,与黄颔蛇同种,据《说蛇》载:"黄喉蛇好在舍上,无毒,不害人,惟善食毒蛇……额上有大王字,为众蛇之长,常食蝮蛇。"④从善食毒蛇、额上有大王字判断,此处黄喉蛇实为王锦蛇,而非黑眉蝮蛇。王锦蛇虽然凶猛,但属于无毒蛇,故对人危害不大。

火赤炼《蛇谱》有载,其"毒蛇也,浑身色如火而间黑,啮人则肿胀烦闷,不二日而死"。⑤火赤链是赤链蛇的地方名,故而火赤炼可能是赤链蛇,文中"浑身色如火而间黑"的描述与赤链蛇也相符,不过赤链蛇看似有毒,实则无毒。

泥蛇。据《本草纲目》载:"水中又有一种泥蛇,黑色,穴居成群,啮人有毒,与水蛇不同。"⑥虽然文中明确指出泥蛇与水蛇不同,但其描述与中国水蛇的情况相符,因为中国水蛇确实是生活在水中,背部有黑鳞,且有轻微毒性,而且泥蛇是中国水蛇的地方名。当然,古代的泥蛇确实也可能不是今日的水蛇,但目前找不到更多的证据证明其为何种蛇。

---

① 笔者所在江西丰城也有鸡冠蛇一说,且小时候就曾在厕所见过鸡冠蛇,这符合虎斑颈槽蛇常出没于粪池的习性,但虎斑颈槽蛇并没有鸡冠,可能需要充足的想象力才能在其身上找到"鸡冠"的影子。

② (明)李时珍:《本草纲目》卷四十三,北京:人民卫生出版社,1975年,第2409页。

③ (五代)杜光庭:《录异记》卷五,明崇祯时期汲古阁刊本。

④ (清)赵彪诏:《说蛇》,《续修四库全书》第1120册,上海:上海古籍出版社,2001年,第5页上。

⑤ (清)陈鼎:《蛇谱》,清道光吴江沈氏世楷堂刻昭代丛书本。

⑥ (明)李时珍:《本草纲目》卷四十三,北京:人民卫生出版社,1975年,第2408页。

除此之外,文献记载中有很多蛇很难辨别或者可能不存在,这些蛇在古人的描述中亦是恐怖的形象。下面略举数例。

黄蛇。《蛇谱》介绍黄蛇时云:"色黄,长丈许,大钱围,有大毒。行草上,草逾宿即枯,牛马误食之必毙,所止地草木不生。川广俱有。"①按照文中描述,黄蛇所处之地草木不生,可谓至毒。黄连蛇,《说蛇》载:"黄连蛇产四川雅州,恒食黄连,遍体作金黄色,大如食指,以尺为度。啮人不可救药。"②飞蛇,《蛇谱》曰:"飞蛇大不过钱围,长七八尺不等,去头尺许有两翅,如伏翼状。栖于林木,往来飞博小鸟为食。见人辄飞来啮,一啮即毙。"③方蛇,"方蛇形如牛皮箧,高五寸,纵横各二尺……见人近辄迸脊中黑水射之,中者立毙。粤西近楚山中有之。"④冬瓜蛇,"冬瓜蛇产琼州,大如柱,而长止二尺余。其行跳跃,蓬蓬有声,螫人立死"。⑤壁镜蛇,"壁镜蛇身扁,五色,螫人必死"。⑥上述这些蛇难以分辨出其今日的具体归属,但无论是否属实,在文献描述中它们都是杀人的恶魔,被咬后多无生还的可能。

以上这些恐怖的毒蛇并不是文献记载中的全部,而只是少部分。这些记载或许并不准确,篇幅也一般较短,却可能是古代不知道多少人丧身于蛇口之后得出的宝贵知识。而我们今日通过这些描述,可以看到围绕在人们四周诸多的恐怖毒蛇,这些蛇无论是对人们的生活或出行,都带来今日我们在现代生活环境中无法想象的困扰。

被毒蛇咬伤固然危险,不过在古人观念中,即使没有直接被毒蛇咬伤,也可能间接被毒蛇所害。下面先举一条记载。

岭南人惯食蛇,云其味肥美。万历间,南海有诸生数十人,聚学

① (清)陈鼎:《蛇谱》,清道光吴江沈氏世楷堂刻昭代丛书本。
② (清)赵彪诏:《说蛇》,《续修四库全书》第1120册,上海:上海古籍出版社,2001年,第3页下。
③ (清)陈鼎:《蛇谱》,清道光吴江沈氏世楷堂刻昭代丛书本。
④ (清)陈鼎:《蛇谱》,清道光吴江沈氏世楷堂刻昭代丛书本。
⑤ (清)赵彪诏:《说蛇》,《续修四库全书》第1120册,第6页下。
⑥ (清)赵彪诏:《说蛇》,《续修四库全书》第1120册,第6页上。

宫,见大蛇自梁间坠地,取烹之。将熟,忽报学宪至,未及餐而出,釜中溢汁流地,二犬进饮之,皆死灶旁。诸生归,大骇,埋其肉阶下。数日出一菌,甚嫩,学宫卒误食之,亦毙。余姚毛金事患风疾,觅蕲蛇酒饮之,半月发脑疽,遂不起。晋中有人采菌于木,以为天花菜也,献之某侍御。食之尽一器,已入房卧。次日不启门,役者倒门视之,仅有白骨在床,肉尽为水矣。因告令,索菌木下,得大蛇数围,焚之,烟触人鼻咸毙。或曰鳖与蛇同气,凡三足、首无裙者、赤腹者、白目者、腹字者,皆蛇产,食之溃体。潮州有人取一巨鳝食之,腹裂而死。或曰,亦蛇化也。有韩姓者,园产一梨,如斗大,适诸客会饮,剖食之,尽死。一生独不食,得免。使人掘梨下,四蛇盘焉。东海林姓者,园产大瓜,客三人过,食之,入口皆死,主掘瓜下,有蛇如柱。①

这段记载颇为详细全面,讲述了在人们的观念中,毒蛇之毒不仅在于其本身有毒牙可螫人,而且由蛇"滋"养过的植物也会沾染毒蛇的毒性,变成害人之物,文中诸生埋毒蛇肉于阶下,其长出的菌毒杀了学宫卒。而与此类似生长出的梨、瓜同样如此,甚至蕲蛇酒本可以治疗风疾,故毛金事患风疾饮用蕲蛇酒本就没有问题,但半个月之后因脑疾死亡,也将责任归之于蛇毒。这种观念在历史上比比皆是,特别是宋代以后记载较多。如《避暑录话》载:"四明温台间山谷多产菌,然种类不一,食之间有中毒,往往有杀人者,盖蛇虺毒气所熏蒸也。"②也认为毒菌的产生是由于蛇虺毒气所造成。《类说》亦载:"湖南百姓郊外得一菌甚大,献于府主。有僧曰:'此物甚毒,慎勿入口。'乃于所获之处倔之,有螫蛇千余条。"③表达的是同样的意思。元代《饮食须知》亦曰:"木耳味甘性平,有小毒。恶蛇虫从下过者有

---

① (明)朱国祯:《涌幢小品》卷三十一,《明代笔记小说大观》,上海:上海古籍出版社,2005年,第3851页。

② (宋)叶梦得:《避暑录话》卷上,《景印文渊阁四库全书》第863册,台北:台湾商务印书馆,1983年,第670页下。

③ (宋)曾慥:《类说》卷五十四,《北京图书馆古籍珍本丛刊》第62册,北京:书目文献出版社,2000年,第920页上。

大毒。"①其描述更为恐怖,蛇从木耳下经过都能使得木耳有大毒。清代《庸庵笔记》也载"蕈毒一日杀百四十余人"一事,究查原因,则在毒蕈下发现数百赤练蛇,故认为:"蕈乃蛇之毒气所嘘,以自蔽其穴者。"②

正因为在古人的认识中很多有毒植物都是由毒蛇之毒孕育,以至于《种艺必用》载:"果实异常者,根下必有毒蛇,切不可食。"③这是对这种观念的一种回应、延伸,也是对自然界有毒植物风险的规避。

而更为可恶的是,据文献记载,古代有人专门以毒蛇培养毒菌,以制造毒药。《泊宅编》载其法曰:"先用毒蛇,不计多少,杀埋庭中,浇以米泔,令生菌,因取以合药。"④通过将毒蛇埋入土中,培养毒菌。这种毒菌的培养方法在其他文献中也有记载,《夷坚志》曰:"徽州婺源县怀金乡民程彬,邀险牟利,储药害人。多杀蛇埋地中,覆之以苦,以水沃灌,久则蒸出菌蕈,采而曝干,复入它药。始生者,以食,人即死。"⑤其方法与《泊宅编》类似。宋代《清异录》则不仅记载了制作方法,而且记录了其名,其文曰:"湖湘习为毒药以中人,其法取大蛇毙之,厚用茅草盖掩,几旬则生菌蕈,发根自蛇骨出,候肥盛采之,令干捣末,糁酒食茶汤中,遇者无不赴泉壤。世人号为休休散。"⑥文中不仅详细记载了培养毒菌的方法,此法与前面两条引文类似,难能可贵的是文中记载此毒的名字为"休休散"。

就今日常识而言,蛇毒在阴暗、潮湿、低温的土壤中确实能够保存较长时间,但是想在特定的环境中以蛇毒浇灌出有毒的菌类,却基本属于天方夜谭。故而古人口中的毒菌,大多本与蛇无关,而是菌类本身就有毒,比如蛇头菌一般认为有毒,其形态类似于蛇。如此,毒蛇之毒能孕育毒菌

① (元)贾铭:《饮食须知》卷三,北京:中国商业出版社,1985年,第30页。
② (清)薛福成:《庸庵笔记》卷四,《笔记小说大观》第27册,杭州:广陵古籍刻印社,1983年,第96页下。
③ (宋)吴怿:《种艺必用》,北京:农业出版社,1963年,第31页。
④ (宋)方勺撰,许沛藻、杨立扬点校:《泊宅编》卷五,北京:中华书局,1983年,第28页。
⑤ (宋)洪迈:《夷坚志·甲志》卷三,北京:中华书局,1981年,第20页。
⑥ (宋)陶谷:《清异录》卷上,《景印文渊阁四库全书》第1047册,台北:台湾商务印书馆,1983年,第870页上。

的观念实际上是古人对蛇毒恐惧的延伸,古人非常害怕毒蛇,认为毒蛇接触之物会沾染蛇毒,故木耳下有毒蛇经过则有大毒的观念才得以产生。

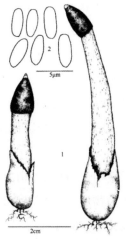

图2.6　蛇头菌[1]

　　毒蛇不仅可以导致植物有毒,动物同样如此,食牛肉中毒有时也被认为与蛇毒有关。"凡食牛肉有毒者,由毒蛇在草,牛食因误唉蛇则死。亦有蛇吐毒著草,牛食其草亦死。此牛肉则有大毒"。[2]意即牛食毒蛇,或者食用沾染蛇毒的草而死者,此牛肉有大毒,不可以食用。这是古代医书中的记载,说明即使古代较为专业的医者也有这种不切实际的观念。而在现实生活中,这种情况几乎是不存在的,牛基本不会食用毒蛇或者毒草。

　　要之,被毒蛇咬伤后的惨剧使人对毒蛇产生深深的恐惧,人们不自觉地将这种恐惧无限放大,扩及有关的动植物,认为受毒蛇沾染的动植物同样有毒,食用之后同样会丧命。这无意中将对毒蛇的恐惧生活化,使得生活中因中毒而亡的事件很容易和毒蛇勾连在一起,食用毒菌身亡也会被捕风捉影,认为与毒蛇有关。

---

① 刘波主编:《中国真菌志》卷二十三,北京:科学出版社,2005年,第136页。
② (隋)巢元方:《巢氏诸病源候总论》卷二十六,《中国医学大成》第41册,上海:上海科学技术出版社,1990年,第7页。

二、历史上的大蛇威胁

1995年9月4日,马来西亚就曾经发生过蟒蛇吞人的事件,当时华裔青年余兴泉在橡胶园地可能不小心踩到饥肠辘辘的巨蟒,最后被巨蟒吞噬。①在当今尚且如此,在中国古代就更是如此。古代间成子就"拜而求道,而为大蛇所噬,殆至于死"。②可证蛇吞人的事件在中国古代是存在的,而且这只是文献中所记载的,在文字出现之前,或者未被文献记载的案例应该更多。而仅仅就文献所记载的案例其实也不少,自从唐宋以后就不绝。

唐代《广异记》载:"天宝中,有樵人入山醉卧,为蛇所吞。其人微醒,怪身动摇,开视不得,方知为物所吞,因以樵刀画腹,得出之。眩然迷闷,久之方悟。其人自尔半身皮脱,如白风状。"③这个上山樵采的人不仅醉卧被蛇吞噬,而且最后自己用樵刀破开蛇腹得以不死。明朝《古今谭概》也载有"千侯入蛇腹"一事,其文曰:

> 上虞徐孝廉计偕京师,与一千侯同舍。蜀人也,貌甚伟而鳞文遍体,皱如青赤松皮,面有斑痕隐起,类三当钱大,状若癞风者然。讯之。具言少年嗜酒,落魄不羁。一日从所亲会饮野次,时天色渐暮,归不及城,便醉卧道旁草积间。夜半,宿醒始醒,觉闷甚,首如蒙被,辗转反侧,不知身在何所。已而扪之,微温。嗅之,腥不可忍。寻思腰间有匕首,急抽而割之,得肉一脔。复嗅之,臊甚,弃去。旋割旋弃,如此者凡数十脔,渐渐漏明,于是悉力以从事。俄而此窍渐广,顷之如土穴也。因踊身跃出,睨之,乃一大蛇也,遂惊仆地。④

---

① 新闻来源:http://zh.buzzhand.com/post_684652.html.

② [日]吉川忠夫、麦谷邦夫编,朱越利译:《真诰》卷五,北京:中国社会科学出版社,2006年,第175—176页。

③ (唐)戴孚撰,方诗铭辑校:《广异记》,北京:中华书局,1992年,第225页。

④ (明)冯梦龙:《古今谭概》卷三十五,北京:中华书局,2007年,第474页。

文中的千侯与樵夫一样,也是醉卧被蛇吞噬,却破蛇而出。《聊斋志异》同样有类似的记载,其言:

> 胡田村胡姓者,兄弟采樵,深入幽谷。遇巨蟒,兄在前,为所吞;弟初骇欲奔,见兄被噬,遂奋怒出樵斧,斫蟒首。首伤而吞不已。然头虽已没,幸肩际不能下。弟急极无计,乃两手持兄足,力与蟒争,竟曳兄出。蟒亦负痛去。视兄,则鼻耳俱化,奄将气尽。肩负以行,途中凡十余息,始至家。医养半年方愈,至今面目皆瘢痕,鼻耳处惟孔存焉。①

这则故事名为《斫蟒》,讲述的是兄弟两人上山樵采,兄为蟒蛇吞食,弟将兄救出之事。这则故事与上述案例有所不同,因为其他事例中都是被吞者自救得活,但人被吞入蛇腹之后自己破蛇而出是基本不可能的。因为大蛇吞食,比如蟒蛇,是先缠杀之,再濡湿,之后吞入腹中消化,被吞入腹中却破蛇而出是几乎无法做到的。但这则故事中的情节较为合理,故事中兄只是头被吞,但时间不长就被弟救出,救出后耳鼻脸都被蛇的"胃酸"融化,经历九死一生才得以幸存,这种情况在现实中是可能存在的。虽然如此,在古人的记载中,被吞入蛇腹却破蛇而出的故事一直流传,可见古人观念中可能相信这种事情,而且这种事情确实看似不可能,却也不能一概否定。

清代《咫闻录》亦载:"藤县剃头者,过村,见酒肆,饮之大醉,倒睡树下。适喃蛇游至,见而吞诸腹。剃头者觉周身包裹,渐渐紧切,目不能开,亟取肚囊中剃刀,向前开割,裂腹而出,蛇已死。而若人之头面手足,皮已脱矣。"②《说蛇》亦曰:"柴栅王巡检言其乡人为贵州某县丞,因解粮赴京,道中为巴蛇所吞。丞于蛇腹中取靴中所藏钝钢利刃剖蛇腹而出。及出,

---

① (清)蒲松龄:《聊斋志异》卷一,北京:人民文学出版社,1989年,第49页。
② (清)慵讷居士:《咫闻录》卷三,《笔记小说大观》第24册,杭州:广陵古籍刻印社,1983年,第295页上。

则两耳已消蚀矣。"①类似这些，都是讲述类似的故事。清朝屈大均甚至作诗描述蚺蛇吞人之事，诗云:蚺蛇吞人方半吞，两手死攀松树根。一夫往救不量力，蚺蛇钩取如束薪。牛将两角与抵触，鳞甲溃裂膏血喷。人虽吐出已半死，一月僵卧亡精魂。②

上述这些事例大多是被大蛇吞噬后破蛇腹而出，因而留下了相关的故事记载，但被蛇吞入腹中且能生还的概率本就微乎其微，若这些事例多是真事，可以想见古代必然有更多的人被大蛇当作美食不幸丧命，如《太平寰宇记》载:"永嘉末，有蛇长三十余丈断道，以气吸人，被吞噬者盖以数百，行路断绝。"③又有文载:"蜀郡西山有大蟒蛇吸人，上有祠，号曰西山神，每岁土人庄严一女，置祠傍，以为神妻，蛇辄吸去。"④同样，"海昏之上辽有巨蛇，据山为穴，吐气成云，亘四十里。人畜在其气中者，即被吸吞，无得免者"⑤等记载都是大蛇危害一方，吞人伤命，类似的事件在古代又何其多。

三、蛇入人体

除了毒蛇和大蛇之外，值得一提的是，小蛇也能够钻入人的身体对人造成伤害，在此稍做论述。

蛇钻入人体内并非臆想，古代确有其事。《肘后备急方》载有"蛇入人口中不出方"，其方为"艾灸蛇尾即出。若无火，以刀周匝割蛇尾，截令皮断，乃将皮倒脱即出"。随后还提到:"圣惠方治蛇入口并入七孔中，割母猪尾头，沥血滴口中，即出。"⑥《千金宝要》中方法与《肘后备急方》稍有不同，其曰:"睡中蛇入口，挽不出，以刀破蛇尾，内生椒三两枚，裹着，须臾即

---

① (清)赵彪诏:《说蛇》,《续修四库全书》第1120册,上海:上海古籍出版社,2001年,第12页上。
② (清)屈大均:《翁山诗外》卷三十七,《清代诗文集汇编》第118册,上海:上海古籍出版社,2010年,第326页下。
③ (宋)乐史:《太平寰宇记》卷一百一十一,北京:中华书局,2007年,第2265页。
④ (宋)祝穆:《方舆胜览》卷五十三,北京:中华书局,2003年,第958页。
⑤ (元)赵道一:《历代真仙体道通鉴》卷二十六,明正统道藏本。
⑥ (晋)葛洪:《肘后备急方》卷七,《景印文渊阁四库全书》第734册,台北:台湾商务印书馆,1983年,第513—514页。

出。"其后也提到："又方:以刀周匝割蛇尾,截令皮断,仍将皮倒脱即出。蛇入口并七孔者,割母猪尾头,沥血着口中即出。又方:以患人手中指等截三岁大猪尾,以器盛血,傍蛇泻血口中,拔出之。"①此皆为古代医书所载,足可见古代蛇窜入人口并非天方夜谭,正因为存在这种情况,故而医书中载有解决之法。其解决之法一般是炙蛇尾或者用刀割蛇尾或者用生椒内蛇尾,又或者是用猪血,猪在古代一般被认为是蛇的克星。

　　而蛇之所以能进入人口中,《千金宝要》载"睡中蛇入口,挽不出",足可说明当时在人生活的四周其蛇之多,在人熟睡的时候蛇都可能爬入人口中,很容易致命。《旅舍备要方》记载更为详细,其言:"治道涂大醉仆地,或取凉地卧,为蛇入人窍方。"即若是醉酒倒地或者为了取凉卧在地上,就可能面临蛇入人口的局面。此书亦载有解决之法,"见时急以手捻定,用刀刻破尾,以椒或辛物置破尾上,以绵系之,少刻自出。此蛇有逆骨,慎不可以力拔之,须切记"。②其法大致与前面所举类似,只是多了"以绵系之"这一步骤,而且告诫不可"力拔之",这可能是在不断的实践中,应对蛇入人口方法上的改进吧。

　　此后,这种记载也被后世延续,如元朝《岭南卫生方》载:"一法治蛇入口并七孔中者,割母猪尾沥血于口中并孔中即出。"③明朝《证治准绳》载:"蛇入人口并七孔中者,割猪母尾头,沥血著口中并孔口上,即出。圣治因热取凉睡,有蛇入口中挽不出者,用刀破蛇尾,内生椒二三粒,裹著,即出。"④清朝《圣济总录纂要》亦曰:"治蛇入口并入七孔中方:母猪尾尖割断,沥血滴口中即出。"⑤类似这些多是沿袭前代医书,方法上也没有创新

　　①(宋)郭思:《千金宝要》卷二,北京:人民卫生出版社,1986年,第42页。

　　②(宋)董汲:《旅舍备要方》,《景印文渊阁四库全书》第738册,台北:台湾商务印书馆,1983年,第449页下。

　　③(元)释继洪:《岭南卫生方》卷中,北京:中医古籍出版社,1983年,第134页。

　　④(明)王肯堂:《证治准绳》卷一百二十,《景印文渊阁四库全书》第771册,台北:台湾商务印书馆,1983年,第557页上。

　　⑤(清)程林:《圣济总录纂要》卷二十二,《中国医学大成》第50册,上海:上海科学技术出版社,1990年,第25页。

之处。

概而言之,能给人类造成威胁的蛇主要是毒蛇和大蛇,毒蛇施毒能伤人性命,大蛇缠噬同样能伤人害物。此外,一般的小蛇也曾给古人带来困扰,蛇入人体的事在古代并非天方夜谭,虽然其发生的概率不高。

第四节　人蛇活动与面域交叠

中国蛇之种属不少,分布在中国的各个角落:西北的沙漠中有沙蟒的身影,江河中有水蛇游弋,中国的领海中海蛇时常出没,游蛇则是遍布中国大陆几乎每一个角落,无论是在东北平原、长白山,或是西藏高原、云贵高原,或是江南、岭南,都可见到蛇的踪影。特别是随着历史的延续,古人不断开拓自己的"领地",将更多的森林草原变成牧场或可以耕种的土地,并且向着水域和山地进军,围湖造田,开辟山地种植粮食。这种行为实际上是人类与其他动植物争夺生存的空间,随着古人不断地开拓,人与动物的矛盾也在不断持续、升级。而与其他很多物种,如大象、犀牛、老虎等不一样,蛇大多并没有严格的环境要求,只要不是在极寒之地等这种极端的环境中,就都可以见到蛇的踪影。何况古人在不断向着深山、湖泊前进,遇到蛇的机会就更多了。

而随着农业的产生和发展,人们把收获的粮食搬入室内,加以储藏。这一举动却将更多的老鼠吸引到人们的生活区域,在水泥、钢铁出现之前,老鼠可以在人居住的房屋内来回窜走,夜深人静时也经常能听到老鼠吱吱的叫声。同样的,蛇追寻着自己食物——老鼠——的脚步,也进入中国人生活的区域,出现在古人生活的居室当中。

一、野外的蛇患

中国古代的自然环境虽然随着人口的增加与不断开发,越发失去其原始面貌,但在当时条件下,对自然环境的破坏是有限的,古代自然环境大致上比现代要好。加之蛇的生存能力极强,在沙漠、海洋、草地、森林、谷底等各处都可发现蛇的影子,故而古代野外的蛇较今日可能更多,威胁更大。《蛮书》就言从阁外到蒙夔岭的路上多"黄蝇、飞蛭、毒蛇、短狐、沙虱之类",①甚至柳州东亭这种并非毫无人烟的地方在柳宗元笔下也是"蛇得以为薮,人莫能居"。②明清之后,人口增加,外来物种玉米、番薯逐渐占据了本来不适合耕种的丘陵、山地,自然环境状况大不如前,但樵采时"误以蛇为薪,拾之被伤"③应当也不是湖南的特有现象。而且通过梳理文献可以发现,在古代,至少在可以想象到的野外各处,可能都隐藏着蛇的威胁。下面分为几个部分,略做论述。

(一)多蛇的山、谷

自古以来,大山和峡谷相对而言都是人迹较少之处,这类地方是自然界动植物的天地,而以蛇的生存能力之强,山、谷更是其存在的佳地,山、谷之间多蛇恐怕是不言而喻。

晋朝张华在描述可能并不存在的员丘山时,不仅认为其上有不死树与可以令人不老的赤泉,同样也将其想象为多蛇之地,原文为"员丘山上有不死树,食之乃寿。有赤泉,饮之不老。多大蛇,为人害,不得居"。④而古代此类记载虽然零散,却不少见,《旧唐书》就载:"陇右山崩,大蛇屡见。"⑤这条唐代的记载虽然其重点可能并不在蛇本身,却反映唐朝即使是在陇右(即今甘肃、新疆一带),山、谷仍然出现大蛇,亦为当地环境的某种见证。而在宋代洪迈笔下,泉州蒋山亦有大蛇,"大蛇在桑间,以身绕树,树为之倾,伸首入井中饮水"。⑥蛇"以身绕树,树为之倾",并且还能"伸首入井中饮水",惜其记载并非作者亲身经历,而是根据当时人的回忆形成文字,虽可反映蒋山应当存在大蛇,但其蛇的真实大小可能并非如记

① (唐)樊绰撰,向达校注:《蛮书校注》卷一,北京:中华书局,1962年,第28页。
② (唐)柳宗元:《柳宗元集》卷二十九,北京:中华书局,1979年,第774页。
③ 光绪《湖南通志》卷一百九十,府学宫尊经阁藏版。
④ (晋)张华撰,范宁校正:《博物志校正》卷一,北京:中华书局,1980年,第13页。
⑤ (后晋)刘昫:《旧唐书》卷三《太宗本纪下》,北京:中华书局,1975年,第44页。
⑥ (宋)洪迈:《夷坚志·乙志》卷十三,北京:中华书局,1981年,第298页。

载那般。又宋朝临安金牛山有洞"深不可测,好事者游焉,则有蛇怪"。①
亦是古代山、谷间多蛇的证据。明朝陈仁锡在介绍金山(属今江苏、上海
一带)时提到:"石排山盛夏有大蛇,莫知其数,盘结于木阴间。②反映石
排山有大蛇,虽文献出自明朝,其事应该更早。而明朝朱诚泳有言:"深山
有蛇虎,晴原多凤麟。"③亦记载深山多蛇。明朝李日华载:"有江郎山,平
地拔起数百仞,远望如竖指,渐近乃露三尖。上多树木蓊郁,而樵径不通,
聚蛇极多。山下古刹,客宿其中,绕帐帷几案,皆蛇也。"④则记载了江郎
山(今属浙江)上多蛇之事。清朝《抚宁县志》载河北龙泉寺"西南深山大
壑,林木丛密如栉,蛇虺生焉"。⑤先言深山大壑丛林密布,故而其中多
蛇,倒是符合自然原理。

　　山、谷多蛇,虽然人类的足迹不常踏足如此"危险"的地方,但危险仍
然时常笼罩附近的居民或往来者。《搜神记》载有"李寄斩蛇"一事,其起因
就是"东越闽中,有庸岭,高数十里。其西北隙中,有大蛇,长七八丈,大十
余围,土俗常惧。东治都尉及属城长吏,多有死者。祭以牛羊,故不得祸。
或与人梦,或下谕巫祝,欲得啖童女年十二三者"。⑥也即是当地山中有
大蛇,而且似乎非常"聪明",通过杀害官员的方式,换得每年童女的祭祀。
最后是小女孩李寄因缘际会,杀了大蛇。山、谷中蛇伤人或者杀人的例子
在古代极多,"恒州井陉县(今属河北)丰隆山西北长谷中,有毒蛇据之,能
伤人,里民莫敢至其所"。⑦则是井陉县山谷中毒蛇伤人。"蜀郡西山有大
蟒蛇吸人,上有祠,号曰西山神,每岁土人庄严一女,置祠傍,以为神妻,蛇

---

　　① (宋)潜说友:《咸淳临安志》卷二十七,清道光十年重刊本。
　　② (明)陈仁锡:《无梦园初集·干集一》,《续修四库全书》第1383册,上海:上海古籍出版社,
2001年,第194页上。
　　③ (明)朱诚泳:《小鸣稿》卷二,《景印文渊阁四库全书》第1260册,台北:台湾商务印书馆,
1983年,第194页上。
　　④ (明)李日华:《味水轩日记》卷六,上海:上海远东出版社,1996年,第401页。
　　⑤ 光绪《抚宁县志》卷六,清光绪三年刊本。
　　⑥ (晋)干宝:《搜神记》卷十九,北京:中华书局,1979年,第231页。
　　⑦ (五代)孙光宪撰,贾二强点校:《北梦琐言·逸文》卷四,北京:中华书局,2002年,第445页。

辄吸去"。①这与"李寄斩蛇"故事情节有类似之处,都是由有大蛇为害,发展到以女童祭祀,只是其地点变成了蜀地。同样,"海昏之上辽有巨蛇,据山为穴,吐气成云,亘四十里。人畜在其气中者,即被吸吞,无得免者"。②亦是大蛇据山为害,道教许旌阳带领弟子倾尽全力才灭杀此蛇。

　　但一般而言,动物都不会主动攻击人类,蛇也是如此,故而有的蛇患可能是偶然发生,如《夷坚志》记载一寺僧"提灯笼如厕,过山坎下,适巨蛇蟠居石上,见灯光跃而赴之,正啮诠足,大叫仆地"。③僧人因此"血肉溃腐",双足难行。故事中发生在僧人身上的不幸当属偶然事件,并非蛇有意害人。

　　而山、谷中之蛇患对于人而言并非只是蛇直接害人,也有间接与人为患者。如清朝纪昀载:"莱州深山,有童子牧羊,日恒亡一二,大为主人扑责。留意侦之,乃二大蛇从山罅出,吸之吞食。其巨如瓮,莫敢撄也。"④吞噬牛羊等动物本就是大蛇之天性,也是蛇为了生存不得已而为之,但吞噬人类所豢养的家畜,从人的角度而言是损害了自身利益,故而故事中的牧羊童联合父亲杀了其中一条大蛇,却不想为另一条大蛇报复,以悲剧收场。

　　山、谷本就是野生动植物的天堂,古代尤其如此,其中多蛇或者存在大蛇也不足为奇。而且随着人的足迹深入山、谷之间,或者进入山、谷周围,蛇为人害的事情也难免发生。上述蛇患的事例多为故事,可能在现实中很少发生,也可能经常发生,但无论是哪一种情况,这都是古代人蛇之间冲突,蛇为人害的某种反映。

(二)草木之间的蛇患

　　蛇虽可在严酷的沙漠环境中生存,但草木之间似乎更受到蛇的热爱,

①(宋)祝穆:《方舆胜览》卷五十三,北京:中华书局,2003年,第958页。
②(元)赵道一:《历代真仙体道通鉴》卷二十六,明正统道藏本。
③(宋)洪迈:《夷坚志·三志辛》卷一,北京:中华书局,1981年,第1392页。
④(清)纪昀:《阅微草堂笔记》卷十九,上海:上海古籍出版,1980年,第485页。

在树木之间或是在草丛中,不经意间或许就能与蛇偶遇。"每嗤江浙凡茗草,丛生狼藉惟藏蛇"。①就是欧阳修对茶园茶树、草丛间多蛇的描述。若如欧阳修所言,进入江浙茶园,或许就很容易与蛇相遇。宋朝洪适更是有草丛遇蛇的亲身经历,洪适一天晚上在户外"闻有物丛草间,其声渐逼。少驻而视,则蛇也",吓得洪适"惊悸流汗趋避它径"。②洪适就是在户外步行时不经意间在草丛遇蛇,而且颇受惊吓,并写下《戒蛇文》给予蛇"警告"。明朝程本立诗《野宿》有句:巢云浑似鸟,藉草忽惊蛇。③点出野外草丛中蛇的危险。明朝罗玘在《曲径寻芳》中亦言:"涉远终须马,扑丛常畏蛇。"④表现出对草丛中蛇的忌惮。与此类似者还有清朝黄钊"草泽纷纷恶蛇起"⑤和汪森"草暗防蛇毒,山昏过虎群",⑥表达的同样是对草泽中恶蛇的厌恶或恐惧。草中多蛇,行走在草丛中当需留心,否则可能面临被蛇咬的危险。古代有人就曾"行过岭,有黑蛇从草中啮其足,即昏聩倒地"。⑦实不可不慎。清代俞樾也记载:"扬州营兵王熊光,与邻童数辈,蹲草中捕蟋蟀,忽游出一蛇,长七八尺,直前围绕,始咬其两胁,继咬其脐。王手无寸铁,惟大声呼号而已。朋辈闻声奔救,则王已晕绝。"⑧其中王熊光在草中捕蟋蟀遇蛇,结果身死人亡,甚为可悲。

而相比草丛,树林也并非更安全,树上或树中也是蛇的出没之地,而且就今日对蛇的划分,就专门有"树蛇"这一类别。"树蛇"常在树木之间活

① (宋)欧阳修:《欧阳修全集》卷七,北京:中华书局,2001年,第115页。
② (宋)洪适:《盘洲集》卷二十九,《四部丛刊初编》,上海:商务印书馆,1922年。
③ (明)程本立:《巽隐集》卷一,《景印文渊阁四库全书》第1236册,台北:台湾商务印书馆,1983年,第143页上。
④ (明)罗玘:《圭峰集》卷二十五,《景印文渊阁四库全书》第1259册,台北:台湾商务印书馆,1983年,第312页下。
⑤ (清)黄钊:《读白华草堂诗二集》卷五,《清代诗文集汇编》第555册,上海:上海古籍出版社,2010年,第685页下。
⑥ (清)汪森:《粤西诗文载·诗载》卷十一,《景印文渊阁四库全书》第1465册,台北:台湾商务印书馆,1983年,第149页下。
⑦ (明)李乐:《见闻杂记》卷六,上海:上海古籍出版社,1986年,第507页。
⑧ (清)俞樾:《耳邮》卷四,《笔记小说大观》第26册,杭州:广陵古籍刻印社,1983年,第253页上。

动,而且能够在空中"滑翔",走在树林中实在难以防备。

据传后燕慕容熙曾厌恶一棵大柳树,"伐其树,乃有蛇长丈余从树中而出"。①蛇栖息于大树,特别是枯树洞中并非异事。与此类似,明朝嘉靖时期,庆远府知府"见树大十围,荫广数亩,谛视榕根有窍,出烟如缕,乃令人伐树,得巨蛇十数杀之"。②也是讲述在砍伐大榕树后,树中出现不少巨蛇,这些巨蛇在文中被描述为不寻常之物,甚至可化为人,可谓妖物。这种观念在古代或许不少见,清代王椷曾叙述一则故事:

> 绍兴猎户某,夏日山行,雷雨猝至,奔避密林中。见大树一株,高插云表,中有巨穴如斗。雷霆绕树奋击,忽穴中恶烟腾出,雷火辄被冲散,如是者数,心知为怪也。祝所挟鸟枪曰:"请助雷公一臂。"俟雷烟相持时,举枪击之,雷应声而下,树忽裂,一大白蛇毙焉,长数丈。③

故事中同样将树中大白蛇看作妖怪一类,而猎户则是帮助雷公降魔除怪。古人观念中,万物有灵,故而大蛇被看作妖怪不足为奇,虽然今日这种观念看似荒诞。同书还记载乾隆时期丰都官署"有大桑一株",因为儿子生病,"须桑白皮,令仆掘取。去浮土数寸,露微孔,阔之渐大,忽有蛇涌出,衔尾连绵,不可数计,盘旋树下,积高数尺"。④这似乎是在树根部位挖到蛇窝,导致大量蛇涌出。

枯树一般树中会有空洞,其中容易藏蛇,《说蛇》就载:"有一富翁居旁有枯木,将伐之,夜梦一老人率众乞于富翁,盖欲宽期,候迁毕任伐。富翁知树中有物,命人登树视之,见枝头有大穴,穴中异蛇蟠结无数。"⑤故事

---

① (宋)李昉:《太平御览》卷九百三十三,北京:中华书局,1966年,第4146页下。
② (明)魏濬:《西事珥》卷七,亦见(清)汪森:《粤西丛载》卷十四,《笔记小说大观》第18册,扬州:广陵古籍刻印社,1983年,第223页上。
③ (清)王椷:《秋灯丛话》卷四,济南:黄河出版社,1990年,第55页。
④ (清)王椷:《秋灯丛话》卷十,第166页。
⑤ (清)赵彪诏:《说蛇》,《续修四库全书》第1120册,上海:上海古籍出版社,2001年,第12页下。

里就是枯树中存在大量蛇,虽然故事本身是在宣扬因果报应,富翁因大肆用火杀了这些蛇,全家都死于火灾。

活动于树上或树中或树周围的蛇对人而言,也能造成威胁。在佛教传说中,"毗舍离王入山,于树下眠,有大毒蛇欲出害王于此树下"。①佛教发源于印度,传入中国,寺庙多建于深山密林之中。而佛教著名的毗舍离王在树下休息时,就险些遭毒蛇之害。而且这条材料讲述的虽是佛教人物,普通民众又何尝不是如此,在恐怖的野外,时刻都可能出现致命的毒蛇。宋代岳珂笔下就有一则故事,讲述的是盗贼得逞后逃跑,"一盗出蛇岗山,将如赣、吉。昼日尝过其下,见道傍梅有繁实,夜渴甚,登木而取之。有蛇隐叶间,伤其指,负伤而逃。至侯溪,则指几如股矣"。②文中盗贼因爬树摘梅解渴,被树上的蛇咬伤。《咫闻录》也有类似的例子,其记载"滇黔风俗尚鬼",有一位姓徐的巫士为了装神弄鬼,书写符箓,"手入桑中将取怪物,忽被蛇螫吞咋大指"。③徐巫也是手入桑树中被蛇咬伤。类似的例子对于在农村生活过的小孩而言并不陌生,农村小孩有不少喜欢爬树掏鸟蛋,其中不乏在鸟窝中遇到蛇的情况。清代徐芳《半面人记》则更为恐怖,其文曰:

> 侯官某广文壮时,独行山中,猝遇虎,无避匿处,偶得树,腾援而上。树先有大蛇,见广文至,□□之,周其躯数匝。广文阻不得动,蛇则以尾拄其鼻,窍血淙淙下。广文以掌承之,蛇辄就其掌,食所注血甚适。虎见广文已升树,即□其树干,拱过半梢渐重,摇摇欲坠。蛇怒虎之扰己,舍广文而下,□虎腰甚急……广文死免,以血掌摸其半面,毒大发,眉目、颧颊次第塌坏,化为□□□,余左半如常人耳。④

---

① (宋)释法云:《翻译名义集》集七,《四部丛刊初编》,上海:商务印书馆,1922年。
② (宋)岳珂:《桯史》卷四,北京:中华书局,1981年,第42页。
③ (清)慵讷居士:《咫闻录》卷一,《笔记小说大观》第24册,杭州:广陵古籍刻印社,1983年,第281页下。
④ (清)徐芳:《悬榻编》卷三,清康熙刻本。

文中虽有一些字难以辨认,但其情节却非常完整。广文为躲避老虎上树,无奈被树上的蛇缠住,若不是蛇虎相争,广文恐怕难逃一死。而活下来的广文因为蛇毒,只有半张脸与常人一样,另外半张脸则毁坏了。树上之蛇,其危害亦不可忽视。

要之,野外草丛与树木中是蛇经常活动的区域,而这种区域同样也广泛分布着人的足迹,蛇对人的威胁就可想而知,不可不慎。

(三)危险的路途

衣食住行是人的基本需求,而蛇在中国人的衣食住行中都扮演了自己的角色,南人食蛇,古人穿蟒服,南人创干栏式建筑以防蛇虫等都是其中应有之义,而且人的住宅中也无法避免蛇的出没,这些在其他章节都有论述。这一节主要论述"行"与蛇的关系。

无论古今,或长途旅行,或短途行走,对人而言一般都是无法避免的,一个正常人一般不可能一生都不出门,一般正常人总有在路途行走的时刻,而古代路途行走的艰辛自不必言,除了交通工具简陋,旅途可能缺粮缺水、生病得不到照料治疗等等之外,行人在路途中还面临各种来自自然界动植物的威胁,在这些动植物中,蛇就是其中一种,蛇对旅人的威胁在古代未曾间断。

在春秋战国时期,"晋文公出猎,前驱还白,前有大蛇,高若堤,横道而处"。①在晋文公出猎的途中,就有大蛇"横道而处",晋文公甚至因此选择退避。同样,"晋献公太子之至灵台也,蛇绕左轮"。②晋献公的太子在去往灵台的途中,或者可能是已经到达灵台,蛇绕住了车的左轮。以晋文公、晋献公太子如此人物,在路途中尚且如此,可见旅途中蛇对人造成的威胁之强。

---

① (汉)贾谊撰,阎振益、钟夏校注:《新书校注》卷第六,北京:中华书局,2000年,第248页。
② (汉)刘向著,石光瑛校释,陈新整理:《新序校释》卷第七,北京:中华书局,2001年,第885—886页。

　　成书于北魏时期的《水经注》"溱水"部分亦载："昔欲于山北开达郡之路,辄有大蛇断道,不果。"①在古人欲开辟道路的时候,也遇到大蛇断道,只是事件发生的具体时间不好确定。又《太平寰宇记》,"永嘉末,有蛇长三十余丈断道,以气吸人,被吞噬者盖以数百,行路断绝"。②即永嘉末有大蛇在道路食人,以致行人断绝。在此版本中,大蛇是晋朝道士吴猛灭杀,而《历代真仙体道通鉴》中主人公换成了晋朝道士许旌阳,孰是孰非不好断定,但此事在描述中是发生于晋朝无疑。大致在晋朝、刘宋时期,裴渊著《广州记》,③其中记载了类似的事件,"蚺蛇岭,去路侧五六里,忽有一物,大百围,长数十丈,行者过视,则往而不返,积年如此,失人甚多。董奉从交州出,由此峤,见之大惊,云此蛇也。住行旅,施符敕,经宿往看,蛇已死矣,左右白骨,积聚成丘"。④同样是大量行人被蛇杀害,"左右白骨,积聚成丘"。

　　到了唐朝,白居易有诗言:"虫蛇白昼拦官道,蚊蟆黄昏扑郡楼。"⑤描述了通州即使白天在官道行走,蛇依然猖獗。《酉阳杂俎》则载:"衡岳西原近朱陵洞,其处绝险,多大木、猛兽,人到者率迷路,或遇巨蛇,不得进。"⑥其中描述之地可能并不存在,但在古人想象的路途中,仍然是巨蛇为患。唐代杜昕在路途中也曾遭遇大蛇,《太平广记》引《纪闻》载:"殿中侍御史杜昕尝使岭外,至康州,驿骑思止,白曰:'请避毒物。'于是见大蛇截道南出,长数丈。"⑦《北梦琐言》还记一位老人回忆在"光化中,杨守亮镇褒日,有一蛇横此岭路,高七八尺,莫知其首尾,四面小蛇翼之无数,每一拖身,

---

①（北魏）郦道元著,陈桥驿校证:《水经注校证》卷三十八,北京:中华书局,2007年,第902页。

②（宋）乐史:《太平寰宇记》卷一百一十一,北京:中华书局,2007年,第2265页。

③参见杨恒平:《裴渊〈广州记〉辑考》,《中国典籍与文化》2014年第1期。

④见（宋）李昉:《太平御览》卷九百三十四,北京:中华书局,1966年,第4150页。

⑤（唐）白居易著,顾学颉校点:《白居易集》卷十五,北京:中华书局,1999年,第310页。

⑥（唐）段成式撰,方南生点校:《酉阳杂俎·续集》卷三,北京:中华书局,1981年,第226页。

⑦出自《纪闻》,此处见（宋）李昉等:《太平广记》卷四百五十七,北京:中华书局,1961年,第3742—3743页。

即林木摧折,殆旬半方过尽,阻绝行旅"。①《纪闻》《北梦琐言》当然不能够作为信史,故而真实的杜�、杨守亮可能并未经历过此事,但故事中"大蛇截道""大蛇横路"之描述却可能是源自时人的常识或生活经验。

宋代相关事例亦不绝。宋代洪迈所著《夷坚志》,记载有三位僧人欲前往闽清寻幽选胜,"行未久,满道蛇虺纵横"。②《夷坚志支》亦载余干乡周生之妻"绍兴十八年三月,往母家,中道遇巨蛇当路"。③幸运的是她被过往的同乡人所救。宋代魏了翁《永康军评事桥免夫役记》则深刻描述了当时服役者的艰劳,其中一条为:"其远者至自大面山下,率戴星往返,不下百里,仆溪卧谷,为蛇虎所伤者,又不知其几也。"④服役者不仅饱受劳作之苦,在前往服役的途中也不免蛇虎之害。宋代楼钥有诗:毒蛇横在路,栗棘更无踪。⑤、吕本中《夏日书事》言:"小行畏蛇蝎,端坐困蚊蚋。"⑥等也都反映了当时路途多蛇的现实。

元代王逢《得儿掖书时戊申岁》:月明山怨鹤,天黑道横蛇。⑦清代汪森《柳城道中》:地暖蛇虫出,林昏鸟雀栖。⑧这些都是后代对旅途中蛇威胁的描述。

上述多是直接涉及路途蛇患的材料或事例,虽然材料的分布在各个朝代数量不同,宋以前较多,元明以后偏少,这可能反映出元明以后路途蛇患不如以往严重,但蛇在历代路途中对行人的威胁却未曾断绝。

---

① (五代)孙光宪撰,贾二强点校:《北梦琐言·逸文》卷四,北京:中华书局,2002年,第444页。

② (宋)洪迈:《夷坚志·乙志》卷十,北京:中华书局,1981年,第269页。

③ (宋)洪迈:《夷坚志·支庚》卷八,第1195页。

④ (宋)魏了翁:《鹤山全集》卷三十八,《四部丛刊初编》,上海:商务印书馆,1922年。

⑤ (宋)楼钥:《攻媿集》卷十四,清武英殿聚珍版丛书本。

⑥ (宋)吕本中:《东莱诗集》卷一,《四部丛刊续编》,上海:商务印书馆,1934年。

⑦ (元)王逢:《梧溪集》卷四,《北京图书馆古籍珍本丛刊》第95册,北京:书目文献出版社,2000年,第516页下。

⑧ (清)汪森:《粤西诗文载·诗载》卷十一,《景印文渊阁四库全书》第1465册,台北:台湾商务印书馆,1983年,第149页上。

（四）水域蛇患

野外的陆地上如上所述，充满危险，随时可能遇到蛇，甚至可能失去性命。而在水中或者水边，同样不可掉以轻心，因为在水中或者水边，同样有蛇的存在。水中今日为大众所熟知的或许是水蛇，毒性不强，但古代可能并非这样。"齐景公出猎，上山见虎，下泽见蛇"。①齐景公外出打猎，到了泽地即遇到蛇，只是不知道其蛇大小。而《搜神记》载陈甲"晋元帝时，寓居华亭，猎于东野大薮。欻见大蛇，长六七丈，形如百斛船"。②这里大薮中的蛇可非一般的蛇，而是大蛇，虽然《搜神记》中的信息应该有所夸张。《广异记》还载有名为檐生的蛇，其文为："昔有书生路逢小蛇，因而收养，数月渐大，书生每自檐之，号曰'檐生'。其后不可檐负，放之范县东大泽中。四十余年，其蛇如覆舟，号为神蟒。"③这里的檐生也是巨蛇，若按照文中记载，其可"攻陷一县为湖"，体形应该非常巨大。清代钱泳也说："吾乡长丘头有大蛇，其穴在于水车棚之下，有早起耕田者见之，身长数丈，仰头吸露于高阜之上，其人惊而逸去。"④作者钱泳家乡水中亦生活着巨蛇。清代宣鼎也说"吾乡城闉有溪水曰藕菱渡"，有一天午后"忽一巨蛇由水中跃出，白质黑章，头六如五石瓮，朱冠翘翘，电眸炯炯"。⑤也是描述了自己家乡溪水中有大蛇。而且古代水中有钩蛇，许多文献都有记载，如《水经注》曰："水自永昌县而北径其郡西，水左右甚饶犀象，山有钩蛇，长七八丈，尾末有岐，蛇在山涧水中，以尾钩岸上人、牛食之。"⑥这种钩蛇就是生活在水中，"以尾钩岸上人牛食之"，而且其体形庞大。

从上述事例可以看出，古代水中应当存在巨蛇，只是随着环境变迁，

①（汉）刘向撰，向宗鲁校证：《说苑校证》卷一，北京：中华书局，1987年，第19页。

②（晋）干宝：《搜神记》卷二十，北京：中华书局，1979年，第242页。

③（唐）戴孚撰，方诗铭辑校：《广异记》，北京：中华书局，1992年，第227页。

④（清）钱泳：《履园丛话》卷二十四，北京：中华书局，1979年，第636页。

⑤（清）宣鼎：《夜雨秋灯录·续录》卷八，清光绪申报馆丛书本。

⑥（北魏）郦道元著，陈桥驿校证：《水经注校证》卷三十六，北京：中华书局，2007年，第826页。

如今水中已经很少见到巨蛇而已。而水中的蛇,对人而言也有威胁。《搜神记》载:"太兴中,吴民华隆,养一快犬,号'的尾',常将自随。隆后至江边伐荻,为大蛇盘绕,犬奋咋蛇,蛇死。"①《搜神记》中华隆是在江边被蛇盘绕,为自己的犬所救,事情可能并非真实,但江边遭遇蛇患之事却不能说当时就不存在。唐代《甘泽谣》载有一昆仑奴名摩诃,"善泅水而勇健",有一次渡巢湖,主人将剑投入水中令取,"摩诃才入获剑,环跳波而出焉,曰为毒蛇所啮,遽刃去一指乃能得免"。②善于泅水而且勇健的摩诃在水中亦遭遇毒蛇,并失去一指。《太平广记》中也转有类似事件:

> 宣州鹊头镇,天宝七载,江水盛涨漫三十里。吴俗善泅,皆入水接柴木。江中流有一材下,长十余丈,泅者往观之,乃大蛇也,其色黄,为水所浮,中江而下。泅者惧而返,蛇遂开口衔之,泅者正横蛇口,举其头,去水数尺。泅者犹大呼请救,观者莫敢救焉。③

文中吴地人入水中接柴木,误将大蛇认作木材,被蛇吞噬,而这似乎是一次偶然事件,并非大蛇有意杀人,且《太平广记》多记奇闻异事,可能多有夸张。

明朝《尘余》所记一事,更是让人感叹人生无常。其文讲述的是一少年新婚,与女方一起回娘家,在途中少年碰到好友不免攀谈,女方则继续前行,渐行渐远,年轻人追上去却怎么都找不到自己的新婚对象,而其调查结果是女方被水中蚺蛇吞噬,其衣服尚可见,而剖开蛇的肚子,女方"肉已化,惟骨尚存"。④仅仅是在回娘家的路上,新婚对象就被水中大蛇吞噬,确实可叹生命的脆弱无常。

在上述事例中,可以清晰地发现和感受到古代野外的恐怖,无论是在

① (晋)干宝:《搜神记》卷二十,北京:中华书局,1979年,第241页。
② (唐)袁郊:《甘泽谣》,明津逮秘书本。
③ 出《纪闻》,此处见(宋)李昉等:《太平广记》卷四百五十七,北京:中华书局,1961年,第3740页。
④ (明)谢肇淛:《尘余》卷三,明万历刻本。

山、谷间,草丛树木之间,或是在路途中,或是在水中或水边,蛇都无处不在,蛇对人的威胁也无处不在,似乎如影随形,而在野外丧身蛇口者又不知几多。这就是古代社会现实的另一面,也许古代并没有我们想象的美好。

二、古人生活区域内的蛇患

野外是如此危险和恐怖,但是在民众的日常生活区域同样并不轻松,如《夷坚志》载:"宜黄县下潦村民袁氏女,汲水门外井中,为大蛇缴绕仆地。"①在门外井中打水,都能遭遇大蛇,被大蛇缠绕,可谓恐怖。古人顾遂"月夜未寝,徐步出门,见一条物,巨如椽,横于地。谓是门关,举足踢之,其物应足而起,自胸背至于腰下,缠缴数十匝,仆于地,憒无所知。其家讶其深夜不归,使人看之,见腰间皎晶而明,来往硙于地上。逼而视之,见大蛇缠其身,解之不可"。②顾遂夜晚出门,碰到大蛇横于地上,以为是门关,结果被蛇缠住致死。而据《舆地纪胜》所言,桐城县山旧城唐朝曾经"多猛兽蛇毒,邑人久为之弊"。③即在中国人古人所筑的城内,蛇亦困扰着民众。《玉堂闲话》载唐朝牛存节曾经在郓州"子城西南角大兴一第,因板筑穿地,得蛇一穴,大小无数。存节命杀之,载于野外,十数车载之方尽"。④也是在城内挖到蛇穴,其蛇数量众多。

住宅外如此,住宅内或其周围也并不安全。至少在进入农业社会以后,老鼠就跟着粮食走进了民众的住宅周围,蛇则可能紧随老鼠,也进入了人类的生活区域,宋代梁克家就说:"花蛇,好入人家捕鼠食之。"⑤这里的"花蛇"可能就是白花蛇,白花蛇就经常在人的住宅附近活动。而且基本上历代都有关于蛇在住宅内或住宅周围活动、伤人甚至杀人的记载。

① (宋)洪迈:《夷坚志·丁志》卷十九,北京:中华书局,1981年,第697页。
② (五代)王仁裕:《玉堂闲话》卷四,杭州:杭州出版社,2004年,第1910页。
③ (宋)王象之:《舆地纪胜》卷四十六,北京:中华书局,1992年,第1874页。
④ (五代)王仁裕:《玉堂闲话》卷四,第1910页。
⑤ (宋)梁克家:《三山志》卷四十二,福州:海风出版社,2000年,第670页。

"熹平元年四月甲午,青蛇见御坐上"。①在东汉时期,有蛇竟然出现在皇宫御座上,而且这条青蛇作为"龙蛇孽"似乎还引起了政治风波,当时杨赐谏曰:"皇极不建,则有龙蛇之孽。《诗》云:'维虺维蛇,女子之祥。'宜抑皇甫之权,割艳妻之爱,则蛇变可消者也。"②杨赐不仅将蛇孽与宦官专权联系起来,要求"抑皇甫之权",且将之与女子相勾连,希望灵帝"割艳妻之爱",借着青蛇的出现表达自己的政治主张。

晋朝陶潜《搜神后记》中一事较为离奇,其讲述晋朝有士人将女儿嫁到附近村庄,"至夜,女抱乳母涕泣,而口不得言。乳母密于帐中以手潜摸之,得一蛇,如数围柱,缠其女,从足至头。乳母惊走出外,柱下守灯婢子,悉是小蛇,灯火乃是蛇眼"。③这则故事中的外嫁女子进入夫家似乎是嫁入蛇窝,反映出在当时人的观念中住宅内确实存在蛇患,但故事本身可能是虚构的。又《晋书》载:"武帝咸宁中,司徒府有二大蛇,长十许丈,居厅事平橑上而人不知,但数年怪府中数失小儿及猪犬之属。后有一蛇夜出,被刃伤不能去,乃觉之,发徒攻击,移时乃死。"④《晋书》作为正史,记事应当相对可靠,如此司徒府中藏有大蛇大概确有其事。

唐代住宅中也有蛇患的事例,《太平广记》引《报应记》载:"鱼万盈,京兆市井粗猛之人。唐元和七年,其所居宅有大毒蛇,其家见者皆惊怖。"⑤唐朝民众鱼万盈家中出现毒蛇,惊扰到了家人。又古人吴延瑫为弟求婚,女方张家外厅庭院中有一头猪,"至夜就寝,闻豕有被惊声。呼诸婢曰:'此豕不宜在外,是必为蛇所啮也。'妪曰:'蛇岂食猪者耶?'女曰:'此中常有之。'即相与秉烛视之,果见大赤蛇自地出,萦绕其豕,复入地去,救之得

---

① (南北朝)范晔:《后汉书》志第十七《五行五》,北京:中华书局,1965年,第3345页。

② 此记载出现在"熹平元年四月甲午,青蛇见御坐上。是时灵帝委任宦者,王室微弱。"一事之注解中。此注解亦载:"建宁二年夏,青蛇见御坐轩前。"建宁二年(169年)与熹平元年(172年)仅有三年之差,且《后汉书》在"本纪"中将此事载于熹平元年(172年)中,而不见建宁二年(169年)有此事,故二事可能为一事,建宁二年(169年)可能为熹平元年(172年)之误。

③ (晋)陶潜撰,汪绍楹校注:《搜神后记》卷十,北京:中华书局,1981年,第68页。

④ (唐)房玄龄:《晋书》卷二十九《五行下》,北京:中华书局,1974年,第904页。

⑤ 出自《报应记》,此处见(宋)李昉等:《太平广记》卷一百七,北京:中华书局,1961年,第724页。

免"。①这里是住宅庭院中出现大蛇,试图将猪卷走作为美餐,猪的命运如此,换成是人可能也将身入险境。不过这则故事并无确切时间提示,不知其具体发生于何时。

宋代文献中曾记载官府中存在大蛇的情况,《夷坚志》就讲述了"宜黄丞厅蛇"一事,在宜黄厅就有大蛇,每次出现官员就要遭殃,文中官员就是其中之一。②又"近种湘守叙州,坏客馆为东园。警夜兵共见大蛇自客馆出,穿西楼以去。楼下临大江,度其地约长十数丈"。③这里故事中的蛇倒不是存在于官厅中,而是在即将毁坏的客馆中,涉事的官员结局亦很悲惨,蛇出现之后"不数日"就死了。

官厅、客馆如此,民居亦是。宋代刘敞就言:"下床值蛇蟒,依隐行郁纡。"④鲁应龙则说:"余家旧有蛇穴于壁间,每春月常有小蛇出没,近岁稍少。"⑤都表达了房屋住宅中有蛇的状况。宋代刘器之晚年据说买了一个旧宅,"始入即有蛇虺三四出屋室间,呼仆厮屏去,则率拱立,谓有鬼神,不敢措其手。器之怒,改命家人辈,自纳诸筐篚,而弃诸汴流。翌日则蛇出益多,再弃辄复又倍"。⑥在所购买的旧宅中不断有蛇出现,数量不断增多,不过文中是用鬼神之说来解释此事,认为是有鬼怪作祟。焦仲同样"营一宅新成,迁居之,房塌间巨蛇纵横,至相纠结如辫,杀之复然"。⑦在焦仲的新宅中巨蛇纵横,这种情况非常恐怖,在古代或许也不多见,而焦仲之所以遭遇如此怪事,据文中描述是其嗜杀造成的"报应"。又"乐平余六七郎者,娶程氏女,才一年。尝白昼欲登榻,见一蛇蜿蜒于上,仅长丈余,而匾阔三寸许。程骇怖,呼家人共取仗口逐之。蛇跃下,径出房门,遂

① (宋)徐铉撰,白化文点校:《稽神录》卷六,北京:中华书局,1996年,第105页。
② (宋)洪迈:《夷坚志·支乙》卷九,北京:中华书局,1981年,第861—862页。
③ (宋)邵博:《邵氏闻见后录》卷三十,北京:中华书局,1983年,第236页。
④ (宋)刘敞:《公是集》卷十五,《宋集珍本丛刊》第9册,北京:线装书局,2004年,第462页上。
⑤ (宋)鲁应龙:《闲窗括异志》,北京:中华书局,1985年,第4页。
⑥ (宋)蔡绦:《铁围山丛谈》卷四,北京:中华书局,1983年,第67页。
⑦ (宋)郭彖:《睽车志》卷二,《宋代笔记小说大观》,上海:上海古籍出版社,2001年,第4086页。

不见"。①这里的蛇更是白天就活动于民家床榻之上，故而对古人而言，即使在住宅之内、床榻之间也须谨慎，以免遭遇蛇的袭击丧失生命。

元代方回作《再用雨不已韵答仁近》有句："败墙蛇出频穿户，湿柱蜗升欲上楼。"②生动描绘了蛇通过败墙往返于住宅内外的场景。谢应芳邻舍惊呼避蝮蛇，老妻嗔怒唾乌鸦，③则仿佛可以听到民众躲避进入生活区域毒蛇的喧闹声。

明代刘基亦言："若酪断不成，必是屋中有蛇及虾蟆之故。"④也侧面反映出住宅中有蛇之情状。邵经邦："闭门断虺，出门逢蛇。"⑤就形容住宅区蛇非常之多，以至于关门都能夹断蛇。明朝当然也有相关具体事例，王同轨就记有《汪孟贤家蛇》，汪孟贤"家造一楼，三层缥缈，妾居其中。夏夜见巨蛇如车轮，下饮沟水，而尾犹在上层"。⑥似乎是在新造的小楼里，就有大蛇栖息其中，就如文后所言："人蛇共处，其不死几希。"

清代住宅蛇患之事亦不少，清代薛福成记载宁波取淡水困难，"居民则户列巨缸，积受雨水而用之"，而官府衙门的水缸外，竟"有八九尺之蛇蜕"，⑦说明有蛇在附近活动，官员有幸未正面遭遇。而多数时候，幸运不会总是偏向于人，在实际生活中，即使是在看似安全的住宅周围，可能也会因为偶然与蛇遭遇而撒手人间。王椷笔下的林某"夏夜，纳凉檐下，檐际有蛇坠其项，绕之三匝，固不可解，以刀断之，而气以（已）绝"。⑧夏夜在屋檐下纳凉竟有蛇落下，王某并不幸运，以致身死人亡。名为松姑的女子同样遭遇不幸，其"午夜欲起礼佛，觉有物触臂，方惊诧而腕已受伤。呼

---

① （宋）洪迈：《夷坚志·支景》卷二，北京：中华书局，1981年，第893页。
② （元）方回：《桐江续集》卷十三，《景印文渊阁四库全书》第1193册，台北：台湾商务印书馆，1983年，第370页下。
③ （元）谢应芳：《龟巢稿》卷三，《四部丛刊三编》，上海：商务印书馆，1936年。
④ （明）刘基：《多能鄙事》卷二，明嘉靖四十二年范惟一刻本。
⑤ （明）邵经邦：《弘艺录》卷一，清康熙邵远平刻本。
⑥ （明）王同轨：《耳谈类增》卷二十，郑州：中州古籍出版社，1994年，第169页。
⑦ （清）薛福成：《庸庵笔记》卷四，《笔记小说大观》第27册，杭州：广陵古籍刻印社，1983年，第98页下。
⑧ （清）王椷：《秋灯丛话》卷九，济南：黄河出版社，1990年，第148页。

婢烛之,则有一蛇,长二尺许,色如墨,蜿蜒下榻去"。①即使是有婢女驱使的富裕之家,蛇都能在床上逞凶伤人,导致松姑"黎明竟卒",可以推知在普通贫苦民众中间悲剧发生的概率可能就更高了。

在古代,如厕也是一件充满危险性的事情。清代陈梓之侄临近婚期,却在早晨如厕时被毒蛇咬伤,不治而亡。②此事为陈梓本人记载,并非虚构的故事。又宋代陆传言:"夏夜感泻疾,内逼忽至,溷门外蜂阵遮障喧飞,殆不可入,即呼守宿者以火视之,有巨蛇卧于溷门之内。"③陆传夏夜如厕,而厕中却有大蛇,若不是有蜂的干扰,实有性命之忧。

可能与住宅中多蛇患有关,在古人的想象中,蛇怪也能化为人形入室为害。"乐平螺坑市织纱卢匠,娶程山人女。屋后有林麓,薄晚出游,逢一士人,风流酝藉,辄相戏狎,随至其室,逼与同寝。家人有觇见者,就视之,乃为长蛇缴绕数匝"。④在描述中翩翩男子实蛇怪,程山人女可谓"引蛇入室"。

通过上面的论述已经可以清晰地看到,随着农业的发展与古人生活、住宅区域趋于固定,蛇很早就进入了这些领域,可能在未有文字记载的时代就是如此。而且从汉代一直到清代,进入居宅的蛇都对古人造成威胁,流血丧命的事件可能经常发生。

故而,在梳理文献的过程中,我们可以发现,无论是在山谷之间,或是在草木之间,或是在平坦的大道上,或是在水中,或是在人的房屋中,都可以发现蛇的踪迹。古人无论是在房屋内游荡,或是在野外漫步,与蛇相遇的概率并不会低。而人蛇相遇,就可能产生悲剧。遇到大蛇可能被大蛇吞入腹中,遇见毒蛇可能被咬伤毒发身亡,或者甚至有蛇能够钻进人的体内,致人死亡。这样恐怖的一幕幕并非只是文字游戏或者小说神话,而是

---

① (清)俞樾:《耳邮》卷一,《笔记小说大观》第26册,杭州:广陵古籍刻印社,1983年,第225页下。

② (清)陈梓:《删后文集》卷四,《清代诗文集汇编》第254册,上海:上海古籍出版社,2010年,第44页上。

③ (元)叶留:《为政善报事类》卷十,南京:江苏古籍出版社,1988年,第135页。

④ (宋)洪迈:《夷坚志·三志辛》卷五,北京:中华书局,1981年,第1425页。

曾经真切地在中华大地上不断上演，文中这样的例子比比皆是。而这样的悲剧并未结束，虽然如今人类的力量已经非常强大，可以对地球生物圈，甚至宇宙进行干预，但围绕在人周围的蛇，在人蛇相遇的过程中，咬伤事件仍在不断发生。

小　结

通过这一章，我们可以明确感受到，自从人类出现之后，就一直受到蛇的威胁。在人类诞生之初，人类力量非常弱小，面对周围成群的蛇类，应对乏力，可惜当时并未有文献记载，现只能通过相关的生物进化事实进行合理想象。在文献记录出现之后，人类的力量虽然不断增强，但来自蛇的威胁一直存在，毒蛇可以施毒，大蛇可缠噬人身，甚至有蛇能够进入人体，伤人性命。更令人困扰的是，由于蛇的生存能力极强，种类繁多，在中国这片土地上，除了极端环境之外，处处都有蛇的身影，无论是野外的山谷、树木、道路、水域，或者是在人类的生活区域，蛇无处不在。极目远望，目之所及的地表，都可能有蛇活跃其上。蛇的活动区域如此之广，与人类的活动区域大面积重叠，导致人蛇相遇之后的悲剧屡见不鲜，人无论走向何处，都可能遭遇蛇类，并且丧命。在这样长期的蛇威胁之下，人在进化的过程中不免产生对蛇的恐惧，对蛇的恐惧也构成了中国早期蛇文化的底色。

第三章　治蛇之术和特殊群体

在行文之前需要说明的是,本章涉及的治蛇群体范围比较宽泛,并非仅仅是医疗上的概念,诸如将蛇驯服、驱赶、打杀之类,都属于本章所讨论的范围。

在古人的生活环境中,无论是野外或者是生活区域,都藏匿着随时可能发生的蛇患,在蛇为人患的状态下,古人也为保护自身而不断努力。在治蛇一事上,从古至今都有"常态"与"专业"两股势力存在。所谓"常态"势力是指普通民众在日常生活中,依靠自身的力量、经验积累,应对蛇的危害,其主角是普通大众。而"专业"势力则是拥有一定的治蛇本领,以此驱蛇、杀蛇、防治蛇毒者,其主角一般是有别于普通大众的特殊群体。

因普通大众数量众多,涉及的时空非常广泛,故"常态"势力在古代的治蛇活动中占据主要地位。如上文提到的,成公二年(前589年)"丑父寝于辖中,蛇出于其下,以肱击之,伤而匿之,故不能推车而及"。①丑父在车上休息,有蛇爬上车,丑父"以肱击之"。类似的事件还有孙叔敖埋蛇,在见到双头蛇后,不论其动机是否真的是为了他人,其都做出杀蛇、埋蛇的举动。②而且普通大众治蛇之事,后世不断延续。如今人较为熟悉的"李寄斩蛇",事见《搜神记》:

> 东越闽中,有庸岭,高数十里。其西北隙中,有大蛇,长七八丈,

---

① (晋)杜预注,(唐)孔颖达等正义:《春秋左传正义》卷二十五,(清)阮元校刻:《十三经注疏》,北京:中华书局,1980年,第1894页下。

② (汉)刘向著,石光瑛校释,陈新整理:《新序校释》卷一,北京:中华书局,2001年,第21—27页。

大十余围,土俗常惧。东治都尉及属城长吏,多有死者。祭以牛羊,
故不得祸。或与人梦,或下谕巫祝,欲得啖童女年十二三者。都尉令
长,并共患之。然气厉不息。共请求人家生婢子,兼有罪家女养之。
至八月朝祭,送蛇穴口。蛇出,吞啮之。累年如此,已用九女。尔时
预复募索,未得其女。将乐县李诞家,有六女,无男,其小女名寄,应
募欲行,父母不听。寄曰:"父母无相,惟生六女,无有一男,虽有如
无。女无缇萦济父母之功,既不能供养,徒费衣食,生无所益,不如早
死。卖寄之身,可得少钱,以供父母,岂不善耶?"父母慈怜,终不听
去。寄自潜行,不可禁止。寄乃告请好剑及咋蛇犬。至八月朝,便诣
庙中坐。怀剑,将犬。先将数石米糍,用蜜麦灌之,以置穴口。蛇便
出,头大如囷,目如二尺镜。闻糍香气,先啖食之。寄便放犬,犬就啮
咋,寄从后斫得数创。疮痛急,蛇因踊出,至庭而死。寄入视穴,得其
九女骷髅,悉举出,咤言曰:"汝曹怯弱,为蛇所食,甚可哀愍。"于是寄
女缓步而归。越王闻之,聘寄女为后,指其父为将乐令,母及姊皆有
赏赐。自是东治无复妖邪之物。其歌谣至今存焉。①

李寄身为普通女孩,在杀蛇之前并无治蛇的专业本领,其只身前往蛇窟斩
杀祸害一方的大蛇,实为普通民众杀蛇的举动。

　　类似的事件尚多,如"沧州泥姑寨循塘沵而至界河,与北寨相望。自
乾宁军穿沵而往止一径。每春初启蛰时,塘路群蛇横道,递送者甚苦之。
寨卒有萧愁者,为人性率,同侪多狎侮之。一日当送檄文至郡,而有大蛇
枕道。其首如瓮,两目烨然可畏也。既不敢前,即醉宿旁铺。铺卒夜以利
刃杀蛇而脯之,至满数缶"。②其中铺卒也没有治蛇的专业本领,而是以
普通民众的身份杀死为害一方的大蛇。又《夷坚志》有"葵山大蛇"事,其
文曰:

①(晋)干宝:《搜神记》卷十九,北京:中华书局,1979年,第231—232页。
②(宋)何远:《春渚纪闻》卷三,北京:中华书局,1983年,第39—40页。

　　王履道左丞葬于泉州之葵山,去城四十余里。山多蛇,墓人张元者,养羊十余头,往往为所吞噬。元操刈镰出迹捕,正见大蛇擒一羊,蟠束数匝,先啮肤吮血,已乃喷毒其中。羊渐缩小,软若无骨,始吞之。元旁立伺隙,奋刃而前。蛇昂其首,高五尺许,摇舌鼓怒为搏人之势。元投以刃,刃坠。元奔归,呼其子,别携刀往。蛇犹在故处未去,迎刺之,断首而死。尾有两歧,利如钩。秤其肉,重六十斤。背皮至阔一尺五寸。守冢僧曰:"此特其小者耳。一窟于山者,身粗若瓮,每出时,大木皆振动云。"①

　　《葵山大蛇》讲的可能是生活中经常发生的事件,古人所养羊放之野外,总不免被野兽袭击,北方草原上狼是羊群的狩猎者之一,而泉州多蛇,野外的羊被大蛇吞噬并非天方夜谭,发生的概率应该非常大。而养羊父子为了保护自己的羊,俩人奋而杀死大蛇。养羊父子在文本描述中只是再普通不过的常人,并无治蛇的专业本领,而其杀蛇的理由(保护自己的羊)也再寻常不过。

　　又明朝《怀星堂集》有《王昌传》,"义兴人王昌有奇力,治田不以牛,身犁而耕,妻驾之。昌一奋,土去数尺,或抵塍,塍为之动。……昌山行见蝇蜹纷然起丛薄间,眠之,有巨蛇,长几十寻。昌走,不竞蛇,蛇将尾而寘之口。昌怒捉蛇尾振之,举投空中,逮地死矣"。②王昌也有自己的独特之处,即其力量惊人,虽然见到大蛇第一反应是逃跑,却也是普通人正常应该有的反应。王昌后在被逼无奈的情况下,以蛮力将大蛇杀死,也属普通大众杀蛇的事例。

　　以上均为普通民众驱蛇、杀蛇之事,相关事例不可胜数,不一一赘述。除此之外,古代普通大众防蛇之事也不少,比如南方属于多蛇的区域,为

---

① (宋)洪迈:《夷坚志·甲志》卷二十,北京:中华书局,1981年,第183页。
② (明)祝允明:《怀星堂集》卷二十,《景印文渊阁四库全书》第1260册,台北:台湾商务印书馆,1983年,第651页上。

了尽可能避免蛇的困扰,南方人创造了独特的干栏式建筑。[①]而在吴兴地区,很早就有"避它城",此城大概也是为了防蛇而建。[②]为了防止蛇进入屋室,古人也有其方法,如"清明日取戌方上土,剪狗毛作泥,涂房户内孔穴,则蛇鼠诸虫永不敢入也",[③]或"室中所有隙穴,为蛇鼠出入之路,先须屏塞净尽,以代收蚕"。[④]都是采用堵塞房屋中洞穴之法,以防止蛇鼠出入。而不管是南方以独特建筑形式防蛇,或是用堵塞房屋中洞穴之法防蛇出入,这都是普通民众应对蛇患的举措。

在"常态"势力之外,拥有治蛇之术的"专业"势力出现也很早,从中华文明出现之初开始,巫、医、道教、佛教、乞丐等群体都在不同时期加入到治蛇的"专业"群体中,其并非你方唱罢我登场,而是多种群体共存,各自在治蛇上发挥作用。

第一节　巫与医家的治蛇之术

巫是中国文化的一部分,其出现的时间很早,但具体源自何时却难以考证。童恩正认为巫在原始社会仰韶时期就已经存在,在中华文明和国家形成的过程中,巫也参与其中,发挥了重要作用。[⑤]巫主事鬼神,以沟通鬼神解决现实难题,而在鬼神之外,古代的巫也具备各种有益的知识、技能,其中就包括治蛇。

大禹是中国历史早期的著名人物(族群),有治洪水之功。而大禹在

---

① (宋)乐史:《太平寰宇记》卷一百七十八,北京:中华书局,2007年,第3401页。
② (唐)颜真卿:《颜鲁公集》卷四,上海:上海古籍出版社,1992年,第19页上。
③ (元)佚名:《居家必用事类全集·壬集》,《北京图书馆古籍珍本丛刊》第61册,北京:书目文献出版社,2000年,第385页下。
④ (清)高铨:《蚕桑辑要》卷上,《续修四库全书》第978册,上海:上海古籍出版社,2001年,第184页。
⑤ 童恩正:《中国古代的巫》,《中国社会科学》1995年第5期。

诸多文本中就是一名大巫,后世亦有巫术"禹步"。①而大禹就曾驱逐龙蛇,《孟子》载:"浲水者,洪水也。使禹治之,禹掘地而注之海,驱龙蛇而放之菹,水由地中行,江淮河汉是也。"②大禹不仅是治理洪水,而且"驱龙蛇而放之菹"。《论衡》亦曰:"洪水滔天,蛇龙为害,尧使禹治水,驱蛇龙。"③文中同样表明大禹在治理洪水的同时,亦肩负起"驱龙蛇"的"重任"。大禹若确为大巫,在驱蛇过程中使用巫术就不奇怪,只是后世的追忆和记载并不能反映真实的历史原貌。鉴于佛道鬼神之术与巫术大同小异,后文涉及的佛道治蛇之法或与巫术治蛇较为相似。

巫能治蛇还在于古代长期巫医不分,巫承担了医的角色。古人的世界观不同今日,疾病的产生在古代往往被归为鬼神作祟,故而巫介入疾病的防治并不奇怪。以巫治病,既用巫术仪式驱除鬼神或与鬼神达成协议,也不乏以"药"治病的环节和手段。④从周代开始,巫医已经开始分流,医从巫中独立,成为专门治病救人的群体。⑤但巫在疾病领域内的影响周代以后并未消失,民众在遇到疾病的时候不时求助于巫,宋代民间信巫不信医的现象就比较严重,⑥古代医典中也不时出现与巫相涉的内容,如唐代元稹有《巴蛇三首》,其提到"《验方》云攻巨蟒用雄黄,烟被其脑则裂,而鹳鸟能食其小者。巴无是物,其民常用禁术制之,尤效"。⑦这种记载不仅指出巴地无雄黄、鹳鸟,而是以禁术制蛇,而且巴地掌握此术者似乎不在少数,否则"其民常用禁术制之"就站不住脚。这样的记载和《本草纲

---

① 相关情况可参考李剑国、张玉莲:《"禹步"考论》,《求是学刊》2006年第5期;王晖:《夏禹为巫祝宗主之谜与名字巫术论》,《人文杂志》2007年第4期;徐学书:《大禹、冉駹与羌族巫文化渊源》,《中华文化论坛》2012年第1期。

② (清)焦循撰,沈文倬点校:《孟子正义》卷十三,北京:中华书局,1987年,第447—448页。

③ 黄晖:《论衡校释》卷二,北京:中华书局,1990年,第84页。

④ 宋镇豪:《商代的巫医交合和医疗俗信》,《华夏考古》1995年第1期;沈晋贤:《医巫同源研究》,《南京中医药大学学报》(社会科学版)2003年第4期;黄敬愚:《汉代医、巫、仙之关系考》,《中医药文化》2006年第4期;王蕾:《先秦巫医文化研究》,青岛大学硕士学位论文,2016年。

⑤ 李建国:《先秦医巫的分流和斗争》,《文史知识》1994年第1期。

⑥ 李小红:《宋代民间"信巫不信医"现象探析》,《学术研究》2003年第7期。

⑦ (唐)元稹:《元氏长庆集》卷四,上海:上海古籍出版社,1994年,第21页下。

目》中介绍吴越地区治蛇之法类似,其曰:"吴越有禁咒行气之法,遇有大疫,可与同床,不相传染。遇有精魅,或闻声,或现形,掷石放火,以气禁之,皆自绝。或毒蛇所伤,嘘之即愈。"①吴越之民与巴民都有自己的治蛇之法,巴民以禁术制蛇,吴越之民以禁咒行气之法治疗蛇毒。这些手段无法完全断定就是巫术,却与巫术相似,更为重要的是,古代医典将其作为治病的手段,相当于承认以术治病的正当性、有效性,这是古代巫医同源的产物,即使后来医学独立,也摆脱不了巫的痕迹。

不过在医学独立之后,巫术以外的医药知识不断积累、发展。古代医学工作者通过观察周围的自然环境、借鉴他人的经验,许多可以对付蛇患的动植物被不断发现,并逐渐被用来应对不时发生的蛇威胁。

汉代《淮南鸿烈解》就说:"伯劳夏至应阴而鸣,杀蛇于木。"②《北梦琐言》载:"南方有鹳食蛇,每遇巨石,知其下有蛇,即于石前,如道士禹步,其石阽然而转,因得而啖。"③与鹳类似的是鹤,其亦"能巫步禁蛇,故食蛇"。④除了伯劳、鹳、鹤,鹅亦能却蛇、杀蛇,《仇池笔记》曰:"鹅能惊盗,亦能却蛇,其粪杀蛇。蜀人园池养鹅,蛇即远去。"⑤今日军队中甚至仍然效仿,养鹅以对付毒蛇。明代《见物》记载孔雀"能啖蛇虺",⑥孔雀杀蛇的记载在中国古文献中倒不多见。不过犬与蛇斗的记载倒颇多,如《搜神记》载:"太兴中,吴民华隆,养一快犬,号'的尾',常将自随。隆后至江边伐获,为大蛇盘绕,犬奋咋蛇,蛇死。"⑦《搜神记》中就有犬咬死蛇的情况。《夷坚志》亦言"世传犬能禁蛇",且"温州平阳县道源山资福寺,有犬名花子,善制蛇。蛇无巨细,遇之必死,前后所杀以百数"。⑧古代也有摄龟,

① (明)李时珍:《本草纲目》卷五十二,北京:人民卫生出版社,1975年,第2959页。
② 何宁:《淮南子集释》卷五,北京:中华书局,1998年,第399页。
③ (五代)孙光宪撰,贾二强点校:《北梦琐言·逸文》卷四,北京:中华书局,2002年,第446页。
④ (宋)彭乘:《墨客挥犀》卷二,北京:中华书局,1991年,第9页。
⑤ (宋)苏轼:《仇池笔记》卷上,《景印文渊阁四库全书》第863册,台北:台湾商务印书馆,1983年,第9页上。
⑥ (明)李苏:《见物》卷一,北京:中华书局,1991年,第4页。
⑦ (晋)干宝:《搜神记》卷二十,北京:中华书局,1979年,第241页。
⑧ (宋)洪迈:《夷坚志·甲志》卷五,北京:中华书局,1981年,第42页。

又名呷蛇龟，尤能食蛇。[1]鼠本是蛇的食物，但似乎亦有能食蛇者，如褥特鼠，其"喙尖尾赤，能食蛇，螫者嗅且尿，疮即愈"。[2]这倒也是奇事，故被记载流传至今。

除了动物外，也有许多植物能对付蛇，如《种艺必用》载，在人家园圃周围种决明草，"蛇不敢入"。[3]可见决明草可辟蛇。独脚莲也有这种功效，洪迈载："鄱阳山间生一种草，始萌芽时，便似莲房，俗呼为独脚莲。移植于居宅隙地及园圃中，蛇虺不敢过其下。"[4]茱萸同样可以避蛇，《舆地纪胜》记有茱萸山，"以其多蛇虺毒物，故植茱萸辟之"。[5]金盘草则是可解蛇毒，其"味甘酸，中蛇虺毒者解之"。[6]

而大自然赋予中国人应对蛇的财富远远不止上述这些，除了上述动植物外，可辟蛇或制蛇，或可治疗蛇毒的还有许多，如雄黄、雌黄、菟葵、怀香子、独行根、水蓼、犀角、堇菜、三叶、庵蕳、蜈蚣、鹤、都管草、蘘荷、莴苣、苦苣、白芷、生菜、鼬鼠等。而中医正是通过观察自然、借鉴以往的经验，创造出应对蛇患之法，上述各种物品基本都被中医用来应对蛇患，或是辟蛇，或是制蛇，或是治疗蛇毒。到了明朝，医学中用于应对蛇患的物品在历史的积累和沉淀中已经极多，如《本草纲目》中仅仅是治疗蛇虺伤的物品就有：贝母、丝瓜根、白芷、甘草、蒜、麻油、米醋、菟葵、茅苔、长松、恶实、辟虺雷、草犀、白兔藿、黄药子、蘘荷、地榆、鬼臼、决明叶、蛇莓、冬葵根叶、海根、苋菜、五叶藤、茴香、半边莲、樱桃叶、小青、大青、水苹、络石、紫荆皮、木香、青黛、鬼针、茱萸、水苏、小蓟、苎根叶、金凤花叶、苍耳、重台、磨刀水、铁浆、雄黄、犀角、五灵脂、艾叶、蜀椒、母猪尾血、蛇含草、蛇莴草、马蔺草、天名精、续随子、蜈蚣草、鹿蹄草、益母草、菩萨草、天南星、预知子、

①（宋）罗愿：《尔雅翼》卷三十一，载王云五主编：《丛书集成初编》第1148册，上海：商务印书馆，1939年，第326页。
②（宋）欧阳修：《新唐书》卷二百二十一上《西域上》，北京：中华书局，1975年，第6241页。
③（宋）吴怿：《种艺必用》，北京：农业出版社，1963年，第57页。
④（宋）洪迈：《夷坚志·支戊》卷三，第1077页。
⑤（宋）王象之：《舆地纪胜》卷六十六，北京：中华书局，1992年，第2267页。
⑥（明）张懋修：《墨卿谈乘》卷十一，明刻本。

鱼腥草、扁豆叶、慈菇叶、山慈菇、山豆根、独行根、赤薜荔、千里及、灰藋叶、乌桕皮、椋木皮、旱董汁、水芹、马兰、狼牙、荨麻、山漆、薄荷、紫苏、葛根、通草、葎草、蚤休、地菘、豨金、海芋、荏叶、水苈、酸浆、醋草、芋叶、藜叶、甜藤、蕨根、白苣、莴苣、菰根、干姜、姜汁、韭根、独蒜、薤白、酒糟、巴豆、榧子、桑汁、楮汁、楮叶、桂心、白矾、丹砂、胡粉、食盐、盐药、铁精粉、蚯蚓泥、檐溜下泥、蜜、蜘蛛、甲煎、牛酥、生蚕蛾、蛤蟆、猪齿灰、猪耳垢、牛耳垢、人耳塞、人齿垢、梳垢、鼠屎、鼬鼠屎、食蛇鼠屎、双头鹿腹中屎、秦皮、人尿、男子阴毛、鸡子、鸲𪄲、麝香、蜈蚣。①一共141种，这还不算各种治蛇毒的药方或丹药。为了方便，本文已将古代主要医书中治蛇的相关内容制成表格，详见表3.1。从表格中可以较为明显地看出医学治蛇所包含的内容及其发展的趋势。

表3.1　中国古代医书中治蛇方法统计表

篇名	抱朴子内外篇	肘后备急方	千金要方	千金宝要	千金翼方	三因极一病症方论	外台秘要	旅舍备要方	疮疡经验全书	洪氏集验方	证类本草	针灸资生经	傅信适用方	仁斋直指	医说	类编朱氏应验医方	树艺篇	卫生宝鉴	瑞竹堂经验方	泰定养生主论	医垒元戎	汤液本草	世医得效方	秘传证治要诀	普济方	本草纲目	神农本草经疏	证治准绳	圣济总录纂要	本草纲目拾遗
治蛇法数量	1	35	36	39	31	53	3	2	7	2	119	2	2	5	5	6	19	19	1	3	1	5	4	15	1313	292	21	75	8	39

首先，医学治蛇主要包括三方面的内容：治疗蛇毒、蛇咬，防蛇，应对蛇对人生命安全造成的其他危害，在三者中又以治蛇毒、蛇咬为主。这些内容在大多数医典中都可得见，如《肘后备急方》有35种治蛇方法，其中有1种兼具治蛇毒、蛇咬和防蛇两种功效，其余有26种是治疗蛇毒、蛇咬，3种用以防蛇，5种是用以应对蛇对人生命安全造成的其他危害。在所有方法中，治疗蛇毒、蛇咬者占据绝大多数，即使兼具治蛇毒、蛇咬和防蛇两种功效的治蛇方法不算在内，其所占百分比也超过了74%，其他医典中情

---

①（明）李时珍：《本草纲目》卷四，北京：人民卫生出版社，1975年，第349—350页。

况大体类似,如《千金要方》中共有36种治蛇方法,其中治疗蛇毒、蛇咬者
有27种,占总数的75%;明朝的《普济方》共有313种治蛇方法,即使除去
治疗蛇伤的方法,明确提及能够治疗蛇毒、蛇咬的方法也有233种,大概
占总数的74.44%。防蛇的方法在医典中所占比重不高,但比较知名的医
典中都存在,《肘后备急方》中主要是利用雄黄、蜈蚣,以及烧羚羊角来防
蛇或者驱蛇。而在实际生活中,除了蛇毒、蛇咬,蛇还能带给人其他的危
害,《肘后备急方》中主要提及三种,分别是蛇骨刺人、蛇缠绕人、蛇入人口
中。针对这些,医典中也有应对之法,有的只有一种应对之法,有的却有
多种。当然,实际生活中蛇给人带来的危害远不止这些,后世医典相关内
容也在增加,其中有一种较为奇特,其名蛇蛊,所谓蛇蛊,正史中有记载,
《隋书》曰:

> 新安、永嘉、建安、遂安、鄱阳、九江、临川、庐陵、南康、宜春,其俗
> 又颇同豫章,而庐陵人厖淳,率多寿考。然此数郡,往往畜蛊,而宜春
> 偏甚。其法以五月五日聚百种虫,大者至蛇,小者至虱,合置器中,令
> 自相啖,余一种存者留之,蛇则曰蛇蛊,虱则曰虱蛊,行以杀人。因食
> 入人腹内,食其五藏,死则其产移入蛊主之家,三年不杀他人,则畜者
> 自钟其弊。累世子孙相传不绝,亦有随女子嫁焉。干宝谓之为鬼,其
> 实非也。自侯景乱后,蛊家多绝,既无主人,故飞游道路之中则
> 殒焉。①

此处蛇蛊是由人培养,虽能害人,其实际形态仍然是蛇。但是医学当中的
蛇蛊与此不大一样,《千金要方》解释蛇蛊时曰:"蛇毒入菜果中,食之令人
得病,名曰蛇蛊。"②也就是说,医学当中的蛇蛊是蛇毒进入菜果中,人吃
完得病,这种疾病就叫蛇蛊。《本草纲目》也载:"蛇毒入菜果中,食之令人

---

① (唐)魏征等:《隋书》卷三十一《地理下》,北京:中华书局,1973年,第887页。
② (唐)孙思邈著,李景荣等校释:《备急千金要方校释》卷二十四,北京:人民卫生出版社,
1998年,第525页。

得病,名蛇蛊。"①但是医学中所谓的蛇蛊,在今日看来却不大科学,蛇毒进入人的食物,吃完得病基本不大可能,因为蛇毒需要进入人体内的血液中才能发挥作用,仅仅是食用一般没有危险,若真因此得病,更可能是因为其他原因,而非蛇毒,故而,在表3.1中,笔者所列内容也未着意于此。

不过,虽然医学中的蛇蛊不科学,却是古人认识中的真实,在后世的医典中经常涉及治疗蛇蛊的医方,一般都是用大豆末酒渍绞汁,服用半升即可逐渐痊愈。②医典中其他可以兼治蛇蛊的方法比较多,这里就不赘述。

其次,由表3.1可以得知,治蛇之法在古人不断地实践和沉淀中不断增多,若稍加统计可知。

《抱朴子内外篇》中治蛇的方法只有1条,而《肘后备急方》有35条,《千金要方》《千金宝要》《千金翼方》中的方法有少数重复,但各自亦有30多条,《证类本草》则出现一次爆炸式的增长,是中古时期的巅峰,其中治蛇之法有119条。到了明朝则是另一次高峰,《普济方》总结前人药方,涉及治蛇者有313条。《本草纲目》与《普济方》不同,其中内容多非简单抄录,而《本草纲目》中治蛇的方法竟也有292条。从总体趋势而言,从东晋一直到明朝,随着古人对自然认识的不断加深,以及对前人知识的积累,医学中治蛇之法越来越多,古人在蛇患面前也越来越有保障。

而医学当中治蛇方法之所以不断增加,与医学对各种物品的认识越发细致、不断加深有关,具体到治蛇的物品,东晋《肘后备急方》有:地榆根、小蒜、猪耳垢、盐、蓶、蜈蚣、蜡、蜜、尿、桂心、栝蒌、鬼针草、荆叶、射罔、合口椒、独头蒜、酸草、黑豆、菰蒋草、鸡卵、白矾、虻虫、虾蟆肝、苲叶、铁精、死鼠、大小蒜、热汤、艾草、暖酒、母猪尾头、羚羊角、干姜、雄黄等34种。

唐朝《千金要方》《千金宝要》《千金翼方》中涉及的物品有:雄黄丸、母

---

① (明)李时珍:《本草纲目》卷二十四,北京:人民卫生出版社,1975年,第1505页。
② 见(唐)孙思邈著,李景荣等校释:《备急千金要方校释》卷二十四,第525页;(明)李时珍:《本草纲目》卷二十四,1975年,第1505页。

猪尾头、热汤、小蒜、人尿、蜡、母猪耳中垢、射罔、生麻、楮叶、姜、雄黄、鸡屎、盐、紫苋、梳中垢、合口椒、胡荽苗、男子阴毛、铜青、大蒜、胡粉、大豆叶、猪脂、鹿角、麝香、羖羊角、铁精、死鼠、茴香、人尿、艾草、齿中残饭、猪脂、射罔、砂、生乌头、耆婆万病丸、仙人玉壶丸、雌黄、白兔藿、菟葵、怀香子、藋菌、蚤休、独行根、乌蔹莓、犀角、堇汁、三叶、鸩鸟毛、务成子萤火丸、茺蔚、莨菪、牛耳中垢、蜘蛛、樱桃叶、水蓼、络石、大麝香丸、解诸药毒鸡肠散方、重台、瓦子、神色无诸病方等64种。

而明朝《本草纲目》上文已经提到,仅仅是治疗蛇虺毒的物品就有142种,若不算药方、药丸中包含的药物,除上述142种物品外,治蛇的物品还有铅、菩萨石、矾石、都管草、蠡实、鸭跖草、吴蓝、射罔、凤仙花、玉簪、药实根、冲洞根、萝摩、九龙草、苦菜、椰桐叶、摄龟、鹤、鸂鶒、鹅、鹦、鼹鼠粪等22种。

清朝《本草纲目拾遗》又增加了烟叶、皱面草、烟杆内脂膏、吸毒石、雉窠黄、保心石、土茜草、千里光、泽半支、马尾丝、独叶一枝花、苦花子、草石蚕、鼠牙半支、马牙半支、神仙对坐草、蛇草、鬼香油、莙草、臭草、木八角、买麻藤、雷公藤、金锁银开、天球草、松萝、城头菊、吕宋果、白鼓钉等29种治蛇的物品,特别其中烟叶治蛇有其鲜明的时代性。

通过梳理,东晋时期医典中可以用来治蛇的物品有30余种,唐朝孙思邈所著《千金要方》《千金宝要》《千金翼方》中涉及60余种治蛇的物品,明朝《本草纲目》中则有160余种,医典中治蛇的物品在不断增加。当然,必须明确的是,东晋医典中治蛇的物品并非都是东晋时期首创,而是历史时期中国人面对蛇患过程中的不断总结和积累。即使如此,从唐朝以后,特别是明朝,相比东晋及之前的时代,人们发现和总结用以治蛇的医学方法在数量上亦有非常大的增长。

要之,古代最初巫医不分,巫术可能是最早的专业治蛇之术。周代以后,巫医分流,虽然医学仍然不免受到巫的影响,但作为治病救人的学问,古代的医药知识发展较为迅速,在治蛇方面也是如此。在面临无处不在的蛇威胁时,为了保护自身、应对蛇患,古代医学工作者通过不断地认识周围的环境、借鉴他人的经验,将可以用来对付蛇的物品不断沉淀积累,用之医疗。一方面,这使得历史上的治蛇之法内容逐渐得以完善、成型,其不仅可以治疗蛇毒、蛇咬,还可以防蛇,或者应对实际生活中蛇给人带来的其他危害。另一方面,历史上的治蛇方法不断增加,具体可以治蛇的物品也不断被发现。通观历史,涉及治蛇方法的医典,乃是从东晋开始出现,但这并不意味着医学群体应对蛇患的努力是从东晋开始,东晋葛洪所著《肘后备急方》中所有治蛇的方法应当是上古时期民众的积累。不过相比唐朝《证类本草》,其在数量上确是远远不如,到了明清时期可以用来治蛇的物品和医疗方法就更多。而正是在这个过程中,特别是在唐朝和明朝治蛇方法数量爆炸式增长的背景下,民众面对蛇患有了更多的依仗,比如被毒蛇咬伤之后可能不再是"蛰手则断手,蛰足则断足",而是有了诸多可以救命的医学手段,这些医学手段无论实际效用如何,都属人蛇关系中民众的依仗。

第二节　汉朝之后佛道治蛇力量的崛起

古人对周围事物皆存敬畏之心,认为万物有灵,总是相信冥冥之中有一股无法捉摸的力量操控着世间万物,这种力量被当时人描述为神、气、理。这属于古人试图认识世界的一种努力。在这种背景下,原始的巫文化诞生,而且至少从商代开始,中国人就热衷于祭祀和占卜,他们认为这样就可以获得某种指引。汉朝董仲舒向汉武帝"推销"天人感应之说成功之后,"天"这神秘的力量就越来越深入人心,其可降下祥瑞以示太平,亦可预示凶兆,以至由"天"操控的"祥瑞""灾祸"充斥史书。这种观念根深蒂固,以至于改朝换代,若是没有所谓的祥瑞,似乎其合法性就会遭到质疑。

随着道教与佛教在中国的传播,神仙、道士或是菩萨、僧尼似乎都具备了"天"的某些力量,或者至少也是这种力量的代言人之一。而神仙、道士、菩萨、僧尼身上的力量又可被描述为道术、佛法等,他们可以利用这种力量来做一些常人看起来难以做到的事情,比如杀蛇、控蛇等。不过佛道在中国历史上并非一开始就存在,而是从秦汉才逐渐兴起、稳固的力量,故而对于中国人而言,佛道二教基本上是属于汉朝以后应对蛇患的一种新的方式。而这同时也意味着,在这之后中国人的文化感知中,佛道成为可以用来应对蛇患新的可靠力量。

道教属于中国本土宗教,道教人物吴猛就以道术制蛇闻名,建昌县"永嘉末,有蛇长三十余丈断道,以气吸人,被吞噬者盖以数百,行路断绝。时吴猛有神术,与弟子往杀之。蛇死之处,聚骨成洲"。[1]类似者又有张真人事:

> 宋度宗时,益州产大蛇,背有黄花斑,身甚长,神光远烛,口吐椒花,香熏灼数里,杀人畜无数。府差甲士千余人扑捕,蛇以尾掉卷,溺死者甚众。帝命张真人及蜀中法士治之,乃戮,死遗骨如山。[2]

清朝亦有一事,是以秘术捕蛇,其文为:

> 萧山县有地名临浦,其山多毒蛇。或言江西真人府法官能捕之,乃共醵钱请一法官至。适萧山令黄君以事至其地,见之,因与偕往观焉。法官周行山冈,拔剑向空中指画,口诵咒语。又以杨枝湛水,遍洒之。乃至山下平地,以剑画地为三大圈,其圈皆径三四丈,自仗剑立第三圈后,使黄立己后,戒之曰:"有所见,勿畏也。"顷之众小蛇蜿蜒而至,甫至第一圈即毙,其后蛇来益多,亦益以大,或入圈未半而毙,或入圈而毙,或出第一圈及第二圈而毙。旋又有三蛇,大如屋柱,入第二圈亦毙。俄狂风大作,山上大树皆扒,有一蛇长十余丈,粗若五斗米囊,遍体金鳞,口嗫青烟,连度二圈,不少趑趄,昂头直犯第三

---

① (宋)乐史:《太平寰宇记》卷一百十一,北京:中华书局,2007年,第2265页。
② (明)杜应芳:《补续全蜀艺文志》卷五十三,明万历刻本。

圈,黄大怖,遽跳去,法官不为动,蛇入圈者半,忽踡跼不行,则已死矣。法官顾黄笑曰:"固戒君勿畏,何怯也?"此事亦沉生祖炜说。①

文中真人府法官当是正统道家,其借助咒语等仪式,在地上画三圈,即可杀蛇,似乎无论何种蛇,在进入第三圈都将死亡,这在常人看来,非借助神秘力量不可完成。

道家甚至有专门的蛇术,《抱朴子内外篇》中就载有《召百里虫蛇记》一书,《太平广记》引《传奇》中名邓甲者得"禁天地蛇术",屡有奇闻。其文曰:

宝历中,邓甲者,事茅山道士峭岩。峭岩者,真有道之士,药变瓦砾,符召鬼神。甲精恳虔诚,不觉劳苦,夕少安睫,昼不安床。峭岩亦念之,教其药,终不成;受其符,竟无应。道士曰:"汝于此二般无分,不可强学。"授之禁天地蛇术。寰宇之内,唯一人而已。甲得而归焉。至乌江,忽遇会稽宰遭毒蛇螫其足,号楚之声,惊动闾里,凡有术者,皆不能禁。甲因为治之,先以符保其心,痛立止。甲曰:"须召得本色蛇,使收其毒,不然者,足将刖矣。"是蛇疑人禁之,应走数里。遂立坛于桑林中,广四丈,以丹素周之。乃飞篆字,召十里内蛇。不移时而至,堆之坛上,高丈余,不知几万条耳。后四大蛇,各长三丈,伟如汲桶,蟠其堆上。时百余步草木,盛夏尽皆黄落。甲乃跣足攀缘,上其蛇堆之上,以青条敲四大蛇脑曰:"遣汝作五主,掌界内之蛇,焉得使毒害人?是者即住,非者即去。"甲却下,蛇堆崩倒,大蛇先去,小蛇继往,以至于尽。只有一小蛇,土色肖筋,其长尺余,懵然不去。甲令升宰来,垂足,叱蛇收其毒。蛇初展缩难之。甲又叱之,如有物促之,只可长数寸耳,有膏流出其背,不得已而张口,向疮吸之。宰觉其脑内,有物如针走下。蛇遂裂皮成水,只有脊骨在地。宰遂无苦,厚遗之金

---

① (清)俞樾:《右台仙馆笔记》卷十四,上海:上海古籍出版社,1986年,第366—367页。

帛。时维扬有毕生,有常弄蛇千条,日戏于阛阓,遂大有资产,而建大第。及卒,其子鬻其第,无奈其蛇,因以金帛召甲。甲至,与一符,飞其蛇过城垣之外。始货得宅。甲后至浮梁县,时逼春,凡是茶园之内,素有蛇毒,人不敢撷其茗,毙者已数十人,邑人知甲之神术,敛金帛,令去其害。甲立坛,召蛇王,有一大蛇如股,长丈余,焕然锦色,其从者万条,而大者独登坛,与甲较其术。蛇渐立,首隆数尺,欲过甲之首;甲以杖上挂其帽而高焉。蛇首竟困,不能逾甲之帽,蛇乃踣为水,余蛇皆毙。倘若蛇首逾甲,即甲为水焉。从此茗园遂绝其毒虺。甲后居茅山学道,至今犹在焉。①

邓甲所学"禁天地蛇术"文中记载为正统茅山道术,拥有此术,可招蛇王、可治蛇毒,亦可杀蛇王,似乎其本身就是整个蛇群的最高权力拥有者,对蛇呼之即来,挥之即去,可谓极矣。此处蛇术已经被严重神秘化,成为神仙法术一类的存在。

道教又善法阵、丹符之类,亦可治蛇,《黄帝九鼎神丹经诀》有"辟百蛇印",可辟百蛇。②"海昏有巨蛇据山为穴,吐气为云。逊诛治,法北斗七星作七靖井以镇之"。③与此类似的是佑圣观,为"宋庆元间道士李石田募姚溉地建殿祀元武,以镇白蛇之害"。④二者皆为道教人物,借助法阵或道家偶像之力,以镇害人之蛇。又有女道士靖姑,或有白蛇为害时,"率弟子为丹书符,夜围王宫,斩蛇为三。蛇化三女子溃围飞出,靖姑因驱五雷追数百里,得其尾于永福,得其首于闽清,各厌杀之"。⑤靖姑在对付蛇的过程中,也借助了丹符之力,故而在"战前"就将丹符准备好。但靖姑同

① 出自《传奇》,此处参见(宋)李昉等:《太平广记》卷四百五十八,北京:中华书局,1961年,第3745—3747页。
② (唐)佚名:《黄帝九鼎神丹经诀》卷五,明正统道藏本。
③ 正德《南康府志》卷七,明正德刻本。
④ 康熙《江西通志》卷一百十一,清雍正十年刊本。
⑤ (明)徐𤊻勃:《榕阴新检》卷六,《续修四库全书》第547册,上海:上海古籍出版社,2001年,第700页下。

样为得道之女道士,可以触摸道教所描绘的神秘力量,其具体手段玄之
又玄。

传入中国的佛教在与中国文化磨合之后,在中国广泛传播,影响甚
巨。佛教宣扬的力量非常玄妙,与佛有关的事物,无论是经文、佛器,或者
是僧尼本身等等,都具备佛教的神秘力量,这些都可以用来治蛇。

佛教至高佛如来在文献记载中就曾亲自制服毒蛇,其事中一"守财
奴"死后化身毒蛇,"今此毒蛇,见人则害,唯佛能调。作是念已,即将群
臣,往诣佛所,顶礼佛足,却坐一面,具白前事。唯愿世尊,降伏此蛇,莫使
害人。佛唱许可。于其后日,著衣持钵,往诣蛇所。蛇见佛来,瞋恚炽盛,
欲螫如来。佛以慈力,于五指端,放五色光明,照彼蛇身。即得清凉,热毒
消除,心怀喜悦"。①如来佛降蛇之法即为"慈力"。佛教讲究慈悲、度化
众生,而慈悲其实可以粗略理解为极度宽容的品行,以及解救天下百姓的
情怀,佛教认为慈悲、慈力具有度化众生之力。

东晋南朝时期,庐山慧远法师"善驱蛇,蛇为尽去,因号辟蛇行
者"。②僧者善于驱蛇,可能如黎靖德所言:"盖浮屠居深山中,有鬼神蛇
兽为害。"③即佛教寺院最初多建于深山密林之中,加之佛教徒须多方行
走,经常与蛇为伴,故而在对付蛇方面自然更有经验。这种长期积累的治
蛇经验是可以以理性的态度对待,但在他人看来,又或者是出于佛教对自
身宣传的需要,在具体叙述时总是神乎其神,难免披上神秘的面纱。而这
种神秘性对于宗教与古代民众而言往往是相互需要,宗教需要神秘性来
突出自身的神异、灵验,而古代民众心理上需要超越常人的"救世主"来保
护自己免受各种潜在危险的伤害,道教人物善于治蛇之理当与此相同。
而且僧侣治蛇事件不仅发生在慧远法师身上。

高僧释善无畏在唐代屡有奇闻,其中之一便是见邙山巨蛇欲决水淹

---

① (唐)释道世撰,周叔迦、苏晋仁校注:《法苑珠林校注》卷七十八,北京:中华书局,2003年,第2289页。
② (宋)释志磐:《佛主统纪》卷二十六,大正新修大藏经本。
③ (宋)黎靖德:《朱子语类》卷一百二十六,北京:中华书局,1988年,第3028页。

没洛阳城,遂"以天竺语咒数百声,不日蛇死"。[①]释善无畏用天竺语将蛇
咒死,与巫术或者道教咒语功用倒是有相通之处。又有"僧知永者,阳信
人,精戒行,兼通技术。城南十里有大蛇当道,行客患之,以请求永。永至
其地,以手指蛇,口念神咒数语,蛇即随风飞去"。[②]僧知永和高僧释善无
畏一样,都是以咒术达到驱蛇目的。

宋朝有一僧名智融,善画,其所在"山深多蛇","忽作二奇鬼于壁,一
吹火向空,一踏蛇而掣其尾,蛇患遂除"。[③]智融以画除蛇,听起来更为荒
诞,若要以古人神秘的视角解释,只能认为其借助了古人认为存在于天地
之间的神秘力量,由于其本身为佛教僧徒,更可能是借助了佛教宣扬的神
秘力量。

宋代谢翱更为有趣,面对僧人制蛇之奇,竟然是以诗文的方式将之记
录,诗名《铁蛇岭长耳僧》:"岭上有神僧,风吹竖两耳。云昔垂至肩,手提
忽然起。游方得至术,来此制蛇虺。衣缝独茧丝,裂缝蛇尽死。至今山下
草,食之蛊可已。客去勿复言,海隅多幻诡。"[④]诗中长耳僧是得到某种术
法后,具备了制蛇虺的能力。

明朝王同轨记《丐者道人》一事,内容却是宣扬佛教。现将全文抄录
如下:

> 宜兴善权寺荆山老僧,幼为侍者时,从讲师于云间大丛林,见一
> 蛇频绕天王踵膝间,逐之,不见。寻觅其地,光净无物。偶敲膝,成虚
> 响声。破视,中藏金三两,不知所自。一僧言,往岁有丐者道人死其
> 处。讲师曰:"此必业畜前身所匿,故恋不去耳!"俟其再出,因语之
> 曰:"此十方物,汝何得有而恋不去也?今为汝建坛,诵《法华》,作盂
> 兰,夜弛散之,庶厄可度,犹尔夙力功德也。"蛇若听受之,始去。明

---

① (宋)赞宁:《宋高僧传》卷二,北京:中华书局,1987年,第21页。
② (明)谢肇淛:《尘余》卷一,明万历刻本。
③ (宋)楼钥:《攻瑰集》卷七十九,清武英殿聚珍版丛书本。
④ (宋)谢翱:《晞发集》卷二,明万历刻本。

日,钟磬鸣,梵呗起,竟日夜。蛇果三出受咒偈,绕坛而出,不复
再见。①

此故事中将道士以乞丐视之,并赋予其贪财的品行以及蛇身,在不能自救
的情况下,以佛法度之。佛教观念中,在《法华经》、盂兰双重力量之下,可
使丐者道士免受"地狱"之苦,重新轮回。而且对佛教而言,这是宣扬自身
优于道教的很好素材,此事从一老僧口中讲出,其用心显而易见。

佛教治蛇也可以不借用僧尼自身所具备的力量,如《法苑珠林》言:
"但断杀业,蛇不害人。"②断了杀业在佛教看来会得到佛的庇佑,故而可
免受蛇害之苦。又如唐朝成都府建昌寺僧牟师,"回身见一大蛇,作人语
索命。牟曰'不省害汝时',蛇曰'在雅州时'。牟因思十三岁时斫柴次误
伤同伴,杀之非我也。蛇曰:'因你伤我,遂走不得,致被人杀,须还我命。'
牟许转金刚经一千遍,蛇即低头而去"。③经文在佛教中的地位不言而
喻,以致抄经、译经、取经之事甚至作为佛教故事流传民间。经文作为佛
教经典,也被佛教赋予了神圣性,其性质与基督教《圣经》类似,故而在佛
教看来,经文上含有佛教力量,转动经文是佛教力量发挥作用的一种方
式,蛇因之可以得到佛教"功德"。

与此同时,在道教、佛教治蛇力量的影响下,普通治蛇者的形象也发
生了变化,普通治蛇者在叙述中被道教化或佛教化,甚至在常人眼中,他
们当中有些人就是专业的佛教或道教人员。

董仲符为"汉董永之子也,母乃天之织女,故生而神灵,数篆符以镇邪
怪。尝游京山潼泉,以地多蛇毒,书二符以镇之,害遂绝"。④文中并未明
言董仲符为道教人物,但在描述中其与道教关系密切,不仅是道教神仙所

---

① (明)王同轨:《耳谈类增》卷二十七,郑州:中州古籍出版社,1994年,第220页。
② (唐)释道世撰,周叔迦、苏晋仁校注:《法苑珠林校注》卷九十六,北京:中华书局,2003年,
第2770页。
③ (明)杜应芳:《补续全蜀艺文志》卷五十一,明万历刻本。
④ (宋)王象之:《舆地纪胜》卷八十四,北京:中华书局,1992年,第2740页。

生,且擅长道教符箓之术,以符镇蛇。此事是见于宋人文本,与织女故事结合,当为后人杜撰。

又宋朝《夷坚志》云:

> 武功大夫成俊,建康屯驻中军偏校也,善禁咒之术,尤工治蛇。绍兴二十三年,本军于南门外四望亭晚教,有蛇自竹丛出,其长三尺,而大如杵,生四足,遍身有毛,作声如猪,行趋甚疾,为逐人吞噬之势。众皆惊扰,不知所为,适有马槽在侧,急取覆之。而白统制官,遣呼俊。俊至,已能言其状,且名是猪豚蛇,啮人立死。即步罡布气禁之。少顷,令启槽,则已僵缩不能动。再覆之,仰吸日光,三吹槽上,及启视,化为凝血矣。又排弯出异蟒,色深青,长可二丈,积为人害。居民共邀俊施术,俊曰:"在吾法,不宜率尔,盍具状以来!"既得状,书章奏天。诘旦,诣穴口为坛,被发跣足,衣道士服,向空叱神将曰:"速!"斯须蛇不出,继遣两将。如是者三四反。蛇猛从穴内奋迅奔坛,若将欲斗者。俊大声诃之曰:"业畜那得无礼!"取所著汗衫,中分裂其裾,蛇擘析为两,此患遂绝。民家小儿,因行草际,遭螫,痛彻心腑,几于不救。俊往疗之,问儿曰:"汝误踏践之以致啮耶,将自行其傍而然耶?"曰:"初未尝触之,不觉咬我。"俊曰:"我亦久知之,此无故伤人,命不可恕。"乃除地丈许,插小竹片为剑,作法呼蛇,至者如积。令之曰:"作过者留剑下,否则退。"群蛇以次引去,各失所在。独一小者,色如土,伏剑傍。俊召判官检法,曰:"蛇无故伤人,当得何罪?"儿家聚观者皆莫见,久之,又曰:"依法,蛇自以首触剑死焉。"俊之技如此,而无所求于人,医士刘大用欲学其术,俊曰:"此非所靳,但虑持之不谨,或干犯法律,将至贻祸。"乃止。景陈弟云:"乡里亦曾有猪豚蛇,以身臃而短,不能蜿蜒,故惟直前冲人。遭之者无活理。"盖虺蝮类也。①

---

① (宋)洪迈:《夷坚志·支戊》卷三,北京:中华书局,1981年,第1070—1071页。

成俊善禁咒之术,尤工治蛇,文中数例,皆以禁咒之术致蛇死,与唐朝僧人善无畏一样。但成俊所掌握的禁咒之术却是与道教息息相关,在解决排弯异蟒时,甚至身着道士服装,若非文中点明其为建康屯驻中军偏校,很容易让人将其误解为专业道士。

同书又有《蛇王三》,方城民王三善于捕蛇,"近村民苦毒蟒出没为害,醵金十万,命王作法以捕。王画地为三沟。语人曰:'若是常蛇,越一沟即死,极不过二。如能历三沟,则我反为所噬矣。'既而蛇径前无所畏,欲就王。王甚窘,亟脱袴中裂之。蛇分为两,死焉"。[1]王三画三沟用以捕蛇,与上述清朝文献所载江西真人府法官捕蛇方法一样,应当属于道术。而且结果也令人惊诧,通过"脱袴中裂"就让蛇分为两半,更增加了其神秘性。

又明朝《绍兴府志》载当地有名叶玄者,"幼时渡槐潭溺水,见一赤面长须人,救不死,自是遂通符咒,谙五雷祈雨法。成化间郡大旱,守白公延之祈雨,即时大注。府倅女为妖所惑,书符悬之,少顷震雷击巨蛇死,女渐愈。后不知所终"。[2]叶玄因幼时奇遇,获得运用符咒以及祈雨之法,文中只言其用符招来雷电杀死巨蛇,说明其有运用符箓禁蛇、杀蛇的能力,这种能力应该与道教比较相关。

但古代咒语、禁术等等不一定均是受佛道影响,也可能是前文提及的巫术,故而更多的时候无法明确将其归类,如唐朝《酉阳杂俎》记有一事,其文曰:

> 长寿寺僧翛,言他时在衡山,村人为毒蛇所噬,须臾而死,发解肿起尺余。其子曰:"眷老若在,何虑!"遂迎眷至。乃以灰围其尸,开四门,先曰:"若从足入,则不救矣!"遂踏步握固,久而蛇不至。眷大怒,乃取饭数升,捣蛇形诅之。忽蠕动出门。有顷,饭蛇引一蛇从死者头

① (宋)洪迈:《夷坚志·甲志》卷十五,第131页。
② 万历《绍兴府志》卷四十九,明万历十五年刊本。

入,径吸其疮,尸渐低,蛇疮缩而死,村人乃活。①

其中昝老掌握了某种常人难以理解的力量,运用步法招蛇,失败后用饭搋成蛇形,以招害人之蛇,救活被蛇害之人。而正因为在他人眼中,这种力量是如此非凡,以致昝老本身也与常人不同,受害人之子言"昝老若在,何虑!"就是印证。而昝老所用方法是属于巫术还是道法就不好说了。

明朝《濯缨亭笔记》亦载:"建昌人上官泉能以咒语捕蛇,又能咒蛇盘结作字,以占人家凶吉,出则以一囊负蛇于背。"②上官泉能借助咒语所蕴含的神秘力量捕蛇,又能以此占卜,而且因为这种特殊力量,在他人看来变得与常人不一样。同样,清朝禁神,"宁州人,精咒法,能禁疮毒及蛇虫诸害。每旦持水向四方咒,祝愿十里之内人畜不罹疮毒蛇虫之害"。③禁神所掌握的咒法能使人免受蛇虫之害,而不是杀之,更为温和。但道教、佛教和巫术中都有咒术,没有明确的指示,根本不知道是属于哪一类。类似的事例很多,无需一一列举。

不过可以明确的是,大致从东汉以后,道教与佛教在中国迅速传播,影响力不断扩大,继而成为可以和儒家并肩的存在。而道教与佛教因其道观、寺庙经常位于深山密林中,道士、僧侣亦需经常在野外奔走,故而掌握一些治蛇之法并不奇怪。但是宗教作为超然的存在,这些被道士或僧侣掌握的治蛇之术被有意或无意夸大和神化,这既是宗教宣传与超然性的需要,也符合民众的心理需求。而在道教与佛教的强大影响下,民众治蛇者的形象在叙述中存在道教化或者佛教化的情况,即使治蛇的是普通人,特别是善于治蛇者,也拥有类似于道术或佛法这样的手段。如此,相比于东汉之前,大致从东汉崛起,在古代一直延续的道教与佛教治蛇力量使得民众在面对蛇患时多了新的可以依靠的力量,至少在民众心理上是

---

① (唐)段成式撰,方南生点校:《酉阳杂俎·前集》卷五,北京:中华书局,1981年,第56页。

② (明)戴冠:《濯缨亭笔记》卷六,《续修四库全书》第1170册,上海:上海古籍出版社,2001年,第472页下。

③ 乾隆《甘肃通志》卷四十一,清乾隆元年刻本。

如此,如"萧山县有地名临浦,其山多毒蛇。或言江西真人府法官能捕之,乃共醵钱请一法官至"①"城南十里有大蛇当道,行客患之,以请求永。永至其地,以手指蛇,口念神咒数语,蛇即随风飞去"②"长寿寺僧碧,言他时在衡山,村人为毒蛇所噬,须臾而死,发解肿起尺余。其子曰:'昝老若在,何虑!'遂迎昝至"③等。这意味着在道教和佛教治蛇力量被认可后,当民众遇到难以应付的蛇患,也可以求之道教或佛教中的治蛇力量,或者是身怀异术的治蛇者。

第三节　明清时期的乞丐治蛇群体

到了明清时期,上述各类治蛇群体都仍然存在,其中上文清朝《右台仙馆笔记》所记江西真人府法师画三圈杀蛇事属于道教人物治蛇。但明清时期,更具特点的是乞丐治蛇群体的崛起。乞丐在中国早已有之,并非明清时期才出现,汉代扬雄就著《逐贫赋》描述了贫儿之状况,晋朝陶潜作有《乞食诗》,唐代元结著有《丐论》等,里面都涉及因贫穷乞讨者。而到了宋朝,乞丐就开始专指乞讨之人,乞丐团体也已经出现。④到了明清时期,乞丐治蛇的案例大量出现在明清时期的文献中,如明朝方弘静就言"今丐者能操蛇",操蛇大概指能抓蛇或者能操蛇表演。这样的例子不在少数,如王同轨言:"予少齿,闻同巷有弄蛇丐子,以蛇口对已口索钱。一银匠正操赤钳炎炉前,遂以炙蛇尾。蛇即突入其腹中。丐子奔赴河中死。"⑤这里的丐子就能弄蛇,以此本领向人索钱。

———————

①(清)俞樾:《右台仙馆笔记》卷十四,上海:上海古籍出版社,1986年,第366页。

②(明)谢肇淛:《尘余》卷一,明万历刻本。

③(唐)段成式撰,方南生点校:《酉阳杂俎·前集》卷五,北京:中华书局,1981年,第56页。

④参见王光照:《中国古代乞丐风俗》,西安:陕西人民出版社,1994年;岑大利等主编:《中国古代的乞丐》,北京:商务印书馆国际有限公司,1995年;周德钧:《乞丐的历史》,北京:中国文史出版社,2005年;曲彦斌:《中国乞丐史》,北京:九州出版社,2007年;[美]卢汉超:《叫街者:中国乞丐文化史》,北京:社会科学文献出版社,2012年。

⑤(明)王同轨:《耳谈类增》卷二十,郑州:中州古籍出版社,第170页。

又《梦厂杂著》载："去刘仙岩里余为白龙洞,崆峣嵌窟若巨室,旁有小穴,仅容一人,无敢入者。相传昔有乞丐,畜白蛇最驯,日蟠曲筐中,呼为'白龙'。后渐大,筐不能容,因纵于此。"[1]此处所谓白龙实为白蛇,其蓄养者就是一位乞丐,说明乞丐养蛇的事情应该存在。而且《庸闲斋笔记》也引《乞儿传》,言:"乞儿者,不知其姓名,以㩦蛇为业。"[2]也印证了乞丐养蛇的情况存在,而且《乞儿传》里的乞儿还可以用蛇治病。

又有乞丐可以捕蛇,民国时期的《杭州府志》就有相关记载,而且不可思议,其文曰:

> (乾隆己未)冯在田同友游西湖,至净慈寺前。见一丐前行,十余丐身畔各斜挂布囊,携竹丝篮随之,往南屏山捕蛇。行至寺西山坳深处,得一洞口约尺余,四周光泽。丐于洞前禹步,持咒鼓气嘬口向洞喷之,众丐各探囊取所贮草药口嚼之。未几,洞中之蛇潮涌而出,先之以乌梢、青梢,时鳗,后皆赤链、虺蝮之类,其形有若蟹者,若鲤,若履者,虎首而蛇身者,头锐身阔长止数寸者,细如秤梗短类棒槌者,赤如朱砂、青同蓝靛、绿若铜青、白犹傅粉及黑白相间者,不一而足。众丐各别蛇类而捉之,置诸竹篮。丐云此次捕捉之后,四五里内,可五年无蛇蝮之患。[3]

此《杭州府志》成书于民国十一年(1922年),所记事却基本属于明清时期,而且对照《清稗类钞》,可知文中事发生于清朝乾隆年间。其中乞丐相对比较专业,先是用禹步、咒语,后嚼草药,应该是为了防蛇毒或者蛇咬。而当蛇潮涌而出时,乞丐都各自在捕蛇,场景非常生动。似乎是在山间深处,众蛇疯狂逃窜,俯拾皆是,而十多位乞丐,正弯腰奋力捕蛇,将捕捉的蛇快速放入篮中又开始捕捉下一条。

---

[1] (清)俞蛟:《梦厂杂著》卷五,上海:上海古籍出版社,1988年,第94页。
[2] (清)陈其元:《庸闲斋笔记》卷五,北京:中华书局,1989年,第101页。
[3] 民国《杭州府志》卷八十,民国十一年铅印本。

又同书载："南屏晓钟亭子右侧阶石,人或坐之,必红肿溃烂至骨。众使丐视之,曰:'此下有毒蛇,因身长石中,不能出,于缝间透气,人适值之耳。'启其石,有物蛇首而身匾,如巨鲫。丐曰:'此蝮也。'因撮而置诸篮,其患遂绝。"此事应当发生在清朝康熙三十八年(1699年)之前,因为南屏晓钟在这之后改名为南屏晚钟。当然文中言蛇长在石中是不可能,有些蛇喜欢藏身于石头下,故此蛇可能是藏身于石头下而已。但遇到这种奇怪的事情,时人竟是请乞丐前来查看,说明乞丐在当时的影响力不小。而前来的乞丐发现是蛇后,同样是将蛇捕捉放入篮中,与前面的十多位乞丐有些类似。

不仅如此,乞丐还可以制蛇。《咫闻录》提到有驱蛇书:"如欲有用,开卷读之,凡蛇巨细,都来听命,直立前后。如架木橡,屋宇瓦石,悉蛇为之。"而这驱蛇书就属于乞丐,"吾乡城南,有石洞焉。群丐居之,以蛇为羹。闻有伏蛇之咒,俗名驱蛇书"。①也就是说,乞丐是拥有驱蛇、伏蛇的本领。而且从明朝文献开始就有如此记载。

在明清时期的文献记载中,乞丐击杀大蛇的事例亦不少。明朝《耳谈类增》就载《丐子制蛇法》:

> 世谓雄黄制蛇,非也。巨蛇反舐雄黄。闻粤西山谷中,有巨蛇食人畜无算,里人酿钱募除制者,皆亡其法。或往亦必死。有丐者令以板绳缀之,使周其身,独当目处斫眼通明,上覆板,可开合。行逼其地,从上掷物撩之。蛇出,莫可施毒,盘蟠束之数匝,其性也。丐者故倒地,辗压之,蛇已节节断。其巧捷如此。②

此处详细记载了乞丐杀死巨蛇的方法,而且确实有效,将前人没有制服的巨蛇杀死,文章末尾直夸乞丐的方法"巧捷"。

---

① (清)慵讷居士:《咫闻录》卷五,《笔记小说大观》第24册,杭州:广陵古籍刻印社,1983年,第310页上。
② (明)王同轨:《耳谈类增》卷二十,郑州:中州古籍出版社,1994年,第170页。

清朝俞樾也记载了乞丐杀死巨蛇之事,现列于下:

> 苏州浒墅关之西乡,有巨蛇出没河干,人多见之,莫敢捕也。光绪庚辰夏,其地之人多生病者,或曰:"是中蛇毒也。"乃募能捕之者。于城中得三丐,甲其师也,乙丙皆其徒,索钱甚多。乡人醵与之,乃往。乙、丙荷一篓以从,既至,探得蛇窟。甲命乙、丙分立左右,而自启其篓,中贮蜈蚣无数,甲尽取食之。须臾,自顶至踵皆肿,甲闭目运气,久之其肿处皆消,惟右手食指与中指则大几如股。即以此两指探入窟中,已而用力拔出,乙、丙亦各曳其肘以助之,指出,蛇随之出,则已毙矣,犹啮甲指不释。乙、丙去其蛇,以药水洗之,两指旋复故。蛇长丈许,粗倍人臂,其色黑暗如炭,聚薪焚之,臭闻数里。此三丐者,其技亦神矣。①

文中乞丐甲是一位奇特的人物,竟然能够进食大量蜈蚣,全身都可压制,而让手指仍保持中毒状态,后用中毒手指杀死巨蛇,这在现实中应当是不可能的。而恰恰就是因为其奇特,难以置信,故文中夸耀"其技亦神矣"。

当然,也有乞丐能治蛇咬、蛇毒者,清朝俞樾载有一事:

> 江北人陈姓者,在上海摇渡船为业。一日至法华镇,时已冬初矣。忽见草间一蛇,黄黑色,长二尺许,蜿蜒而至足前。陈以其小也,易之,以所持短烟筒击之,蛇遽起,啮其胫,大呼倒地。同行者闻而趋至,犹见蛇游行田塍间也。乃负之至上海求医,医皆束手。或曰:"丐有名偷鸡阿团者,蛇医之良者也。"乃招之至。阿团审视曰:"此王蟒蛇所伤,不可为已。虽然,恶蛇不咬善人,汝此行何所为?宜言之毋隐,可稍减痛楚。"陈乃自言有寡婶,颇有资财而无子,是日闻其由法

---

① (清)俞樾:《右台仙馆笔记》卷十一,上海:上海古籍出版社,1986年,第295页。

华来上海,故往逆之,冀毙之于僻处,而有其资也。言已竟死。①

故事中有人被蛇咬送至上海,医生皆治不了后竟然想到了乞丐偷鸡阿团者,说明其治蛇本领应并非浪得虚名,以致在治蛇领域有如此声望。不过即使是乞丐偷鸡阿团者也未能救回此人,而文中被蛇咬者也道出了其杀人夺财的歹毒心思,似乎预示着被蛇咬致死乃是对其恶毒用心的惩罚。

　　要之,明清时期的乞丐在养蛇、弄蛇、捕蛇、杀蛇、治疗蛇伤等各行业中都占据一席之位,有些还本领高超,以致民众遇到蛇患第一反应就是找乞丐解决。可能正因如此,在清朝竟然专门有蛇丐这样的说法,其事见《壶天录》:

　　　　苏郡农人某,于田水泛滥时,游鱼鳞次,取鱼罩,跣足泥淖中摸取。忽觉有物触其足,初而奇痒,继而肿胀,不转瞬而一趾之大,几如股矣。觅蛇丐治之。丐至而肿已过膝,极力疗之,始止肿,数月乃瘳。又有足为蛇啮者,越宿,乃延蛇丐疗治,丐束手云:"毒已入筋络,虽不致命,厥足伤矣。"不数日,足指均堕去。②

此中两次蛇咬事件,都是请蛇丐前来治疗。蛇丐这个称谓在此只是具备治疗蛇咬之能,但既能出现蛇丐这样的名词,足以说明明清之后乞丐在治蛇领域介入之深,影响之广。

　　而与东汉以后的佛道治蛇力量类似,明清时期崛起的乞丐群体之所以能够治蛇,和其常年在野外生存,经常接触蛇类有关,也就是说乞丐拥有治蛇的本领是由其恶劣的生存环境造就。而且与佛道治蛇力量一样,乞丐治蛇群体的出现使得民众在面对难以应对的蛇类或者被蛇咬伤时又多了一条可以求助的路径,这在文中的案例中都有体现,如"有足为蛇啮

---

①（清）俞樾:《耳邮》卷四,《笔记小说大观》,扬州:广陵古籍刻印社,1983年,第251页下。
②（清）百一居士:《壶天录》卷下,《笔记小说大观》,扬州:广陵古籍刻印社,1983年,第179页上。

者,越宿,乃延蛇丐疗治",①又江北人陈姓者被蛇咬伤,送到上海治疗,"医皆束手。或曰:'丐有名偷鸡阿囝者,蛇医之良者也。'乃招之至",②又"苏州浒墅关之西乡,有巨蛇出没河干,人多见之,莫敢捕也",而在募人捕捉的时候,同样是找乞丐帮忙。③

小 结

蛇在历史上对人造成威胁,这种威胁一直持续,古代许多人肯定因此受伤或者丧命。故而在一定意义上,蛇也是一种灾害,属于能够对人的生命安全造成威胁的动物灾害,犹如历史上的虎患。但与虎患不同的是,蛇对人的威胁分布域面过于广泛,无论陆地、水中、野外、室内都可能成为蛇逞凶之所;而且蛇对人的威胁持续时间非常长,自人类诞生一直到现在,都是如此。面对能够对自身造成威胁的蛇,古代人亦是积极应对。在应对蛇威胁时,有"常态"和"专业"两种势力:"常态"势力实际上是指缺乏专业治蛇本领的普通人,这种势力一直存在,是古代治蛇活动中的主要力量;"专业"势力是指具备一定治蛇本领的特殊人群。这些特殊人群在古代并不固定,上古有巫可以治蛇,周代巫医分流后,医学群体投入治蛇的探索之中,历史上可用以治蛇的药物、方法因此不断增加;东汉以后,佛道群体也加入治蛇行列之中,成为治蛇的可靠力量;明清之后,更有乞丐治蛇群体出现,为民众排忧解难。

---

① (清)百一居士:《壶天录》卷下,《笔记小说大观》,扬州:广陵古籍刻印社,1983年,第179页上。

② (清)俞樾:《耳邮》卷四,《笔记小说大观》,扬州:广陵古籍刻印社,1983年,第251页下。

③ (清)俞樾:《右台仙馆笔记》卷十一,上海:上海古籍出版社,1986年,第295页。

第四章　取蛇以用与生命关怀

　　人对蛇虽充满恐惧,但也大加利用。在衣、食、装饰、医疗等领域,都可见到古人利用蛇的情况。比如在衣服上,古代就有蟒服(衣),拥有蟒服(衣)是身份的象征,《万历野获编》就载:"今揆地诸公多赐蟒衣,而最贵蒙恩者,多得坐蟒。则正面全身,居然上所御衮龙。往时惟司礼首珰常得之,今华亭、江陵诸公而后,不胜纪矣。"①表明明代的蟒衣是皇帝赐给臣下的物品之一,以示尊崇,但后来有泛滥之势。不过蟒服(衣)在材质上并非以蟒皮为料,仅是服饰上有蟒蛇图案,故而并不算严格意义上的蛇利用。蛇皮在古代当然也为人所用,除了医疗外,蛇皮常被用作制造乐器的材料。如古代有蛇皮乐器,"高丽伎,有弹筝、搊筝、凤首箜篌、卧箜篌、竖箜篌、琵琶,以蛇皮为槽,厚寸余,有鳞甲,楸木为面,象牙为杆拨,画国王形"。②蟒蛇皮则被古人用来鞔鼓,《岭外代答》在记述蚺蛇(蟒蛇)③的利用时说:"剥其皮以鞔鼓,取其胆以和药,饱其肉而弃其膏。盖膏能痿人阳道也。"④明代《甘露园短书》亦载:"粤西地产蚺蛇,长十余丈,食全鹿,肉肥美,胆入药,皮鞔大鼓。"⑤

　　除此之外,饮食和医疗是古人利用蛇的主要方式,古代南方人有食蛇

---

　　① (明)沈德符:《万历野获编》卷一,北京:中华书局,1959年,第20—21页。

　　② (宋)欧阳修:《新唐书》卷二十一《礼乐十一》,北京:中华书局,1975年,第470页。

　　③ 在此需要说明的是,古代的蚺蛇一般都认为是今日的蟒蛇,《中药大辞典》(上海:上海科学技术出版社,2006年)在讲到蚺蛇时,就注明其为蟒科蟒蛇属动物蟒蛇,蚺蛇的原动物即为蟒蛇。本书在论述时,亦将蚺蛇等同于今日的蟒蛇,将蚺蛇胆等同于蟒蛇胆,在具体行文中就不再一一解释。

　　④ (宋)周去非著,杨武泉校注:《岭外代答校注》卷十,北京:中华书局,1999年,第385页。

　　⑤ (明)陈汝锜:《甘露园短书》卷十一,明万历刻清康熙重修本。

的习俗,至今仍然如此,相关内容在前面章节已经叙述,此处不赘。医疗则是古代利用蛇的另一主要方式,蚺蛇胆、白花蛇、乌蛇、蛇蜕等都被用作药材,以治病救人,医典和小说故事中对此多有涉及,相关记载非常丰富,属古代蛇利用的大宗。

而若仅仅以动物身体利用作为研究对象,以上内容权可概括古代蛇利用的全貌。但在人蛇之间,人类普遍对蛇恐惧,这种恐惧源自蛇对人的威胁,特别是毒蛇、大蛇可对人造成致命的伤害,这种对蛇恐惧的情绪在古代也被利用。下面就以前文没有详细介绍的医疗、蛇恐惧为主要切入点,对古代的蛇利用作一论述。

第一节　唐朝的蚺蛇胆进贡

蚺蛇属于大蛇,因为其形体较大,而且能够吞食人类,故一直以来都是古人最害怕的蛇类之一。但因为蚺蛇胆在古代属于珍贵的药材,至少唐代就将蚺蛇胆列为贡品,相关地方每年需向朝廷上贡。在这种制度设计下,地方为了应对蚺蛇胆上贡的需求,必须直接面对危险的蚺蛇。而民众尚非制度的直接受害者,被捉住取胆的蚺蛇才是直接牺牲者。

一、蚺蛇胆的功用

蚺蛇胆是古代中医经常涉及的药材,关于蚺蛇胆的功用,古代医书多有记载,《千金翼方》记载其"味甘苦寒,有小毒。主心腹䘌痛,下部䘌疮,目肿痛"。①《证类本草》《神农本草经疏》等医书与之相同。《本草纲目》则汇聚众说,其曰蚺蛇胆"气味甘、苦,寒,有小毒。主治目肿痛,心腹䘌痛,下部䘌疮。(《别录》)小儿八痫。(李珣)杀五疳。水化灌鼻中,除小儿脑热,疳疮䘌漏。灌下部,治小儿疳痢。同麝香,傅齿疳宣露。(孟诜)破血,止血

---

① (唐)孙思邈著,李景荣等校释:《千金翼方校释》卷四,北京:人民卫生出版社,1998年,第68页。

痢,虫蛊下血。(藏器)明目,去翳膜,疗大风。(时珍)"。①明代李时珍在前人的基础上,强调蚺蛇胆明目的功效,但其根据可能并非亲身经历,而是流传上千年的一则故事,故事见之正史:

> (颜含)次嫂樊氏因疾失明,含课励家人,尽心奉养,每日自尝省药馔,察问息耗,必簪缕束带。医人疏方,应须蚺蛇胆,而寻求备至,无由得之,含忧叹累时。屡昼独坐,忽有一青衣童子年可十三四,持一青囊授含,含开视,乃蛇胆也。童子逡巡出户,化成青鸟飞去。得胆,药成,嫂病即愈。由是著名。②

故事中颜含嫂子失明,药方中须蚺蛇胆,但即使是颜氏这样的大家族也很难得到蚺蛇胆,可见蚺蛇胆的珍贵,这也印证陶隐居所言蚺蛇胆"至难得真"属于事实。与此同时,这同样说明蚺蛇确实非常难对付,故而古代社会能得到的蚺蛇胆非常有限。但李时珍若是纯粹根据此则故事就强调蚺蛇胆具备明目的功效可能过于草率,毕竟无论是《千金翼方》或者《证类本草》,都在此则故事发生数百年后问世,其作者并非没有机会接触此则故事,但都未以此为依据,认为蚺蛇胆可以明目。而《神农本草经疏》乃明末人的著作,其时间甚至晚于《本草纲目》,但其也未提及蚺蛇胆有明目的功效。若对照现代中药典籍,其中对蚺蛇胆功效的描述与《本草纲目》大同小异,比之《千金翼方》《证类本草》《神农本草经疏》等医学典籍却更为丰富。而且与《本草纲目》一样,《中药大辞典》中也认为蚺蛇胆具有治疗目翳肿痛的功效,不知是否真有临床根据,或者只是照抄古代医典。

其次值得注意的是,《本草纲目》中认为蚺蛇胆具有疗大风的功效,这和上述现代医典比较类似,但在《千金翼方》《证类本草》中并不见蚺蛇胆有此功效。本书之所以要强调这一点,是因为唐代皇帝多患有中风疾

---

① (明)李时珍:《本草纲目》卷四十三,北京:人民卫生出版社,1975年,第2398—2399页。
② (唐)房玄龄:《晋书》卷八十八《孝友》,北京:中华书局,1974年,第2286页。故事同样见于《搜神记》《肘后备急方》等著作。

病,①进贡的物品中也有许多治疗中风的药材,但蚺蛇胆应当不属于此类,虽然到了明代李时珍已经载明蚺蛇胆可治疗大风,但唐代医典并没有指明蚺蛇胆有此功效。

而在医典之外,蚺蛇胆又有其他功用,如古代蚺蛇胆有护身胆之说,得蚺蛇"每击一下,则皮肉缩有一泡,死而血凝,即护身胆也。其力大减,多以乱真,真者乃在腹内,价过兼金"。②可能正是出于这种认识,古人认为:"其胆噙一粟于口,虽拷掠百数,终不死。"③或言酒服蚺蛇胆"则杖不知痛"。④明朝即有一事,事情的主角是杨继盛,在朝为官刚正不阿,曾弹劾严嵩,即将受刑,而在受杖刑之前,有人"遗之蚺蛇胆",其拒绝说"椒山自有胆,何蚺蛇为!"⑤这里受杖刑之前送蚺蛇胆的行为正是建立在蚺蛇胆护身的基础上。蚺蛇胆在医学上确有止痛的效果,但能否减轻杖刑带来的巨大痛感却并非笔者这个外行所能知道了。

蚺蛇胆在古代也被认为有萎阳绝嗣的功效。宋代《岭外代答》就提到岭外土人杀蚺蛇,"剥其皮以鞭鼓,取其胆以和药,饱其肉而弃其膏。盖膏能痿人阳道也"。⑥指出蚺蛇膏能痿阳,而非蚺蛇胆。到明朝《五杂俎》,其言蚺蛇胆"性大寒,能萎阳道,令人无子。嘉禾沈司马思孝廷杖时,有遗之者,遂得不死,而常以艰嗣为虑;越二十余年,始得一子,或云,其气已尽故耳"。其中已经提到蚺蛇胆可以萎阳,文中沈思孝就曾因为服用蚺蛇胆长期无子嗣。清朝《坚瓠集》引《庭闻述略》曰:"明武宗初年,尝宿豹房,刘瑾等以蚺蛇油萎其阳,是以不入内宫。"⑦这里提到蚺蛇油可以萎阳,而

① 唐史学者对此多有关注,如黄正建:《试论唐代前期皇帝消费的某些侧面——以〈通典〉所记常贡为中心》,《唐研究》第六卷,北京:北京大学出版社,2000年。
② (清)吴震方:《岭南杂记》,王云五主编:《丛书集成初编》第3129册,上海:商务印书馆,1936年,第46页。
③ (明)谢肇淛:《五杂俎》卷九,上海:上海书店出版社,2001年,第271页。
④ (清)赵吉士:《寄园寄所寄》卷下,上海:大达图书供应社,1935年,第233页。
⑤ (清)张廷玉等:《明史》卷二百九《杨继盛传》,北京:中华书局,1974年,第5542页。
⑥ (宋)周去非著,杨武泉校注:《岭外代答校注》卷十,北京:中华书局,1999年,第385页。
⑦ (清)褚人获:《坚瓠集》秘集六,《笔记小说大观》第15册,扬州:江苏广陵古籍刻印社,1983年,第531页下。

《物理小识》同样记载刘瑾以蚺蛇油萎武宗阳事,但其认为其中蚺蛇油"当是蚺胆耳"。[①]《寄园寄所寄》亦载蚺蛇胆"大寒,令人绝嗣"。而《珊瑚舌雕谈初笔》引姚孝廉语"广西有蚺蛇,其肉无毒,土人食之。其脂与涎沫著男子阴茎即消缩不举。昔有军士若干涉一水,皆病阴痿,盖此水乃蚺蛇出没处,有涎沫其中故也",[②]则言蚺蛇脂与涎沫就可萎阳,更为不可捉摸,无意中涉水接触蚺蛇涎沫就可能失去生育功能。

从目前文献而言,蚺蛇膏萎阳之说是从宋朝开始出现,到明清时期仍有蚺蛇油、蚺蛇脂萎阳之说,但蚺蛇胆萎阳的说法明清之后渐渐占据上风,即使武宗在记载中被认为是因蚺蛇油萎阳,在清人方以智的解释中蚺蛇油却变成了蚺蛇胆,实在虚实难辨,而这或许是蚺蛇胆萎阳之说不见之于医学典籍的原因之一,又或者蚺蛇胆萎阳本就属民间系统,难登医典。而蚺蛇胆是否真有萎阳之功却不得而知,现代中药典籍也不见相关记载。

古代假药不少,比如乌蛇就经常有人作假,《本草衍义》中就提到乌蛇"市者多伪以他蛇熏黑色货之,不可不察也",[③]即市面上经常有人把其他蛇熏黑冒充乌蛇。白花蛇也经常被人造假,却可以辨别,若是干蛇,"以眼不陷为真"。[④]蚺蛇胆同样也有真假之分。陶隐居云:"真胆狭长通黑,皮膜极薄,舐之甜苦,摩以注水即沉而不散;其伪者并不尔。此物最难得真。"《唐本注》则曰:"此胆剔取如米粟,著净水中,浮游水上,回旋行走者为真,多著亦即沉散。"[⑤]就如《证类本草》所言,这二说表面看起来相互冲突,一说注水即沉,一说著水"浮游水上";一说沉而不散,一说进入水中会沉散。但具体而言,可能与其干燥程度有关,若是比较新鲜的蚺蛇胆,遇水容易下沉,而且不容易散开。但古代蚺蛇胆一般都是晒干后使用,若是足够干燥,放入水中就难以下沉,时间长了即使下沉也容易散开。

---

① (清)方以智:《物理小识》卷五,上海:商务印书馆,1937年,第121页。
② (清)许起:《珊瑚舌雕谈初笔》卷七,《续修四库全书》第1263册,上海:上海古籍出版社,2001年,第586页上。
③ (宋)寇宗奭:《本草衍义》卷十七,清十万卷楼丛书本。
④ (宋)唐慎微:《证类本草》卷二十二,北京:人民卫生出版社,1957年,第450页下。
⑤ (宋)唐慎微:《证类本草》卷二十二,第443页上。

要之，蚺蛇胆作为中药里经常使用的药材，具有治疗脘腹虫痛，惊痫等功效，古代医典中的功效大致也是如此。在医典之外，蚺蛇胆还有护身、萎阳等功效。但医典中的记载并非都可信，如李时珍认为蚺蛇胆可以明目，其依据可能是历史记载中的一则故事，这样的故事在笔者看来若没有被实践验证，是不足为据的。而在医典之外，并非就没有医学，这样的医学难以让人采信，我们却也无法完全将之排斥。

二、唐朝的蚺蛇胆进贡

"进贡"指的是土贡，[①]按《通典》载："天下诸郡，每年常贡。"[②]也就是指按照制度规定，唐朝的地方各郡，每年都要向朝廷纳贡。在唐朝众多的贡品中，本文选取蚺蛇胆作为关注的对象。

蚺蛇胆进贡可能是源自唐朝，至少之前的朝代都不见有蚺蛇胆进贡的直接记载，从《史记》《汉书》《后汉书》《三国志》《晋书》，一直到《隋书》和《旧唐书》，正史中都没有各地进贡的具体记载，蚺蛇胆进贡的记载在唐朝以前也并未有直接出现。当然，这并不是说在这之前就一定不存在蚺蛇胆进贡的事实，毕竟就正史而言，《旧唐书》也并未系统记载唐朝的蚺蛇胆进贡，反倒是成书于宋朝的《新唐书》对此有详细的记述。但唐朝蚺蛇胆的进贡开始于何时却也并不十分清楚，虽然在《元和郡县图志》中出现过贞观贡的记载，但并不清楚贞观贡的具体内容，故而无法知道当时是不是已经开始进贡蚺蛇胆。不过唐朝蚺蛇胆的进贡到了开元时期肯定已经存

---

① 有关唐代的土贡，其研究可参见王永兴：《唐代土贡资料系年》，《北京大学学报》(哲学社会科学版)1982年第4期；张仁玺：《唐代土贡考略》，《山东师大学报》(人文社会科学版)1992年第3期；李锦绣：《唐代财政史稿》，北京：北京大学出版社，1995年；黄正建：《试论唐代前期皇帝消费的某些侧面——以〈通典〉所记常贡为中心》，《唐研究》第六卷，北京：北京大学出版社，2000年；袁本海：《唐代关内道与江南道土贡对比研究——兼论唐中后期经济的发展》，中央民族大学硕士学位论文，2005年；袁丽丽：《唐代河北道土贡研究》，河北师范大学硕士学位论文，2011年；王馨英：《唐代土贡制度探析》，《天中学刊》2012年第5期；王馨英：《唐代河南道土贡探析》，安徽大学硕士学位论文，第2013年；夏炎：《唐代后期土贡物产的流动》，《南开学报》(哲学社会科学版)2015年第2期。

② (唐)杜佑：《通典》卷六，北京：中华书局，1988年，第34页。

在,《唐六典》《元和郡县图志》《通典》《新唐书》中都有蚺蛇胆进贡的记录。下面根据相关记载,梳理唐代蚺蛇胆进贡的情况见表4.1:

表4.1　唐代蚺蛇胆进贡表

文献 地域	《唐六典》	《元和郡县图志》		《通典》	《新唐书》
		开元贡	元和贡		
福州(长乐郡)		蚺蛇胆			
泉州(清源郡)			蚺蛇胆		
广州(南海郡)	蚺蛇胆	蚺蛇胆	蚺蛇胆	蚺蛇胆五枚	蚺蛇胆
循州(海丰郡)	蚺蛇胆	蚺蛇胆	蚺蛇胆	蚺蛇胆三枚	蚺蛇胆
潮州(朝阳郡)	蚺蛇胆	蚺蛇胆		蚺蛇胆十枚	蚺蛇胆
韶州(始兴郡)	蚺蛇胆				
贺州(临贺郡)		蚺蛇胆			
柳州(龙城郡)					蚺蛇胆
安南都护府 (交州)	蚺蛇胆	蚺蛇胆		蚺蛇胆二十枚	蚺蛇胆
峰州(承化郡)	蚺蛇胆	蚺蛇胆			蚺蛇胆
高州(高凉郡)	蚺蛇胆			蚺蛇胆二枚	蚺蛇胆

根据表4.1,福州、泉州、广州、循州、潮州、韶州、贺州、柳州、安南都护府、峰州、高州在唐代都有蚺蛇胆进贡,其分布包括今福建、广东、广西、云南以及越南北部。但古代产蚺蛇的区域或许比这更广,如古代四川、海南等地也有蚺蛇分布,《水经注》就提到蜀地有蚺蛇,①《广东新语》载“崖州多蚺蛇”,②只是四川产蚺蛇的记载在古代并不多见,可能此地所产蚺蛇数量并不多。而海南在唐朝仍属于非常边缘的地带,可能中央王朝对其控制力非常有限,故而这两地在唐代都未列入进贡蚺蛇胆的范围。不过加上四川、海南,古代蚺蛇出产区域大体上刚好和现当代蟒蛇的分布比较吻合,据《中国动物志》中记载,蟒蛇在中国福建、海南、广西、四川、贵州、云南都有分布,③其中没有提到广东,实际上广东应该有蟒蛇分布,《中国

①　(北魏)郦道元著,陈桥驿校证:《水经注校证》卷三十七,北京:中华书局,2007年,第860页。

②　(清)屈大均:《广东新语》卷二十四,北京:中华书局,1985年,第603页。

③　参见赵尔宓等编著:《中国动物志·爬行纲》第三卷《蛇亚目》,北京:科学出版社,1998年,第35页。

蛇类图谱》就将广东标注为存在蟒蛇的区域，①而这些地域大致都可与古代对应，这也说明蚦蛇（蟒蛇）的分布，在古今并没有发生太大的变化。

另外一个很明显的问题是，表4.1中各典籍记载的蚦蛇进贡区域并不完全吻合，《唐六典》中有7个州（郡）进贡蚦蛇胆，分别是广州、循州、潮州、韶州、安南都护府、峰州、高州。《元和郡县图志》开元贡也有7个州（郡）进贡蚦蛇胆，分别是福州、广州、循州、潮州、贺州、安南都护府、峰州；元和贡进贡蚦蛇的则只有3个州（郡），分别是泉州、广州、循州。《通典》所载有5个州（郡）进贡蚦蛇胆，分别是广州、循州、潮州、安南都护府、高州。《新唐书》进贡蚦蛇胆的有7个州（郡），分别是广州、循州、潮州、柳州、安南都护府、峰州、高州。

同样是记载唐朝蚦蛇胆进贡，《唐六典》《元和郡县图志》《通典》《新唐书》所涉及的地域却不甚相同，这可能并非是典籍记载错讹，而是各典籍对应的时间不一致。根据王永兴先生的研究，《唐六典》所载乃开元二十五年（737年）贡，《元和郡县图志》里的开元贡是在开元二十六（738年）到二十九年（741年）之间，其中的元和贡是在元和元年（806年）到元和九年（814年）之间，《通典》则是天宝中贡，而《新唐书》则更晚，是属于长庆时期的土贡记载。②既然《唐六典》《元和郡县图志》《通典》《新唐书》中贡物所涉及的时间不一样，而且其中记载的蚦蛇胆进贡区域也各不相同，这就意味着在唐朝不同时期，进贡蚦蛇胆的地域并不一致。

关于蚦蛇胆进贡的时间，与其他贡品应当一样，其具体时间应当是元日大朝会，按《唐六典》中的规定："凡天下朝集使皆令都督、刺史及上佐更为之；若边要州都督、刺史及诸州水旱成分，则他官代焉。皆以十月二十五日至京都，十一月一日户部引见讫，于尚书省与群官礼见，然后集于考堂，应考绩之事。元日，陈其贡篚于殿庭。"③在大朝会开始之前，各地朝集使和贡物已经抵达首都，到了元旦，贡品还得放在殿庭，以显示朝廷

---

① 浙江医科大学等编：《中国蛇类图谱》，上海：上海科学技术出版社，1980年，第7页。
② 王永兴：《唐代土贡资料系年》，《北京大学学报》（哲学社会科学版）1982年第4期。
③（唐）李林甫等：《唐六典》卷三，北京：中华书局，1992年，第79页。

的威严和对地方的控制力。如此,想必蚺蛇胆与诸多地方贡品一起,都是在元日大朝会之前就需要运抵京师,以备元旦在朝堂呈现。

　　但是用于进贡的蚺蛇胆并不能到了临近元旦才准备,到了冬天,蛇都冬眠了,想在深山洞穴中找到蚺蛇取胆是非常困难的,其他与野生动植物相关的贡物应当同样面临这样的问题,动植物的生长和活动都有自身特定的自然规律,人类无法随心所欲,随时得到自己想要的物品。据文献记载,早在农历五月五日,地方上就开始准备进贡所需要的蚺蛇胆,《朝野佥载》载:"泉建州进蚺蛇胆,五月五日取。时胆两柱相去五六尺,击蛇头尾,以杖于腹下来去扣之,胆即聚。以刀刲取,药封放之。"①《岭表录异》也说:"普安州有养蛇户,每年五月五日,即担蚺蛇入府,只候取胆。"②这就是说,虽然蚺蛇胆是在年末才上贡给朝廷,但地方在五月五日就开始取胆,这一方面可能与蛇的生活习性有关,因为刚结束冬眠,以及即将进入冬眠的蛇因为食物的关系,性情并不安稳,而五月五日蛇结束冬眠已经数月,基本摆脱了冬眠带来的对食物的极度渴望,也并没有到秋季需要大量进食准备冬眠的时候,故而相对比较容易控制。但也并不绝对,到了农历五月之后,蚺蛇的交配和发情期虽然基本已经结束,但是雌蛇却开始孕育下一代,若是碰到繁殖后代的雌蛇,应付起来也并不轻松。另一方面,无论古今,用于入药的蚺蛇胆都需要晒干,《岭表录异》就提到抓捕蚺蛇取胆后,须"曝干以备上贡",③否则即使在贡品出发前临时取胆,到了京师之后也容易腐烂,而到了秋冬之季,阳光照射的时间和强度已经减弱,恐怕不利于蚺蛇胆的加工。

三、蚺蛇胆进贡与地方民众的参与

　　通过上文的论述,已经可以确知在唐代已经有蚺蛇胆进贡,面对这种情形,地方必须满足中央朝廷对蚺蛇胆进贡的需求,地方民众也必须面对

① (唐)张鷟:《朝野佥载》,北京:中华书局,1979年,第167页。
② 商璧、潘博:《岭表录异校补》卷下,南宁:广西民族出版社,1988年,第178页。
③ 商璧、潘博:《岭表录异校补》卷下,第178页。

危险的蚺蛇,想方设法捕捉蚺蛇。

蚺蛇的捕捉从何时开始现已难以确知,目前可以了解到的是,在唐朝之前肯定已经存在捕捉蚺蛇的情况,但这时候捕捉蚺蛇的目的可能与唐朝之后并不一致,《水经注》对捕捉蚺蛇有详细的记载,其捕捉蚺蛇的目的并非是为了蚺蛇胆,下面将其原文罗列如下:

> 尔时西蜀并遣兵共讨侧等,悉定郡县,为令长也。山多大蛇,名曰蚺蛇,长十丈,围七八尺,常在树上伺鹿兽,鹿兽过,便低头绕之,有顷鹿死,先濡令湿讫,便吞,头角骨皆钻皮出。山夷始见蛇不动时,便以大竹签签蛇头至尾,杀而食之,以为珍异。①

事件叙述中言明当时西蜀山地存在蚺蛇,当地山夷趁着蚺蛇虚弱的时候,用竹制的工具将蚺蛇杀死食用。这里捕捉蚺蛇是利用了蚺蛇的弱点,蚺蛇在进食或者刚进食完毕不久,是其最虚弱的时候,山夷就是抓住了这一点,在蚺蛇进食或刚进食完毕时发起攻击,达到杀死蚺蛇的目的。而这恰恰说明,在唐朝蚺蛇胆进贡体制确立之前,古人已经有了对付蚺蛇的办法,虽然文本中山夷杀蚺蛇并不是为了取胆,而是为了食用。唐朝蚺蛇胆进贡体制之所以能够确立,一方面是建立在蚺蛇胆本身的使用价值上,另一方面和这时候具备捕捉(杀)蚺蛇的技术方法息息相关。只是在蚺蛇胆进贡体制建立后,古人对蚺蛇的关注点发生了较大改变,因为唐代及以后的文本中捕捉蚺蛇总是伴随着取胆事件。唐朝《北户录》曰:"蚺蛇大者,长十余丈,围可七八尺,多在树上,候獐鹿过者,吸而吞之。至鹿消,即缠束大树,出其头角,乃不复动。夷人伺之,便以竹签签煞之,取其胆也。"②《北户录》的这段记载与《水经注》极为相似,杀蛇所采取的方法也几乎一致,但《水经注》中的山夷杀蚺蛇食用,《北户录》中的夷人却是为了取胆,

---

① (北魏)郦道元著,陈桥驿校证:《水经注校证》卷三十七,北京:中华书局,2007年,第860页。
② (唐)段公路:《北户录》卷一,北京:中华书局,1985年,第7页。

而当杀蚺蛇的目的变化后,捕杀蚺蛇已经不仅仅是地方行为,因为当地人捕杀蚺蛇本是为了食用,后来变为取胆多不是为了地方本身的需求,而是为了社会需求,此时捕杀蚺蛇就成了一种社会经济行为。

而想控制或者捕捉蚺蛇取胆是极其危险的事情,即使这个时候民众已经有了对付蚺蛇的办法。蚺蛇(蟒蛇)的体型庞大,这是众所周知的事,一般的蚺蛇(蟒蛇)长达5～11米,即使5米也基本上可以达到3个成年人身高的总和,更不论11米长的蚺蛇(蟒蛇)。而且超过11米的蚺蛇(蟒蛇)也时而能够被发现。据《深圳晚报》2012年的一篇报道,有人在印度尼西亚就捕获过长达14.85米,重447千克的巨蟒,当时这条巨蟒卖给了公园,公园管理人员给其取名"桂花",这条巨蟒可以很轻松吞下整整一个人。①

这条巨蟒已经让人心惊胆战,由此可以想象当古人为了取胆深入深山密林中寻找、捕捉蚺蛇是多么危险的一件事,可以肯定,古代因为捕捉蚺蛇取胆,必定有不少人员伤亡。可惜的是,古代记载中对捕捉蚺蛇带来的苦难并没有太多的关注,这可能与福建、广东等这些地区在古代属于边缘地带有关。不过柳宗元曾留下《捕蛇者说》:

> 永州之野产异蛇:黑质而白章,触草木尽死;以啮人无御之者。然得而腊之以为饵,可以已大风、挛踠、瘘疠,去死肌,杀三虫。其始大医以王命聚之,岁赋其二。募有能捕之者,当其租入。永之人争奔走焉。②

《捕蛇者说》中描述的情况和进贡蚺蛇胆有一定的可比性,因为二者都是为了进贡体制的需要,将异蛇或蚺蛇胆上交给政府,而且二者都具有危险性。异蛇是毒性很强,"触草木尽死;以啮人,无御之者",其中蒋氏三世捕

---

①《深圳晚报》2012年8月31日。
②(唐)柳宗元:《柳河东集》卷十六,上海:上海人民出版社,1974年,第294—295页。

蛇,他自己就说:"吾祖死于是,吾父死于是,今吾嗣为之十二年,几死者数矣。"非常恐怖。蚺蛇则是体型庞大,可吞食人类,捕捉的过程需要多人合作,《广东新语》中就提到捕捉大型蚺蛇需要挈龙部署,而挈龙部署又需要有非常严整的人员安排,即"凡蛇长一丈,旗一人,枪一人,弩五人,金二十人。蛇长十丈,人十之。长百丈,人百之",①故而控制和捕捉蚺蛇,其危险性应当不逊于捕捉毒蛇。

可能正因为控制和捕捉蚺蛇如此危险,而在蚺蛇胆进贡体制下民众被迫必须和蚺蛇打交道,故而古人也在不断摸索捕捉蚺蛇的方式,如《朝野金载》载:"泉建州进蚺蛇胆,五月五日取。时胆两柱相去五六尺,击蛇头尾,以杖于腹下来去扣之,胆即聚。以刀刲取,药封放之。不死复更取,看肋下有痕即放。"②《朝野金载》在开头就直言泉州和建州进贡蚺蛇胆,故而取胆至少部分是因为进贡的需要,而且其中取胆的方法与以前有所不同,在前文提到的《水经注》和《北户录》的记载中,是采取杀蛇取胆的方法,而在《朝野金要》的描述中,取胆的时候并不杀害蚺蛇,而是利用柱子固定蚺蛇,找准位置用刀取胆,之后给蚺蛇伤口涂上药,放之回归自然,虽然失去胆的蚺蛇在不久后仍然会死去。但这已经反映在蚺蛇胆进贡制度的刺激下,地方上确实有了新的对付蚺蛇的方法,因为《朝野金载》中控制蚺蛇的方法不仅与《北户录》《水经注》不同,其技术性也更强。

而除此之外,大概是受唐朝蚺蛇胆进贡的刺激,民众确实一直在探索捕捉蚺蛇之法,因为非常奇怪的是,从唐朝的文献记载开始,蚺蛇与女性之间似乎开始脱不开干系,不论这种关系真实与否,当时人已经利用这种观念捕捉蚺蛇。如《酉阳杂俎》就说蚺蛇"或以妇人衣投之,则蟠而不起"。③《北户录》也有相同的记载。这种涉及女性的蚺蛇捕捉方法与记载对后世影响很大。宋朝范成大所著《桂海虞衡志》载有捕捉蚺蛇之法,其文曰:

---

① (清)屈大均:《广东新语》卷二十四,北京:中华书局,1985年,第603—604页。
② (唐)张鷟:《朝野金载》,北京:中华书局,1979年,第167页。
③ (唐)段成式撰,方南生点校:《酉阳杂俎·前集》卷十七,北京:中华书局,1981年,第170页。

　　蚺蛇。大者如柱,长称之,其胆入药。南人腊其皮,刮去鳞,以鞔鼓。蛇常出逐鹿食,寨兵善捕之。数辈满头插花,趋赴蛇。蛇喜花,必驻视,渐近,竞掮其首,大呼红娘子,蛇头益俛不动,壮士大刀断其首。众悉奔散,远伺之。有顷,蛇省觉,奋迅腾掷,傍小木尽拔,力竭乃毙。数十人升之,一村饱其肉。[①]

文中言及蚺蛇胆入药,但寨兵捕捉蚺蛇是否取胆入药就不一定了,毕竟依照文中叙述,寨兵杀蚺蛇的主要目的是为了食用。但寨兵捕捉蚺蛇的方法却比较有趣,寨兵头上插着花就能引起蚺蛇的注意,使其暂时不具备攻击性,而头上插花这种行为实际上是在模仿女性的打扮,之后"大呼红娘子",却是在捕捉蚺蛇的时候让"女性"角色介入其中,虽然所谓的女性根本就不存在。如此,寨兵实际上是通过装扮女性,以达到迷惑蚺蛇的目的,并趁其不备将其斩杀。《岭外代答》记载的蚺蛇捕捉方法与之是相通的,其曰:

　　蚺蛇,能食獐鹿,人见獐鹿惊逸,必知其为蛇,相与赴之,环而讴歌,呼之曰妹妹,谓姊也。蛇闻歌即俯首,人竞采野花置蛇首,蛇愈伏,乃投以木株,蛇就枕焉。人掘坎枕侧,蛇不顾也。坎成,以利刃一挥,堕首于坎,急压以土,人乃四散。食顷,蛇身腾掷,一方草木为摧。既死,则剥其皮以鞔鼓,取其胆以和药,饱其肉而弃其膏。盖膏能痿人阳道也。[②]

这里杀蚺蛇的方法与《桂海虞衡志》里记载的略为相似,不过在杀蛇过程中,却是将蚺蛇视为女性,称呼其为姊,并为蛇戴花,蛇因之被迷惑,有人

① (宋)范成大:《桂海虞衡志》,北京:中华书局,2002年,第110页。
② (宋)周去非著,杨武泉校注:《岭外代答校注》卷十,北京:中华书局,1999年,第385页。

向其扔木头也不为所动,反而枕在木头上;人在木头一侧掘坎,蛇也不管不顾,直至被人斩杀,才开始有所反应。

在宋朝之后,虽然捕杀蚺蛇也有与妇人或者性淫毫无关系者,如《滇略》载:"蚺蛇产孟艮山中,土人欲取之,先以鸡卜问诸神,得吉兆则入麓求之。蛇见人辄伏不动,夷人语之曰:'中国天子求尔胆,尔可伏死,否则吾亦不汝贳也。'蛇反背就戮。"①这条文献的描述比较奇特,蚺蛇见到人竟然伏身不动,夷人跟蛇说中国天子要蚺蛇胆,蚺蛇就"反背就戮",不可思议,难以置信。不过这时期捕捉蚺蛇仍然与女性有着剪不断的瓜葛,在文本描述中,蚺蛇成了性淫、喜欢妇人的化身。明朝《甘露园短书》载:

> 粤西地产蚺蛇,长十余丈,食全鹿,肉肥美,胆入药,皮鞔大鼓,然人不敢近,独喜美妇人。捕之之法,壮士数十辈插花满头如妇人,趋赴蛇,蛇必驻视。渐近,以妇人衣投之,蛇蟠衣不动,竟拊其首,大呼红娘子,蛇益俛。以葛藤缚之,壮士大刀断其首,便奔散,远伺之。以蛇注念妇人忘其缚,至于忘其首之断,而怒尚未作也。有顷省觉,奋掷腾跃,傍小木尽拔,力竭乃毙。数十人扛归,一村饱其肉。所蟠衣辟除不祥。②

文中捕蚺蛇之法与《桂海虞衡志》中记载极为相似,所不同者增加了投妇人衣、以葛藤缚这两个步骤,这应当是对《桂海虞衡志》有所继承。但文中强调蚺蛇唯独喜欢美妇人,插花扮女性、投妇人衣、呼红娘子似乎都是为了迎合蚺蛇喜欢美妇人而为之。而《广志绎》更进一步,直接说蚺蛇性善淫,"土人缚草为刍灵,粉饰之,蛇见则抱而戏,人径裂胸而取其胆,蛇对面而不知也"。③《耳谈类增》亦载:"南海蚺蛇,性极淫,制之者以妇人敝裤

① (明)谢肇淛:《滇略》卷三,《景印文渊阁四库全书》第494册,台北:台湾商务印书馆,1983年,第126—127页。
② (明)陈汝锜:《甘露园短书》卷十一,明万历刻清康熙重修本。
③ (明)王士性:《广志绎》卷五,北京:中华书局,1981年,第115页。

投之,则戴之首而矫然壁立,又以首掷地,必甚快而所谓甘心焉者。如此数次则昏闷,制者因棒击之毙。须熟认击处,则胆在焉。"①这里就是利用蚺蛇性淫的特点来捕捉蚺蛇了。

　　到了清朝更是如此,如《岭南杂记》也认为蚺蛇性极淫,其捕捉蚺蛇的方法,同样是利用了这一点,其具体捕捉的方法如下:

　　　　度其出入之地,先钉罗椿数行,狭仅容其身。壮士持橄榄棍伏其中,出一人于外,扬妇人裙裤以招之。蛇望见,即昂首高五六尺,来逐,人退入罗椿内。蛇身既巨,到狭处曲折,则转身不便,蜿蜒屈伸间,人持棍击之,且退且击,数人迭出,视其首俯地则无惧矣。以葛藤系其颈而牵之。②

文中是先打几排木桩,木桩中的空隙可以容纳蚺蛇,再将蛇引入预先准备好的空间,其引蛇之物则是妇人的裙裤,引诱成功就用棍击杀之。

　　同样的,清朝《广东新语》也描述蚺蛇性淫,"以妇祖衣置穴外,蚺蛇闻气出蟠伏,黎人以藤圈加颈上,逆鳞牵之"。而且上文已提到,《广东新语》中针对大蚺蛇,有专门的挈龙部署,其在捕捉蚺蛇的过程中也会用到妇人裙裾,没有摆脱蚺蛇性淫的思维,但总体而言挈龙部署仍是依靠强势的武力将蚺蛇击杀。

　　再者,为了适应唐朝蚺蛇胆进贡的需要,当时已经出现专门饲养蚺蛇的人群,《岭表录异》就载:

　　　　普安州有养蛇户,每年五月五日,即担蚺蛇入府,祗候取胆。余曾亲见,皆于大笼之中,借以软草,盘屈其上。两人升一条在地上,即以十数拐子从头翻其身,旋以拐子案之,不得转侧,即于腹上约其尺

_____

① （明）王同轨:《耳谈类增》卷二十,郑州:中州古籍出版社,1994年,第170页。
② （清）吴震方:《岭南杂记》卷下,载王云五主编:《丛书集成初编》第3129册,北京:商务印书馆,1936年,第46页。

寸,用利刃决之,肝胆突出,即割下其胆。皆如鸭子大,曝干以备上
贡。却合内肝,以线合其疮口,即收入笼。或云,升归放川泽。①

普安州在今贵州一带,当地为了蚺蛇胆进贡,已经出现专门的养蛇户饲养
蚺蛇,到了每年的五月五日,就将蚺蛇抬到官府取胆。其取胆之法比较独
特,与前文提及的方法又有所不同。在取胆之前,蛇都是装在笼中,取胆
的时候主要依靠拐子翻动、固定蚺蛇,取胆之后又将蛇装入笼子。而饲养
蚺蛇人群的出现,大概是为了保证每年都有足够的蚺蛇胆进贡,毕竟若是
纯粹取之野外,难免存在无法足量的风险。

　　故而,从文本中可以看出,在唐朝蚺蛇胆进贡之前,确实已经有了对
付蚺蛇的方法,比如当地人已经猎杀蚺蛇取肉食用。若是历史顺其自然,
在古人力量不断壮大之后,不管是对付蚺蛇或者其他大蛇,必然会出现更
多行之有效的方法。但在唐朝蚺蛇胆进贡制度确立以后,人与蚺蛇,或者
说大蛇之间关系转变的进程被迫加速,为了取得蚺蛇胆,唐朝中央政府无
意中使得地方民众被动员起来,无论是否自愿,不得不面对危险的蚺蛇,
可以肯定其中有不少人丧生,这对于地方而言的确是一种悲剧,也是一场
灾难。但是在不得不面对蚺蛇的时候,当地民众也在不断努力探索控制
和捕捉蚺蛇的方法,这就是为什么从唐朝之后出现了利用女性衣物或者
女性装饰物来捕捉蚺蛇的方法,而且还出现了专门饲养蚺蛇的群体,为了
捕捉蚺蛇甚至发展出掣龙部署,而这还不是新增方法的全部。

四、蚺蛇胆进贡中的蚺蛇悲剧

　　在唐朝蚺蛇胆进贡中,参与其中的民众因需直接面对危险的蚺蛇,伤
亡在所难免,若仅仅从进贡体制的角度观察,这些民众也是制度的牺牲
者。而蚺蛇与人一样,同属于大自然的一部分,同属于动物界,同样都有
生命、痛感,在蚺蛇胆进贡中,直接的受害者实际上是蚺蛇。有唐一朝到

　　① 商壁、潘博:《岭表录异校补》卷下,南宁:广西民族出版社,1988年,第178页。

底有多少蚺蛇因此丧命,其具体数字不得而知,但本书依然试图作一探索,以表达对生命的敬畏。

在表4.1中,《通典》明确列出了蚺蛇胆进贡的数量,这样似乎意味着唐代蚺蛇胆进贡是以枚计数的。但可能也不完全如此,在《旧唐书》中,唐文宗听说取蚺蛇胆非常残忍,心有不忍,诏度支曰:"每年供进蚺蛇胆四两,桂州一两、贺州二两、泉州一两。宜于数内减三两,桂、贺、泉三州输次岁贡一两。"①这则诏书是在太和二年(828年)发布,其中提到桂州、贺州、泉州进贡蚺蛇胆,桂州在表格中没有出现,同样进一步印证了唐朝蚺蛇胆进贡区域在不同时期不断发生变化。而且这条材料与《通典》明显不同,其是用两来计量蚺蛇胆进贡的多少。

可以推测的是,在这里用两计量的蚺蛇胆应当是加工晒干之后的蚺蛇胆,因为蚺蛇胆若是不晒干容易坏,难以保存,而且上文所引《岭表录异》也明确提到捕捉蚺蛇取胆后,蚺蛇胆要"大曝干以备上贡",说明五月五日地方在取蚺蛇胆之后需要把蚺蛇胆加工、晒干,到了年末给朝廷进贡的时候是将晒干易保存的蚺蛇胆送到首都。而《旧唐书》中提到蚺蛇胆计量时说桂州一两,贺州二两,泉州一两,但一两到底相当于多少枚蚺蛇胆呢? 这需要解决两个问题,第一,唐朝一两相当于现在的多少克;第二,一枚蚺蛇胆到底大概有多重。

第一个问题前人已经有了研究,据《中国历代度量衡考》,唐代一两多在40～42克之间,②本书就取较小值40克。1枚蚺蛇胆大概有多重这个问题比较难解决,首先,蚺蛇大小不一,其胆大小重量也不一样,故而没有统一的数字。再者,古代尚未找到蚺蛇胆重量的数据,现在医学著作也多是将蚺蛇胆大小描述为长4～8厘米,而不涉及其重量。所幸现代两则新闻可以作为参照。第一则新闻是皇岗海关查获1名入境游客携带的蟒蛇

① (后晋)刘昫:《旧唐书》卷十七上《敬宗本纪》,北京:中华书局,1975年,第529页。

② 丘光明编著:《中国历代度量衡考》,北京:科学出版社,1992年,第446页。

胆，一共200枚，重达1千克。①第二则新闻来源于《福州晚报》，报道中指出深圳罗湖海关查获一批走私的蟒蛇胆，其大小不一，大的竟然有巴掌大，一共有1410枚，净重6.3千克。②在第一则新闻中200枚重达1千克，这说明其实不到1千克，如此1枚蟒蛇胆平均不足5克。第二则新闻数据更具体，平均1枚蟒蛇胆的重量约是4.47克。两则新闻中的蟒蛇胆都已经晒干，这种状态下算出来平均1枚蚺蛇胆都不足5克。如此，唐代1两一般至少相当于40克，而晒干的蚺蛇胆1枚平均不足5克，这样的话1两蚺蛇胆至少相当于8枚，这意味着桂州、贺州、泉州三地理论上在太和二年（828年）本需至少向朝廷进贡32枚蚺蛇胆，而且仅仅是这三州进贡蚺蛇胆的数量，因为太和年间的土贡资料缺乏，具体有多少州要向朝廷进贡蚺蛇胆并不清楚，而且这条诏令有没有真正实施，或者实施了多长时间也不清楚，故而不便展开论述。

而回到《通典》，其中记载有五郡进贡蚺蛇胆，一共40枚。相比较而言，《通典》中蚺蛇胆进贡的州（郡）算是适中或者偏少，因为无论是《唐六典》《元和郡县图志》中的开元贡，或者是《新唐书》中的长庆贡，进贡蚺蛇胆的州（郡）都是7个，比《通典》要多，而《元和郡县图志》中元和贡的数目偏少，只有3个州（郡）向朝廷进贡蚺蛇胆，故而以《通典》中5个州（郡）蚺蛇胆进贡的数目来计算唐代的蚺蛇胆进贡应当比较适中，或者偏少。

唐朝自618年建国，到907年灭亡，中间还经历了安史之乱、黄巢起义这种大的动荡，但因为在《元和郡县图志》中出现过贞观贡的记载，却不知贞观贡是贞观几年的贡制，而且此时的贡物中是否有蚺蛇胆并不清楚，为了使得最后的数值不至于偏高，我们以《唐六典》所载开元二十五年（737年）贡作为唐朝蚺蛇胆进贡的起点。从737年到唐朝灭亡一共约170年，除去8年安史之乱的全国性动荡（此时唐朝的制度运转不佳，土贡制度应当同样如此），尚余162年。唐朝后期黄巢起义横扫南方，黄巢大致在乾

---

①《闯关"水果干"竟是珍贵蟒蛇胆》，《晶报》2014年10月10日；《貌似"水果干"其实是蟒蛇胆》，《深圳晚报》2014年7月22日。
②《携带1410个蟒蛇胆入境》，《福州晚报》2013年12月16日。

符五年(878年)大举进入南方,又于广明元年(880年)北上,并在次年进入长安,直至中和四年(884年)战死,假定从黄巢进入南方开始,南方进贡蚺蛇胆就受阻,直至黄巢战败,期间共7年,减去这7年尚余155年。再假定828年唐文宗时期只有桂州、贺州、泉州进贡蚺蛇胆,而且这条诏令在之后的时间一直执行,即唐朝在这之后的年份只进贡约8枚蚺蛇胆,其余的时间则按照《通典》中每年40枚的数量计算。如此,唐朝总共进贡蚺蛇胆3896枚,相对应地,因为蚺蛇胆进贡唐朝,这就需要大约3896条蚺蛇。当然,这个数字应当不准确,其中偏低的可能性更大,毕竟在计算中各项数值都尽量取了最小值。但需要注意的是,向朝廷进贡蚺蛇胆并不是唐代蚺蛇胆需求的全部,而可能只是占一小部分,取胆也不是唐代捕杀蚺蛇的唯一理由,而是理由之一,若是推算整个唐代因为人为因素导致蚺蛇死亡的数量,恐怕超过3896这个数字数倍不止。

要之,唐代的蚺蛇胆进贡是建立在蚺蛇胆药用、蚺蛇捕捉技术相对成熟的基础之上。蚺蛇胆进贡的出现使得地方民众必须参与到蚺蛇的捕捉当中,面对危险的蚺蛇,民众在这个过程中必定付出了巨大的伤亡。但在这个制度当中,真正的牺牲者其实是蚺蛇本身。

第二节　医学中的白花蛇、乌蛇与蛇蜕

一、民间医学与专业医学的错位——以白花蛇、乌蛇为中心

白花蛇、乌蛇是中医里重要的药材,白花蛇一般认为是尖吻蝮。其干燥体含3种毒蛋白,AaT-Ⅰ、AaT-Ⅱ、AaT-Ⅲ,并含透明质酸梅、出血毒素Ⅰ、出血毒素Ⅳ;2个凝结因子,cf-1和cf-2,还含出血因子Ac1-蛋白酶、Ac3-蛋白酶、Ac4-蛋白酶、精氨酸酯酶、阻凝剂1、阻凝剂2、糖蛋白Ib。主治风湿顽痹,筋脉拘挛,中风口喎,半身不遂,小儿惊风,破伤风,杨梅疮,麻风,疥癣。乌蛇一般指乌梢蛇,全体含有多种氨酸,如赖氨酸、亮氨酸、天冬氨酸、谷氨酸、甘氨酸、丙氨酸、苏氨酸、丝氨酸、胱氨酸、缬氨酸、甲氨

酸、异亮氨酸、酪氨酸、苯丙氨酸、组氨酸、精氨酸、脯氨酸等等,可祛风湿,通经络,止痉,主治风湿顽痹,肌肤麻木,筋脉拘挛,肢体瘫痪,破伤风,麻风,风疹疥癣。①

《本草纲目》对白花蛇和乌蛇的功用也有详细描述,其中描述白花蛇肉甘、咸,温,有毒,主治中风湿痹不仁,筋脉拘急,口面㖞斜,半身不遂,骨节疼痛,脚弱不能久立,暴风瘙痒,大风疥癞(开宝);治肺风鼻塞,浮风瘾疹,身生白癜风,疬疡斑点(甄权);通治诸风,破伤风,小儿风热,急慢惊风搐搦,瘰疬漏疾,杨梅疮,痘疮倒陷(时珍)。白花蛇头有毒,主治癜风毒癞。白花蛇目睛主治小儿夜啼。②乌蛇肉甘,平,无毒,主治诸风顽痹,皮肤不仁,风瘙瘾疹,疥癣(开宝);热毒风,皮肌生癞,眉髭脱落,痾疥等疮(甄权);功与白花蛇同,而性善无毒(时珍)。乌蛇膏主治耳聋。乌蛇胆主治大风疬疾,木舌胀塞(时珍)。乌蛇皮主治风毒气,眼生翳,唇紧唇疮(时珍)。乌蛇卵主治大风癞疾。③

医学上对对白花蛇、乌蛇功用的解释非常详细,大多内容也只有专业的医学从业者才能完全理解其含义。对于医学领域外的人而言,他们无法精准掌握白花蛇、乌蛇的医学用途和方法,以至在实际使用中,讹误之处甚多。

在古代著述当中,白花蛇和乌蛇能够治风的记载颇为常见,如《朝野佥载》云:"商州有人患大风,家人恶之,山中为起茅舍。有乌蛇坠酒罂中,病人不知,饮酒渐差。罂底见蛇骨,方知其由也。"④文中反映出在古代,患有大风的人容易遭到周围人的疏离,但因其不知不觉喝了乌蛇浸泡的酒,治好了自己的疾病。乌蛇、白花蛇能够治疗风疾上面已经提到,李时珍就说白花蛇"通治诸风,破伤风,小儿风热,急慢惊风搐搦,瘰疬漏疾,杨

---

① 南京中医药大学编著《中药大辞典》,上海:上海科学技术出版社,2006年,第3647—3648、666—667页。

② (明)李时珍:《本草纲目》卷四十三,北京:人民卫生出版社,1975年,第2401—2404页。

③ (明)李时珍:《本草纲目》卷四十三,第2404—2406页。

④ (唐)张鷟撰,赵守俨点校:《朝野佥载》卷一,北京:中华书局,1979年,第2页。

梅疮,痘疮倒陷",而乌蛇"功与白花蛇同,而性善无毒"。也就是说,白花蛇和乌蛇的功效大体是相同的,也都可以治疗风疾,但是白花蛇酒与乌蛇酒是否对风疾有效? 答案可能似是而非。

首先,白花蛇酒是可以治疗风疾的。在《本草纲目》中,仅白花蛇酒就有三种,分别为世传白花蛇酒、瑞竹白花蛇酒、濒湖白花蛇酒。这三种酒都可以治疗风疾。世传白花蛇酒可治诸风无新久,瑞竹白花蛇酒治诸风疠癣,濒湖白花蛇酒可治中风伤湿,半身不遂。这三种白花蛇酒虽名称相似,且都以白花蛇为主药,但除此之外,还加入不少其他药材,根据所加药材不同,其作用稍有差别。如世传白花蛇酒的配方为:用白花蛇一条,温水洗净,头尾各去三寸,酒浸,去骨刺,取净肉一两,再加入一钱全蝎、当归、防风、羌活,五钱独活、白芷、天麻、赤芍药、甘草、升麻。濒湖白花蛇酒的配方为:用白花蛇一条,取龙头虎口,黑质白花,尾有佛指甲,目光不陷者为真,以酒洗润透,去骨刺,取肉四两,加入一两防风,二两真羌活、当归身、真天麻、真秦艽、五加皮。因此,世传白花蛇酒除了治风,还可治恶疮、疥癣等疾病,濒湖白花蛇酒也可以治疗年久疥癣、恶疮、风癞等等。而瑞竹白花蛇酒因只用白花蛇,没有加入其他药物,故而只能治疗诸风疠癣。①

乌蛇酒是否可治风疾却可商榷。因为乌蛇酒可治风疾之说,除了上述《朝野佥载》等民间故事中有记载外,虽医书中也多引此事以证乌蛇可治风疾,但据目前所见古代医典,暂不见名为乌蛇酒的药方。据李时珍的记载,乌蛇治疗大风并不是通过酒这个媒介,而是通过鸡,如"用乌蛇三条蒸熟,取肉焙研末,蒸饼丸米粒大,以喂乌鸡。待尽杀鸡烹熟,取肉焙研末,酒服一钱。或蒸饼丸服。不过三五鸡即愈"。又或者"用大乌蛇一条,打死盛之。待烂,以水二碗浸七日,去皮骨,入糙米一升,浸一日晒干。用白鸡一只,饿一日,以米饲之。待毛羽脱去,杀鸡煮熟食,以酒下之。吃尽,以热汤一盆,浸洗大半日,其病自愈"。②也就是说,乌蛇可治疗风疾,

---

① (明)李时珍:《本草纲目》卷四十三,北京:人民卫生出版社,1975年,第2402—2403页。
② (明)李时珍:《本草纲目》卷四十三,第2405页。

却不是以酒为媒介,古代医学典籍中也暂不见有乌蛇酒的药方,但是民间确出现乌蛇酒治疗风疾的故事,除上述《朝野佥载》外,《唐国史补》也言"李丹之弟患风疾,或说乌蛇酒可疗",①说明乌蛇酒可治风疾的观念在民众当中很有影响。

即使退一步,古代确有乌蛇酒可治风疾,只是如今不见相关记载。参见白花蛇酒的制作过程,乌蛇酒应当也有自己的制作方法,但是古人对乌蛇酒的理解似乎非常直接,《酉阳杂俎》曰:

> 冯坦者,常有疾,医令浸蛇酒服之。初服一瓮子,疾减半。又令家人园中执一蛇,投瓮中,封闭七日。及开,蛇跃出,举首尺余,出门因失所在。其过迹,地坟起数寸。②

在实际操作中,民众将乌蛇酒直接理解为用乌蛇泡酒,《朝野佥载》中的故事对此已有反映,而且上述材料中的冯坦也是把活蛇直接扔入酒中,这应当是古人在实际生活中缺乏专业医学从业者的指导,仅从字面理解医学知识的结果。这种对医学知识的自我理解是比较恐怖的,因为其不仅出现在对具体使用方法的讹误上,而且体现在对药材本身的辨识上。

古人认为乌蛇酒可治风疾,但乌蛇为何物却并不一定了解,《唐国史补》中就有这种情况。其载:"李丹之弟患风疾,或说乌蛇酒可疗,乃求黑蛇,生置瓮中,酝以麹蘖,戛戛蛇声,数日不绝。及熟,香气酷烈,引满而饮之,斯须悉化为水,惟毛发存焉。"③故事中李丹之弟患有风疾,听说乌蛇酒可以治疗,在这里,其医学知识的来源可能就是民间口口相传,是否正确却不一定,因用"或说"一词。而在对乌蛇的辨别上,其似乎也缺乏专业的知识指导,仅从表面理解,将乌蛇理解为黑蛇,用黑蛇制酒,饮用后人化为水。这种悲剧的发生,就是事件参与者对医学知识误读的结果。

---

① (唐)李肇:《唐国史补》卷上,上海:上海古籍出版社,1979年,第29页。
② (唐)段成式撰,方南生点校:《酉阳杂俎·前集》卷十五,北京:中华书局,1981年,第140页。
③ (唐)李肇:《唐国史补》卷上,1979年,第29页。

要之,白花蛇、乌蛇确可治疗风疾,这一点无论古今医学典籍都有记载。但在古代,由于缺乏专业的指导,民众在对医学知识的理解和使用上都存在误读,这种误读既表现在对药材本身的理解上,如将乌蛇简单理解为黑蛇;也表现在药材的使用上,简单将乌蛇酒的制作理解为把活蛇放入酒中,以致酿成悲剧。本文仅仅以白花蛇、乌蛇为例,可以想见,古代此类的现象应当不少。

二、伤害与保护:古代白花蛇、乌蛇进贡

白花蛇一般被认为是尖吻蝮,属有毒蛇,主要分布在我国安徽、福建、台湾、江西、湖北、湖南、广东、广西、重庆、贵州。[1]古云白花蛇"一名褰鼻蛇,白花者良,生南地及蜀郡诸山中"。[2]所言大致不错。乌蛇一般被认为是乌梢蛇,分布范围更广,在我国,主要分布于上海、江苏、浙江、安徽、福建、台湾、河南、湖北、湖南、广东、广西、四川、贵州、云南、陕西、甘肃,[3]即南北均有分布。

在古代,除了蚺蛇胆作为贡品送至朝廷外,白花蛇、乌蛇也曾作为贡品,《唐六典》记载唐代黄州曾进贡乌蛇,[4]《通典》记载蕲春郡(蕲州)进贡乌蛇脯,[5]而《新唐书》则载蕲州贡白花蛇和乌蛇脯。[6]古代蕲州的白花蛇非常著名,故白花蛇又有蕲蛇之称。

与蚺蛇胆进贡类似,白花蛇与乌蛇的进贡无论是对当地人,或者是对蛇本身,都造成了严重的伤害。相比较而言,蚺蛇因其体型大,对人可造成伤害。白花蛇则是毒性强,可致人死亡。而乌蛇基本无毒,情况稍好一些,故而对于白花蛇和乌蛇进贡,能够对人造成更大伤害的是白花蛇。唐

① 赵尔宓等编著:《中国动物志·爬行纲》卷三《有鳞目·蛇亚目》,北京:科学出版社,1998年,第391页。
② (宋)唐慎微:《证类本草》卷二十二,北京:人民卫生出版社,1957年,第450页下。
③ 赵尔宓等编著:《中国动物志·爬行纲》卷三《有鳞目》,第330—331页。
④ (唐)李林甫等:《唐六典》卷三,北京:中华书局,1992年,第69页。
⑤ (唐)杜佑:《通典》卷六,北京:中华书局,1988年,第120页。
⑥ (宋)欧阳修:《新唐书》卷四十一《地理五》,北京:中华书局,1975年,第1054页。

朝柳宗元有《捕蛇者说》,其事脍炙人口,文曰:

> 永州之野,产异蛇,黑质而白章,触草木尽死;以啮人无御之者。然得而腊之以为饵,可以已大风、挛踠、瘘疬,去死肌,杀三虫。其始大医以王命聚之,岁赋其二。募有能捕之者,当其租入。永之人争奔走焉。
>
> 有蒋氏者,专其利三世矣。问之,则曰:"吾祖死于是,吾父死于是,今吾嗣为之十二年,几死者数矣。"言之貌若甚戚者。余悲之,且曰:"若毒之乎? 余将告于莅事者,更若役,复若赋,则何如?"蒋氏大戚,汪然出涕曰:"君将哀而生之乎? 则吾斯役之不幸,未若复吾赋不幸之甚也。向吾不为斯役,则久已病矣。自吾氏三世居是乡,积于今六十岁矣。而乡邻之生日蹙,殚其地之出,竭其庐之入。号呼而转徙,饿渴而顿踣。触风雨,犯寒暑,呼嘘毒疠,往往而死者相藉也。曩与吾祖居者,今其室十无一焉。与吾父居者,今其室十无二三焉。与吾居十二年者,今其室十无四五焉。非死而徙尔,而吾以捕蛇独存。悍吏之来吾乡,叫嚣乎东西,隳突乎南北;哗然而骇者,虽鸡狗不得宁焉。吾恂恂而起,视其缶,而吾蛇尚存,则弛然而卧。谨食之,时而献焉。退而甘食其土之有以尽吾齿。盖一岁之犯死者二焉,其余则熙熙而乐,岂若吾乡邻之旦旦有是哉。今虽死乎此,比吾乡邻之死则已后矣,又安敢毒耶?"
>
> 余闻而愈悲,孔子曰:"苛政猛于虎也!"吾尝疑乎是,今以蒋氏观之犹信。呜呼! 孰知赋敛之毒有甚于是蛇者乎! 故为之说,以俟夫观人风者得焉。①

柳宗元笔下的永州异蛇应当就是尖吻蝮,即白花蛇。孔天翰曾列出永州所产毒蛇,根据文中"黑质而白章""触草木尽死;以啮人,无御之者""可以

---

① (唐)柳宗元:《柳河东集》卷十六,上海:上海人民出版社,1974年,第294—296页。

已大风、挛踠、瘘疠,去死肌,杀三虫"等等描述,将不符合条件的蛇一一排除。根据排除法,最符合柳宗元笔下永州异蛇特征者就属尖吻蝮,即白花蛇。①而在《捕蛇者说》一文中,我们可以完全感受到当地人为了应付朝廷需要,不得不面对含有剧毒蝮蛇的无奈。在与毒蛇打交道的过程中,死亡难以避免,特别是在古代,文中蒋氏一家三代就专门捕蛇,其"祖死于是",后其"父死于是",现在他的子嗣也从事捕蛇,多次差点丧命。唐代蕲州作为进贡白花蛇之地,这样类似的情况在所难免。

　　而在白花蛇、乌蛇进贡体制中,直接被牺牲的还是白花蛇与乌蛇本身,为了满足人自身健康的需要,人类将白花蛇与乌蛇捉住,处理后熏干,做成药材。古代具体有多少白花蛇、乌蛇因此丧生不得而知,但对于中国巨大的人口基数而言,若能统计,得出的数字恐怕也不低。与此同时,当一种动物进入国家权力之中,也不尽都是悲剧,比如现在的大熊猫,正是因为有国家权力的介入,才不至于逐渐消失、灭绝。古代的白花蛇也是如此,虽然进贡白花蛇能够直接导致白花蛇遭殃,但也正因为国家权力介入,导致地方不能随意捕杀,白花蛇数量可能存在增多的情况。元朝《通制条格》记载:

　　　　延祐元年十月,中书省御史台呈:江北道廉访司申,罗田县白花蛇伤人害畜,如蒙贡余之外许令击除,免致滋多,于民便益。都省议得:罗田县山谷生畜白花毒蛇,近因禁捕,以致滋多,伤人害畜。今后除每岁额贡依例办纳,余从民便。②

《元史》中虽没有记载地方土贡,而据《通制条格》可知土贡在元朝是存在的。材料中涉及罗田,为蕲州路下属县,③是传统产白花蛇的地区,因为

---

　　①孔天翰:《永州"异蛇"考辩》,《蛇志》2012年第4期。有相同看法的还有吕国康:《谈〈捕蛇者说〉中的异蛇》,《柳州师专学报》2006年第2期。

　　②(元)拜柱:《通制条格》卷二十七,杭州:浙江古籍出版社,1986年,第279页。

　　③(明)宋濂:《元史》卷五十九《地理二》,北京:中华书局,1976年,第1410页。

需向朝廷进贡白花蛇,元朝曾禁止地方捕捉,故有"近因禁捕"一说,禁捕的原因或许正是长期以来捕蛇制药导致白花蛇数量减少。而这次禁捕对于白花蛇而言乃为佳事,其数量迅速增多,"伤人害畜",最后禁捕令废除。这样的例子在古代恐怕不多,禁捕也没有长期坚持,对白花蛇的保护非常有限。

要之,古代白花蛇、乌蛇也曾属于贡品,在其进入国家制度之后,对于地方百姓,由于必须面对危险的毒蛇,牺牲在所难免。而对于蛇本身,其同样是制度下的直接牺牲者,人们将白花蛇、乌蛇捉住,加工处理成药材等等,对白花蛇、乌蛇也造成了伤害。另一方面,白花蛇、乌蛇进入制度也不尽都是坏事,元朝曾颁布禁捕令,禁止当地人随意捕杀白花蛇,使白花蛇数量得以恢复。惜其只是昙花一现,当蛇的利益与人的利益发生冲突,禁捕令随之废除。

三、古代蛇蜕的利用

蛇蜕是由王锦蛇、黑眉锦蛇等多种蛇蜕下的皮膜,以"石上完全者为佳"。[①]蛇蜕大多来自游蛇科,而游蛇科又是蛇类中最大的一科,除了极端环境之外,在全世界各地都有分布,因而,蛇蜕的分布不像蟒蛇、尖吻蝮、乌梢蛇都有一定的地域局限,基本在全国范围内均可寻见,比较容易得到,"南中木石上,及人家墙屋间多有之"。[②]蛇蜕皮的时间也并不十分固定,所谓"蛇蜕无时",[③]故而,蛇蜕可能随时随地都可得到。

不同蛇蜕的成分稍有差别,但效果大体应当相似,在实际的利用中并未特别加以区分,蛇蜕主要的功能之一就是抗炎,[④]抗炎药本就属医药大宗,运用广泛,加上其获取方便,分布范围广,蛇蜕在中国古代医学中亦如鱼得水,可治小儿百二十种惊痫蛇痫,癫疾瘈疭,弄舌摇头,寒热肠痔,蛊

---

① (明)李时珍:《本草纲目》卷四十三,北京:人民卫生出版社,1975年,第2394页。
② (明)李时珍:《本草纲目》卷四十三,第2394页。
③ (明)李时珍:《本草纲目》卷四十三,第2394页。
④ 南京中医药大学编著《中药大辞典》,上海:上海科学技术出版社,2006年,第2999页。

毒(本经);大人五邪,言语僻越,止呕逆,明目,烧之疗诸恶疮(别录);喉痹,百鬼魅(甄权);灸用辟恶,止小儿惊悸客忤,煎汁傅疬疡、白癜风,催生(日华);安胎(孟诜);止疟,辟恶去风杀虫,烧末服,治妇人吹奶、大人喉风、退目翳、消木舌,傅小儿重舌重腭,唇紧解颅,面疮月蚀,天泡疮,大人疔肿,漏疮肿毒,煮汤,洗诸恶虫伤(时珍)。①相比白花蛇、乌蛇,蛇蜕涉及的病症确实更多,下面仍以《本草纲目》为例(见表4.2),列出蛇蜕可治病症与蛇蜕具体使用方法。

表4.2　《本草纲目》蛇蜕利用表

病症	利用方法
喉痹	烧末,以乳汁服一钱。(《心镜》)
缠喉风疾 (气闭者)	《杜壬方》:用蛇蜕(灸)、当归等分,为末。温酒服一钱,取吐。 一方:用蛇皮揉碎烧烟,竹筒吸入即破。 一方:蛇皮裹白梅一枚,嚼咽。
大小口疮	蛇蜕皮水浸,拭口内,一二遍,即愈。仍以药贴足心。(《婴孩宝鉴》)
小儿木舌	蛇蜕烧灰,乳和服少许。(《千金方》)
小儿重舌、 小儿重腭	用蛇蜕灰,醋调傅之。(《千金方》《千金》《圣惠方》)
小儿口紧	蛇蜕烧灰,拭净傅之。(《千金方》)
小儿解颅	蛇蜕熬末,以猪颊脂和,涂之,日三四易。(《千金方》)
小儿头疮、小儿面 疮、小儿月蚀	用蛇蜕烧灰,腊猪脂和,傅之。(《子母秘录》《肘后方》)
小儿吐血	蛇蜕灰,乳汁调,服半钱。(《子母秘录》)
痘后目翳	用蛇蜕一条(洗焙),天花粉五分,为末。以羊肝破开,夹药缚定,米泔水煮食。(《齐东野语》)
卒生翳膜	蛇蜕皮一条,洗晒细剪,以白面和作饼,灸焦黑色,为末。食后温水服一钱,日二次。(《圣惠方》)
小便不通	全蛇蜕一条,烧存性研,温酒服之
胎痛欲产 (日月未足者)	以全蜕一条,绢袋盛,绕腰系之。(《千金方》)
横生逆生、 胞衣不下	《千金》:用蛇蜕炒焦为末,向东酒服一刀圭,即顺。 《十全博救方》:用蛇皮一条,瓶子内盐泥固,煅研二钱,榆白皮汤服。 《济生秘览》:用蛇蜕一具,蝉蜕十四个,头发一握,并烧存性,分二服,酒下。仍以小针刺儿足心三七下,擦盐少许,即生

①(明)李时珍:《本草纲目》卷四十三,北京:人民卫生出版社,1975年,第2395页。

续表

病症	利用方法
妇人难产	蛇蜕泡水浴产门,自易。(《宝鉴》)
妇人吹乳	蛇皮一尺七寸,烧末,温酒一盏服。(《产乳》)
肿毒无头	蛇蜕灰,猪脂和涂。(《肘后》)
石痈无脓 (坚硬如石)	用蛇蜕皮贴之,经宿便愈。(《千金》)
诸肿有脓	蛇蜕灰,水和,傅上,即孔出。(《千金翼》)
丁肿鱼脐	《外台》:用蛇蜕鸡子大,水四升,煮三四沸,服汁立瘥。 《直指》:用蛇蜕烧存性研,鸡子清和傅
恶疮似癞 (十年不瘥者)	全蜕一条烧灰,猪脂和傅。仍烧一条,温酒服。(《千金方》)
癜风白驳	《圣惠》:用蛇皮烧灰,醋调和。 《外台》:用蛇蜕摩数百遍,令热,弃草中勿回顾
陷甲入肉 (常有血痛苦)	用蛇皮一具烧灰,雄黄一弹丸,同研末。先以温浆洗疮,针破贴之。(《初虞世方》)
耳忽大痛 (如有虫在内奔走, 或血水流出,或干 痛不可忍者)	蛇退皮烧存性研,鹅翎吹之立愈。(《杨拱医方摘要》)

故而蛇蜕在古代的蛇利用中是比较特殊的存在。蛇蜕来自不同的蛇类,但功效大体类似,不需仔细辨别,在药材辨识这一环比较容易。又因其功效、分布均非常广泛,在医学的实际利用中亦大放异彩,可以治疗的疾病不少。更重要的是,蛇蜕是蛇之弃物,百般使用却不会伤害动物本身,不涉及动物伦理,无论古今,都值得推广。

第三节　被利用的蛇恐惧

无论古今,人类普遍对蛇存有深深的恐惧,这种恐惧来源于蛇对人类的威胁,特别是在历史早期,人类力量弱小的时候,四处游荡的蛇应当给人造成了非常严重的困扰,由此,在漫长的人类进化中,害怕蛇、对蛇敏感逐渐成为人特性的一部分。

人类普遍对蛇恐惧,但人类同样对蛇大加利用。前文已经讲到古人如何利用蚺蛇胆、白花蛇、乌蛇、蛇蜕，以之满足自己对生存、健康的需求，只要对自身有利，即使面对恐惧的蛇，即使需要付出代价，甚至因为抓捕蟒蛇、白花蛇丧失性命，对蛇的利用却一直没有停止。在蛇的利用上，除了入药之外，蛇恐惧本身也曾被当作工具或者"武器"，从而达到某种目的。

　　唐朝《酉阳杂俎》记载："上都街肆恶少，率髡而肤劄，备众物形状。恃诸军，张拳强劫，至有以蛇集酒家，捉羊脾击人者。"①蛇在这里就被恶少用作恐惧的媒介，以此欺凌他人。同时代《朝野佥载》也记一事，"成王千里使岭南，取大蛇八九尺，以绳缚口，横于门限之下。州县参谒者，呼令入门，但知直视，无复瞻仰，踏蛇而惊，惶惧僵仆，被蛇绕数匝。良久解之，以为戏笑"。②成王无故用大蛇戏谑州县官员，甚至危及他们的生命，因之，此事在《太平广记》中被归入暴虐类。蛇在这些故事中被人当作引发恐惧的武器，这些恐惧有意无意都伤害了其他人，在文本的呈现中，这些利用蛇欺凌、恐吓他人的行为，都为人不容，如面对《酉阳杂俎》中的恶少，京兆薛元赏"令里长潜捕，约三十余人，悉杖杀，尸于市"。唐成王的恶作剧行为也被人看作是暴虐的表现。

　　此类行为古代更为著名者是蛊盆，即将毒蛇等聚集一处，用于处罚他人，相传是由商纣王创造，却没有实际依据。不过，在后世确有类似于蛊盆的存在。春秋时期，鲁国就曾筑蛇渊囿，③虽没有说明其用途，但若是真在囿中聚集毒蛇，恐怕也是在制造恐惧，或以此残害他人。五代时期，南汉政权可能是蛊盆的实践者，《资治通鉴》曰："岭南珍异所聚，每穷奢极丽，宫殿悉以金玉珠翠为饰。用刑惨酷，有灌鼻、割舌、支解、剔剥、炮炙、烹蒸之法；或聚毒蛇水中，以罪人投之，谓之水狱。"④司马光此段记载不

　　①（唐）段成式撰，方南生点校：《酉阳杂俎·前集》卷八，北京：中华书局，1981年，第76页。

　　②（唐）张鷟撰，赵守俨点校：《朝野佥载》卷二，北京：中华书局，1979年，第33页。

　　③（晋）杜预注，（唐）孔颖达等正义：《春秋左传正义》卷五十六，（清）阮元校刻：《十三经注疏》，北京：中华书局，1980年，第2149页下。

　　④（宋）司马光：《资治通鉴》卷二百八十三，北京：中华书局，1956年，第9236页。

知材料源自何处,文中亦未指出,其中口吻似以中原王朝自居看待偏远的南汉,不免有丑化之嫌。南汉政权的皇帝是否真的穷奢极丽,用刑惨酷不得而知,但文中所举例子虽不免夸大,却应有一定的事实根据,加之岭南自古多蛇,寻一些毒蛇相对容易,故而南汉至少有建立水狱、聚集毒蛇惩罚罪人的优越条件。

佛教当中,也有以蛇惩罚罪人的设定,印度僧人所著《大智度论》曰:

> 若犯邪婬,侵他妇女,贪受乐触,如是等种种因缘堕铁刺林地狱中。刺树高一由旬,上有大毒蛇,化作美女身,唤此罪人上来,共汝作乐;狱卒驱之令上,刺皆下向,贯刺罪人,身被刺害,入骨彻髓。既至树上,化女还复蛇身,破头入腹,处处穿穴,皆悉破烂。忽复还活,身体平复;化女复在树下唤之,狱卒以箭仰射,呼之令下,刺复仰刺;既得到地,化女身复作毒蛇,破罪人身。如是久久,从热铁刺林出。①

在《大智度论》构建的地狱中,存在铁刺林地狱,在树上有大毒蛇,引诱罪人上树或者下树,并以蛇身钻入人体,破坏人的身体。在佛教地狱的构建中,将蛇纳入惩罚体系,就是利用人对蛇的恐惧,加剧人们对行恶入地狱的担忧,以达到劝人向善的目的。《大佛顶首楞严经》亦言六报,分别为见报、闻报、嗅报、味报、触报、思报,"五者触报招引恶果。此触业交,则临终时,先见大山四面来合,无复出路,亡者神识,见大铁城,火蛇火狗,虎狼师子,牛头狱卒,马头罗刹,手执枪稍,驱入城门,向无间狱"。②同样反映在佛教构建的地狱中有火蛇存在,用于惩罚生前犯下恶行之人。在《乐善录》中,就明确提到"地狱"中火蛇以火燔烤罪人的场景,其文为:

---

① [印]龙树造著,(后秦)鸠摩罗什译:《大智度论》卷十六,上海:上海古籍出版社,1991年,第108页上。

② (唐)般利密帝:《大佛顶如来密因修证了义诸菩萨万行首楞严经》卷八,大正新修大藏经本。

　　　侍郎季南寿乾道己丑知简州。越明年,二月望,方坐厅,忽郡人
聚观如堵,皆谓瑞气浮空,彩雾罩空,公亦明见墀下有数十辈吏兵,仪
仗甚盛,因语众官曰:"某奉上帝敕,暂到冥司决一狱,须两日方可
还。"言讫,伏案而睡。官吏惊怖,相守至次日,乃苏。自言初到冥司,
见阎罗王,乃冯楫吏部也。饮罢,有一吏来取覆云:"本司自绍兴二十
九年以来,累承东岳司申,送勘阳间斋醮,触犯天宪事,其罪人经今未
决,准上帝敕,委请侍郎处断。"予即随吏至狱,四城皆铁围,毒蛇猛兽
口吐炎火,燔烧罪人,哀号之声所不忍听。①

　　这条记载是侍郎季南寿入"冥司"断案,路上见"毒蛇猛兽口吐炎火,燔烧
罪人,哀号之声所不忍听"。这样的材料今日看来确实荒谬,但可反映在
中国古代被构建的地狱中,确实利用了人对蛇的恐惧,以蛇作为引发人们
内心担忧的元素,以为对作恶行为的警戒。

　　宗教就利用这一点,在对恶人设定的处罚中,将蛇纳入其中,出于对
蛇等的恐惧,使人不敢随意行恶。但宗教所谓的死后惩罚只是存在于被
构建的世界当中,对相信的人自有约束力,但对于不信教的人而言约束力
有限。

　　宗教中利用人害怕蛇的心理,在虚幻的世界中以蛇惩戒罪人,这并非
坏事。而在现实生活中,以蛇伤人、害人却非好事,要受到惩罚。《唐律疏
议》就规定:"如其以蛇蜂蝎螫人,同他物殴人法。"也就是说用蛇伤害他
人,按照用他物殴人法处理。用他物殴人是如何处罚的呢? 同书也有记
载"诸斗殴人者,笞四十;伤及以他物殴人者,杖六十",即用他物殴人,要
受到杖六十的惩罚。但在实际处理当中,按照情节不同,处罚也不同,并
不拘泥于杖六十,具体在这段文字下有详细解释,其文为:

　　　谓他物殴人伤及拔发方寸以上,各杖八十。方寸者,谓量拔发无

　──────────

　　① (宋)李昌龄:《乐善录》卷十,续古逸书丛景宋刻本。

毛之所,纵横径各满一寸者。若方斜不等,围绕四寸为方寸。若殴人头面,其血或从耳或从目而出,及殴人身体内损而吐血者,各加手足及他物殴伤罪二等。其拔发不满方寸者,止从殴法。其有拔鬓,亦准发为坐。若殴鼻头血出,止同伤科。殴人瘢血,同吐血例。①

既然以蛇蝎等蜇人是按照用他物殴人法处理,根据《唐律疏议》中的规定,一般是杖六十,但伤害程度不同,处罚的力度也会有所变化。

后世明清律法中,对用蛇伤人的行为,同样有具体的处罚规定:《大明律》载:"若故用蛇蝎毒虫咬伤人者,以斗殴伤论。因而致死者,斩。"②故意用蛇咬人,是以斗殴伤论,导致人死亡的,则斩。同样的,明代的斗殴伤按照情节不同,处罚也有区别,同书"斗殴"部分云:

> 凡斗殴,以手足殴人,不成伤者,笞二十;成伤,及以他物殴人不成伤者,笞三十;成伤者,笞四十。青赤肿为伤,非手足者,其余皆为他物。即兵不用刃,亦是。拔发方寸以上,笞五十。若血从耳目中出,及内损吐血者,杖八十。以秽物污人头面者,罪亦如之。折人一齿及手足一指,眇人一目,抉毁人耳鼻,若破人骨及用汤火、铜铁汁伤人者,杖一百。以秽物灌入人口鼻内者,罪亦如之。折二齿、二指以上及髡发者,杖六十,徒一年。折人肋,眇人两目,堕人胎,及刃伤人者,杖八十,徒二年。折跌人肢体,及瞎人一目者,杖一百,徒三年。瞎人两目,折人两肢,损人二事以上及因旧患令致笃疾,若断人舌,及毁败人阴阳者,并杖一百,流三千里。仍将犯人财产一半,断付被伤笃疾之人养赡。同谋共殴伤人者,各以下手伤重者,为重罪,原谋减一等。若因斗互相殴伤者,各验其伤之轻重定罪。后下手理直者,减

---

① (唐)长孙无忌等撰,刘俊文点校《唐律疏议》卷二十一,北京:中华书局,1983年,第383—385页。

② (明)刘惟谦撰,怀效锋点校:《大明律》卷十九,北京:法律出版社,1999年,第154页。

二等。至死及殴兄姊、伯叔者,不减。①

　　《大明律》对斗殴的处罚规定非常详细,若未致死,按照情节不同,处理从答二十到杖一百、流三千里、罚一半财产不等。互殴的,"各验其伤之轻重定罪。后下手理直者,减二等"。就是说若后下手,理直的一方可以减轻处罚,但若是将人打死,或者殴打兄姊、长辈则不减轻处罚。抛开处罚力度本身,这种理念是符合中国实际情况的。不过在同卷,关于斗殴还有其他规定,比如殴皇室成员、长官等处罚与此又不相同,这里就不一一介绍。明朝用蛇咬人是按照斗殴伤人处罚,参照上述具体规定,根据伤人的程度不同,若未致死,处罚应该是从答四十到杖一百、流三千里、罚一半财产不等。若是以此伤害皇室成员或者长官等,则另有规定。

　　清朝也有相关规定,但沿袭明朝,内容基本相似,如《大清律令》规定:"若故用蛇蝎毒蛊咬伤人者,以斗殴伤论。因而致死者,斩。"②与《大明律》相比,仅有一字之差,将"毒虫"换为"毒蛊"。《大清律例》关于斗殴的规定如下:

　　　　凡斗殴,以手足殴人,不成伤者,答二十;成伤及以他物殴人不成伤者,答三十;成伤者,答四十。青赤肿者为伤,非手足者,其余皆为他物。即兵不用刃,亦是。拔发方寸以上,答五十。若血从耳目中出,及内损吐血者,杖八十。以秽物污人头面者,罪亦如之,折人一齿及手足一指,眇人一目,抉毁人耳、鼻,若破人骨及用汤火、铜铁汁伤人者,杖一百。以秽物灌入人口鼻内者,罪亦如之。折二齿二指以上,及髡发者,杖六十,徒一年。折人肋,眇人两目,堕人胎,及刃伤人者,杖八十,徒二年。折跌人肢体及瞎人一目者,杖一百,徒三年。瞎人两目,折人两肢,损人二事以上,及因旧患令致笃疾,若断人舌,及

---

① (明)刘惟谦撰,怀效锋点校:《大明律》卷二十,北京:法律出版社,1999年,第159—160页。
② 张荣铮等点校:《大清律例》卷二十六,天津:天津古籍出版社,1993年,第458页。

毁败人阴阳者,并杖一百,流三千里。仍将犯人财产一半,断付被伤
笃疾之人养赡。同谋共殴伤人者,各以下手伤重者为重罪。原谋减
一等。若因斗互相殴伤者,各验其伤之轻重定罪,后下手理直者,减
二等至死,及殴兄、姊、伯、叔者,不减。①

相比《大明律》,这段记载除了个别字词之外,也都基本相同,同卷其他部
分也是如此。但《大清律例》在法律条文后又有条例,对条文可能涉及的
各种情况做了补充解释,因而更为详细,官员在具体办案中也有具体的条
例可供参考。

要之,对蛇的恐惧在古代被利用,在宗教构建的死后世界中,蛇被当
作对作恶者惩罚的诸多手段之一,以此劝恶扬善,对人类社会不无益处。
在现实中,也有人以蛇作恶,或者恶作剧,这样的行为无疑是对他人的伤
害,故而古代的法律对此亦有明文处罚。

小　结

动物利用是历史动物研究中的重要课题,人类对动物的利用涉及面
非常广泛,不同的动物有不同的侧重。开展动物利用研究既可以群体为
中心,研究不同阶层、不同地域群体对动物利用的具体内容;也可以利用
方式为主线,研究动物在衣、食、住、行、医疗等等领域中的应用。古代对
蛇的利用比较广泛,涉及衣、食、医疗等方面,南北方对蛇的利用也有所差
别。限于材料或者相关内容前文已经涉及,故而衣、食领域的蛇利用本章
并未详细展开。本章内容主要从两方面着手。首先是医疗。在古代对蛇
的利用中,除了食用外,医疗是另一重心。围绕着医疗,有许多故事可以
挖掘,而且从医疗中我们可以发现:对古人造成危害的大蛇和毒蛇,实际

---

① 张荣铮等点校:《大清律例》卷二十七,天津:天津古籍出版社,1993年,第472—473页。
此本标点多有错讹,如最后部分"后下手理直者,减二等至死,及殴兄、姊、伯、叔者,不减。"标点
就有问题,正确的标点应当为:"后下手理直者,减二等。至死,及殴兄、姊、伯、叔者,不减。"

上也可以挽救人的性命;对蛇充满恐惧的人们,同样也在利用令他们恐惧的事物。其次,对动物的利用并不仅仅是利用身体部位,动物对人造成的感受也可以被利用,比如蛇对人造成的恐惧在古代就被利用,宗教是以之劝恶扬善,却也有人以此作恶或者恶作剧。当然,动物利用的利弊是掌握在人手中,就看人如何使用。但在动物利用的考察中,同样希望研究者、利用者可以心怀对生命最基本的敬畏,因为动物与无生命的物体并不一样,动物有生命,也有痛觉,关注动物利用中动物被牺牲的一面也是另一种历史真实。

第五章　恐惧之蛇与早期文化

在生命进化的历程中,爬行动物曾经历过辉煌的时代。而在爬行动物大量灭绝的背景下,蛇是为数不多幸存至今,并一直发展壮大者。在我们人类祖先出现之初,在河水四流、森林花草齐相争艳的良好自然环境下,围绕在人类祖先周围的可能有大量的蛇,在人、蛇活动空间重叠性很高的情况下,这些蛇威胁着我们祖先的生存,大蛇以人为食,毒蛇随时可能杀人。这样的情况随着历史的发展,人类力量的壮大,以及自然环境的变化,在不断好转,但一直到秦汉时期,人蛇之间的关系仍然比较尖锐,其程度应该至少超出了今日普通人的想象,特别是直到秦汉时期遭遇毒蛇后,古人仍然可能采取断手断足这种极端的方式保全性命。而正是在这样长期的恐惧和尖锐的人蛇矛盾下,人类本身在进化的过程中产生了对蛇的恐惧,早期的蛇崇拜文化也多建立在对蛇的恐惧之上。

第一节　人类普遍的蛇恐惧

前文已经提到,在人蛇相遇之初,人类可能是大蛇的食物之一,而且可能同时饱受毒蛇之害。即使人类发展出自己的文明,在生态环境比较良好的人类文明之初,甚至到了中国秦汉时期,蛇的活跃程度以及其对当时人的危害,亦并非今人所能想象,否则上古人在见面时,就不会以"没有蛇吧"作为一种相互的问候或者提醒。而反观当时人的应对之策,恐怕又是非常无力。

大禹驱蛇是古人在面对蛇害时所做的努力,这种努力是群体性的,借助群体的力量将蛇赶入河泽之中,远离人们的居住区域。但是在面对蛇的侵害时,这时期的人多数时候恐怕是无力的,遇到大蛇自不必说,若非是群而攻之或者及时逃跑,只能是九死一生。汉朝之后面对毒蛇咬伤这种危及生命的状况,古人亦积极寻求解决之道,"蝮蛇螫人,传以和堇则愈"。①此治蛇毒的方法虽为传言,却是处于毒蛇困境中人们应对的一种努力。而在现实中面对蛇毒,古人更可能是"蝮螫手则斩手,螫足则斩足,何者?为害于身也"。②面对毒蛇咬伤,当时人为了保住性命,不得不斩去被毒蛇咬伤的肢体。除此之外,这时期可能鲜有其他治蛇之法。而且当时人面对蛇是如此无力,以至于在汉代,能够杀蛇之人都被认为与众不同或受人尊奉。③

正是由于在古代,特别是上古时期,古人力量尚不够强大,自然生态环境良好,蛇类众多而且活跃。同时,在蛇的危害面前,当时人并没有多少应对之策,从而使得在漫长的进化过程中,人类形成了普遍惧怕蛇的心理。

对蛇的恐惧恐怕是很多人的共性,在生活中,他们往往谈蛇色变,或者有很多人曾经受到过蛇的伤害,或被毒蛇咬伤,或被惊吓。在与日本的老师讨论蛇这个命题的时候,有的日本老师也都避而不谈,他们坦言自己非常害怕蛇,希望不要与其谈论蛇的问题,可见其对蛇恐惧之深。

在英国,曾经有过一项有关恐惧的调查,而38%的女性和12%的男性都将蛇列为最令其恐惧的事物。④2009年《科学美国人》杂志评选人类最害怕的十大事物,蛇也是稳居第一。

对于人类惧怕蛇这样较为普遍的心理现象,心理学家多有涉猎。在2011年一个瑞典学者所进行的实验中,25个学生参加了测验。测验人员给受验者准备了两种不同类型的图片:一类是容易引起普通人恐惧的蛇

---

① 何宁:《淮南子集释》卷十七《说林训》,北京:中华书局,1998年,第1227页。

②(汉)司马迁:《史记》卷九十四《田儋列传》,北京:中华书局,1959年,第2644页。

③ 吴杰华:《再论高祖斩白蛇》,《中国典籍与文化》2017年第1期。

④ Arne Ohman and Susan Mineka, "The Malicious Serpent Snakes as a Prototypical Stimulus for an Evolved Module of Fear," Current Directions in Psychological Science, vol.12, 2010.

与蜘蛛的图片,另一类则是普通的花、蘑菇等图片。而在实验中,25个学生都很明显地更轻易将蛇、蜘蛛这样容易引起人恐惧的图片甄别出。[1]这项实验的最终目的并非是为了测验人类是否害怕蛇,相反,在实验之初,实验人员就将蛇作为引起恐惧的因子加以利用,而实验中学生的反应恰恰也证明了人类对蛇这种恐惧的事物具有更敏锐的感知能力。在2004年的另一项实验中,英国、澳大利亚学者让参与实验的人员从大量图片中找出蛇与蜘蛛的图片,而相比诸如蘑菇之类的照片,受验者同样能够更快地发现蛇与蜘蛛的图片。[2]类似的实验同样发生在2005年,受验者同样被展示以各种图片,而蛇与蜘蛛的图片更容易让受验者产生恐惧。[3]

在心理学的实验中,蛇经常被用作恐怖意向的代名词,在需要恐惧的时候,往往会将蛇用作恐惧产生的"道具"。而心理学者利用人类普遍惧怕蛇这一心理因素本身就表明,在心理学界人类普遍惧蛇的心理已经被默认,而非是惧蛇者的自我夸大。而在实验中,受验者对蛇敏感的反应能力,从深层次探究,也是人类对蛇恐惧的表现。因对蛇恐惧,为了尽可能发现周围蛇的存在,以更好地保护自己,在长期的进化磨炼中,造就了人类对蛇敏锐的侦查能力。这就和毒蛇毒牙的进化一样,在长期的进化中,为了更好、更高效地捕猎,同时可能是为了保护自身,有一些蛇进化出了自己的毒牙,使之成为自身锋锐的武器。人同样也一样,每一种器官与洞察力,都是长期进化优胜劣汰的结果,对蛇的敏锐侦查力当然也属于这一类。

问题到此并未结束,人类普遍惧蛇基本作为一种共识为人熟知,但这种对蛇的惧怕在长期的进化中是否已经在人类的遗传基因中留下了印

---

[1] Ohman,Arne, A Flykt, F Esteves, "Emotion Drives Attention:Detecting the Snake in the Grass," Journal of Experimental Psychology General, vol.130, 2001.

[2] Ottmar V.Lipp,Nazanin Derakshan, Allison M.Waters, Sandra Logies, "Snakes and cats in the flower bed:Fast detection is not specific to pictures of fear-relevant animals," Emotion, vol.4, 2004.

[3] Martin J.Batty and Kyle R.Cave, Paul Pauli, "Abstract stimuli associated with threat through conditioning cannot be detected preattentively,"Emotion, vol.5, 2005.

记？人类是否生来就怕蛇？这个问题一直困扰着众多人，至今仍然如此。于是乎，心理学家将实验的对象延伸至出生不久的儿童，希望能够从这些孩子身上找到答案。

利用新生小孩做实验并非新鲜事，早在1920年，华生就进行过著名的"小艾伯特实验"，当时的艾伯特只有不到一岁。在实验中，华生为了证明自己的条件反应理论，在艾伯特与白鼠接触时制造恐惧，使得艾伯特对白鼠产生了恐惧。这个实验与华生的理论一起，被世人所熟知。

心理学家为了弄清楚人们对蛇的恐惧是否与生俱来，同样让小孩参与到实验中。在2008年，美国著名的心理学家瓦内萨·罗布就主持做过一个心理学实验。他在实验中准备了许多图片，存储在可触屏的电子设备中，每一次展示，屏幕上都会出现九张图片，参与实验的成人和小孩都需要从这些图片中找出特定的图片。实验的结果表明，小孩和成人一样，都能更快速地从大量图片中找到蛇的图片。[1]这是恐惧心理领域有名的实验，不过在后人的研究实验看来，这个实验似乎只能证明儿童对蛇这种容易引起人恐惧的动物有着更敏锐的侦查力，或者说蛇更容易吸引小孩子的注意力。

或许是认为自己的实验仍然有需要改进之处，于是瓦内萨·罗布与其同事又做了另一个实验，实验分为3组，全都是针对婴儿展开。首先是找了16个9~10个月大的小孩，由家人陪同，观看研究人员准备的两组视频：一种是有关蛇的视频，另一种是其他动物。但相比较而言，小孩在看蛇的视频时，其反应与观看其他动物的视频并没有太多的不同。第二组实验是找了48个婴儿，包含24个7~9个月的小孩，24个16~18个月大的孩子，实验中的孩子仍然是观看之前的两组视频，但是视频播放的同时配上了人类恐怖与欢乐的声音。当恐怖的声音出现时，孩子们盯着蛇观看的时间相对更长。第三组实验的组成人员与第二组相同，与第二组实

---

① Vanessa LoBue and Judy S.DeLoache, "Detecting the Snake in the Grass—Attention to Fear-Relevant Stimuli by Adults and Young Children," Psychological Science, vol.19, 2008.

验相同的是,人类恐怖与欢乐的配音仍然存在,但视频换成了图片。在这种情境下,相比其他动物,无论是在恐怖的声音下,或是在欢乐的声音下,小孩观看蛇的图片与观看其他动物的图片其反应大多并没有明显不同。在这个实验中,特别是第一组实验,似乎证明了对蛇的恐惧并非是与生俱来,否则婴儿在看到蛇的视频时,其表现不应与别的动物没有多大差别。①

实验进行至此,瓦内萨·罗布与其同事并未停止,为了搞清楚人们是靠什么来甄别蛇与其他动物,她们继续进行了更为复杂的实验,这次的实验分为五个部分,在此就不详细叙述。实验的结果表明,无论是小孩或是成人,都能够更快地识别蛇。而蛇的形状则是她们(他们)能够快速识别蛇的关键。②

就在2016年,美国《实验儿童心理学杂志》又刊登了一篇文章讨论这个问题。其中的研究人员给婴儿观看蛇与大象的视频。相对于大象,蛇确实更快地就能引起小孩的注意,但测试出的心跳速率却不如大象高。于是,对蛇恐惧并非与生俱来的结论进一步被印证,而蛇容易引起婴儿的注意力也一样被再次证实。③

但这可能并非是最后的结论,毕竟人类在近几千年来,似乎与自然界渐行渐远,蛇对人类的危害整体上也得到缓解,人类有了越来越多的手段可以应付蛇所带来的问题,故而我们对蛇的危险感知度必然随之降低。

猴子与人类一样属于灵长类动物,属于人类的近亲。而长时间生活在实验室,很少与野外接触的猴子对蛇也并未表现出十分恐惧的情绪,但野外的猴子却十分怕蛇,当实验室的猴子观察到野生猴子对蛇恐惧的举

---

① Judy S.DeLoache and Vanessa LoBue, "The narrow fellow in the grass: Human infants associate snakes and fear,"Developmental Science, vol.12, 2010.

② Vanessa LoBue and Judy S. DeLoache, "What so special about slithering serpents? Children and adults rapidly detect snakes based on their simple features," Visual Cognition, vol.19, 2011.

③ Cat Thrasher and Vanessa LoBue, "Do infants find snakes aversive?Infants' physiological responses to 'fear-relevant' stimuli," Journal of Experimental Child Psychology, vol.142, 2016.

动时,实验室的猴子也开始非常害怕蛇,而且这种恐惧强烈而持久。[1]而我们当今人类是否与生活在实验室中的猴子一样,由于周围出现蛇的概率不高,蛇对我们造成的伤害有限,导致我们对蛇的恐惧和敏感性降低,但这种东西一旦被唤醒,又是如此的强烈持久,难以磨灭。

正是考虑到种种类似的情况,虽然心理学家已经付出了如此多的努力,但对蛇恐惧并非与生俱来这种观点愚以为仍需谨慎对待,否则婴儿为何对蛇具有更好的辨别能力?这难道不是由蛇恐惧引发的吗?而且如今生活在城市里,很少接触蛇的人为何仍然对蛇充满恐惧?这都是需要一一解释的问题,不可过早下结论。况且上述实验中虽然现代人在婴儿时未对蛇表现出异常的恐惧,但人类对蛇的普遍恐惧似乎已经成为共识,而且人类对蛇具有更强的侦查力和甄别能力,我们这些能力必定是在漫长的人、蛇进化过程中形成。

对蛇的恐惧无形当中又影响了中国文化,中国历史早期蛇崇拜文化盛行,比如部落时代的蛇图腾,以及历史上的伏羲女娲崇拜,这些对蛇的崇拜最初基本上都是建立在蛇恐惧的基础上。

第二节 蛇威胁与中国早期蛇文化

中国的文明具体源自何时目前而言是说不清楚的问题,我们现在对中华文明的追溯多是根据传说故事以及考古挖掘,目前比较知名的有万年仙人洞、慈山文化、红山文化、仰韶文化、河姆渡文化、良渚文化、马家窑文化、龙山文化等。这些文明的产生当然并非一朝一夕,而且与当地的环境应当息息相关,因而不同的文化都呈现出不同的特色,如良渚文化就以玉器文化知名,龙山文化以黑陶著名。但文明的产生实际上也是一个人和自然关系协同并进的过程,最初的古人很可能是"仰则观象于天,俯则

---

[1] Arne Ohman and Susan Mineka, "The Malicious Serpent:Snakes as a Prototypical Stimulus for an Evolved Module of Fear,"Current Directions in Psychological Science, vol.12, 2010.

观法于地"。通过这些方式在不断认识周围的自然世界,因而创造了文化,或者说文明。

在中华文明发展的过程中,直立行走、文字的出现、农业的产生都是极为重要的,直立行走不仅对人脑的发育非常重要,而且解放了人的双手,使得制造和使用工具变得便利,而这个漫长的过程却是人适应环境的结果,是在环境变化中为了生存的需要。中国目前所见系统的文字是商朝的甲骨文,属于象形文字,把自然界、社会中的事物依照形状画出,形成了中国的文字。农业的产生就更离不开对自然的长时间观察,以及丰富的自然知识,若是没有对四时的认识,对植物生长规律等的把握,农业的产生恐怕只能是空谈。

既然文明的产生离不开自然,自然界的动植物必然在其中发挥了各自的作用,最浅显的就是农业和畜牧业的发展。但却又不仅限于此,对自然界动物的复杂认识和感情在文明之初就烙印于其上。比如中国的龙文化,其对中华文明的烙印想必无须赘述,而龙本身就是动物或者属于多种动物的组合。闻一多先生较早地就提出,中国的龙是由多种图腾杂糅而成,其中蛇是主干,表明蛇图腾最为强大,而在伏羲女娲半人半蛇的图像信仰形成之前,闻一多先生认为必有全蛇信仰的时期。①而这些论断对后来的学术研究产生了至少两方面的影响。第一方面是龙的原型研究。闻一多先生的研究为龙的蛇原型说奠定了坚实的基础,虽然之后诸多论说层出不穷,但蛇原型说的主体地位无法动摇,仍在学术界占主流地位。第二方面的影响就是开拓了历史上蛇崇拜和蛇图腾研究的空间。图腾研究始于18世纪末《一个印第安译员兼商人的航海与旅行》,其以美洲印第安为研究对象,认为印第安人都有自己钟爱的图腾,这些图腾被认为可以守护族人,故而,印第安人不会有意伤害自己的图腾。

图腾学说出现至今已有两个多世纪,仍然为研究者所热衷,闻一多先生在研究伏羲女娲时就是用图腾学说来解释中国的龙,其结论确实也令

---

① 闻一多:《伏羲考》,载《神话与诗》,天津:天津古籍出版社,2008年,第1—49页。

人信服。就这样，在后世的研究中，蛇图腾的研究越来越多。但蛇图腾的出现，应源自古人对蛇的恐惧。

　　卫聚贤先生在《古史研究》中对中国图腾崇拜形成的原因作过归纳，分为八类。其一，因需要某种物，久之则生敬仰心，乃奉以为图腾，如夏人祀龙。其二，因害怕某种物，久之则生敬畏心，乃奉以为图腾，如楚人祀熊。其三，因某种物在其地有，迨人类徙居至他处后，而某种物因其他的原因，亦徙其地，人类迥思故土，乃奉之如神，久之则为图腾，如殷人祀玄鸟。其四，氏族各自奉图腾，以资识别。其五，因崇拜某种物，而以其族均为某种物的子孙，某种物在暗中可以保护他们。其六，因崇拜某种物，而以其族不须伤害某种物。其七，氏族因分析的关系，一氏族可以奉某物的一部分为图腾，如尧为犀牛角。其八，氏族因合并的关系，一氏族可有两个图腾，所谓佛赖德里的图腾。[1]而蛇图腾在这八条理由中，最符合第二条，即由于害怕蛇，故生敬畏之心，乃奉为图腾。其中第一条，因为需要某物，奉为图腾对蛇而言并不相符，蛇在古代乃是威胁人的存在，人类是普遍害怕蛇的，并无需要之理。夏人祀龙是因为需要龙也可存疑，毕竟龙这种动物目前看来在现实中是不存在的，并无需要之理。若是文化、心理上的需要，情况就更复杂了。第三，因为思念故土，奉随同迁徙的动物为图腾，也不符合蛇的习性，蛇有冬眠的习惯，并无迁徙的习性。其四是奉图腾以资识别，但没有提供选择图腾的具体标准，任何物体都可能被纳入其中。其五、其六是崇拜某物，故认为族人均为其子孙或者不加伤害，蛇在古代实际上是威胁人生存的存在，传说中的大禹就有驱龙蛇之举，何来不伤害蛇之说。不过，在中国人的观念中，人的起源和蛇可能有关，传说中造人的女娲在后世的形象构建中就是人首蛇身，但这应当是蛇图腾崇拜的结果，并非原因。而氏族之间的合并与分析恐怕也不适合解释蛇图腾崇拜的合理性。

　　加之前文已经论述，在数百万年前，人蛇相遇之初，人或作为大蛇食

---

[1] 卫聚贤：《古史研究》，上海：上海文艺出版社，1990年，第221页。

物的一部分,或为毒蛇所害束手无策,造成了人类普遍恐惧蛇的心理。在
文明出现的时候,人的力量虽然已经逐渐强大,但是到了文献记载的时
期,蛇为人害的现状仍然严峻,故而在蛇崇拜出现之初,应当是笼罩在蛇
恐惧的氛围之下,蛇图腾的出现也应当是蛇恐惧的结果。

有的学者还将中国远古时期崇拜蛇图腾的部落都一一指出(见表5.1)。

表5.1 中国可能存在蛇图腾的部落、民族一览表①

民族	主要依据	出处
颛顼	《山海经》:"有鱼偏枯,名曰鱼妇。颛顼死即复苏。风道北来,天乃大水泉,蛇乃化为鱼,是为鱼妇。"	
祝融	融的部首为虫,祝融即《山海经》中的烛龙	杨宽:《中国上古史导论》,《古史辨》第七册,上海:上海古籍出版社,1982年
九黎	与祝融、蚩尤存在族源关系	
三苗	颛顼族的支裔。《山海经》:"有人曰苗民,有神焉,人首蛇身。"	
蚩尤	《说文解字》:"蚩,虫也;从虫,止声。"《集韵》"蚩"与"尤"通	
共工	《山海经》等书记载共工人面蛇身	
相柳	《山海经》:"相柳者,九首人面,蛇身而青。"	
夏禹	证据有七,详见《伏羲考》	闻一多:《伏羲考》,《神话与诗》,天津:天津古籍出版社,2008年
濮	在此民族的居住地,多有与蛇相关的器物和纹饰	田晓雯等:《蛇在滇文化中的地位》,《云南文物》1986年第19期
巴	《说文解字》:"巴,蛇也。"	
冉	亦名蚺氏,《说文解字》记蚺为大蛇	
句吴	《吴越春秋》记吴国曾立蛇门。《桃溪客语》:"毗陵之俗多于幽暗处筑小室祀神,谓之蛮宅。神形人首蛇身,不知所始。"	
于越	《淮南子》《汉书》《说苑》等记载越人:"劗发文身,以像鳞虫。"《尔雅》:"江东呼两头蛇为越王约发。"	

① 表格的制作主要参考王小盾《中国早期思想与符号研究》(上海:上海人民出版社,2008
年),未列明依据出处者,皆录自此书原文。

民族	主要依据	出处
东瓯	《太平御览》:"闽州越地,即古东瓯,今建州亦其地,皆蛇种。"	
闽越	《两汉博闻》:"闽越,今泉州建安是其地也。其人本蛇种,故其字从虫。"至今民族仍然有崇蛇习俗	
骆越	保存有丰富的蛇图腾习俗	吴永章:《论我国古代越族的蛇图腾》,《百越民族史论丛》,南宁:广西人民出版社,1985年
疍民	《广东新语》等载疍民"能辨水色,知龙所在。自云龙种,籍称龙户"。《赤雅》"蜑人神宫,画蛇以祭"。	
滇	存有蛇崇拜的习俗、器物、纹饰	汪宁生:《云南考古》,昆明:云南人民出版社,1992年

　　远古部落时期的信仰崇拜已经难以追述,只能根据后世零星的线索加以推测,虽然在逻辑和理论上,远古蛇图腾崇拜应当存在,但是想要找到确切的线索证明某一具体部落存在蛇图腾崇拜,确实非常困难,结论也多难以令人信服。王小盾先生在论证颛顼、祝融这些远古部落族群蛇图腾崇拜时也只能借助《山海经》这样的著作,但《山海经》本身的描述却不可尽信,在考古和文献资料均缺乏的情况下,这也属无奈之举。但不论怎样,中国蛇图腾存在本身应当是事实,否则伏羲女娲、龙等等形象就没办法解释,而蛇图腾出现正是出于对蛇的恐惧,这符合人类普遍对蛇恐惧的事实,也符合图腾形成的机理。

　　不过考古领域成果中有关蛇文化的内容不少,在春秋战国之前考古出土的文物中,就有许多蛇的形象。

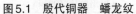

图5.1　殷代铜器　蟠龙纹　　　　图5.2　殷代铜器　龙纹

　　殷商时代是鸟文化浓厚的时期,但当时的许多器物中都刻画有蟠龙纹或者龙纹,虽说是龙,但是如图5.1和图5.2,[1]这些来自殷商铜器上的蟠龙纹和龙纹实际上更类似于蛇,最明显的特征就是这些龙纹并不见有脚,与龙的形象并不是很相符,倒是与一般的蛇形象更为相似。后人在命名古代器物时,受到后世龙文化的强烈影响,而且龙蛇之间关系紧密,多把蛇形象描述为龙。马承源先生在其著作中就说:"青铜器纹饰中,凡是蜿蜒形体躯的动物,都可归之于龙类。"[2]这样的归类难免把蛇划入龙类。不过即使把这些被命名为龙的器物、纹饰排除在外,仅仅是被命名为蛇的器物和纹饰就已经不少。

　　在新石器时代的遗物中,就有蛇的形象出现。目前最早带有蛇形象的器物可能是出自辽宁阜新查海遗址,据碳14测定,查海遗址距今约7600年。在查海遗址中就出土有动物状的浮雕陶罐,而在这些浮雕中,

---

① 吴山编:《中国历代装饰纹样》第1册,北京:人民美术出版社,1992年,第187、188页。
② 马承源主编:《中国青铜器》,上海:上海古籍出版社,2003年,第321页。

就有蛇的存在(见图5.3①)。这件陶器上的"蛇衔蟾蜍雕塑"是在一只蟾蜍下面有一条蛇,具体表达的含义却并非很清楚,多数著作都将其描述为古代蛇图腾、蛇崇拜的产物。②

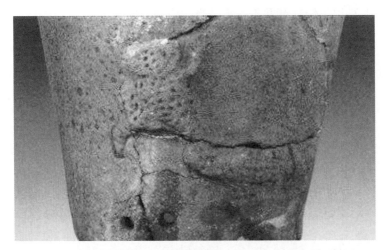

图5.3　阜新查海遗址出土的新石器时代陶罐上的蛇衔蟾蜍雕塑

　　距今约7000年至5000年的仰韶文化是黄河中游地区新石器时代的文化遗存,因首次在河南省渑池县仰韶村发现,故名。仰韶文化主要分布于甘肃省至河南省之间,其时的农业、采集狩猎和制陶业都比较发达,是中国新石器时代文化中的一颗明珠。在仰韶文化遗存中,出土了非常多的彩陶,这些彩陶上画有各种各样的纹样,许多至今仍然可以辨认。图5.4展示的就是仰韶时期的一件彩陶,出土于甘肃武山,③上面刻画着动物

　　① 图5.3所见陶器图片在1993年12月14日的《阜新日报》已经刊载,但笔者未找到1993年的《阜新日报》。文本所引用的图片来自《大连日报》(2013年2月21日)刊登的报道《中国已发现最早的蛇文物在辽宁》。网络电子版地址为http://dalian.dlxww.com/content/2013-02/21/content_553083.htm。

　　② 主要参考张九成:《查海浮雕动物纹饰陶罐考略》,《阜新辽金史研究》第三辑,阜新:阜新历史考古研究会,1997年;佟宝山:《查海文化探析》,《阜新辽金史研究》第三辑,阜新:阜新历史考古研究会,1997年;辽宁省文物考古研究所:《辽宁阜新县查海遗址1987~1990年三次发掘》,《文物》1994年第11期;辛岩、方殿春:《查海遗址1992~1994年发掘报告》,《辽宁考古文集》,沈阳:辽宁民族出版社,2003年。

　　③ 吴山编:《中国历代装饰纹样》第1册,北京:人民美术出版社,1992年,第65页。

的形象,身体蜷曲,表面有清晰的纹路,考古界多认为是鲵鱼,但仔细看也可能是蛇,并不能排除蛇的可能性。不过仰韶时期也出土了许多画有其他动物、植物和几何图形的陶器,故而笔者认为彩陶上出现的动植物可以是当时文化的体现,却并不一定是当时信仰的反映。

图5.4 仰韶文化彩陶

西周时期的铜器上有各种各样的纹饰,马承源先生对此有过专门的研究,在这些纹饰中就有蛇纹,据马先生所言,蛇纹旧称蚕纹,也就是说曾经一度将蛇纹误认为是蚕纹,而"实际上蚕是没有眼睛的,而且头部与体躯为等宽,尾部平直不能上卷"。①故而曾经的蚕纹应当是蛇纹,不过可能也要感谢这个曾经的失误,否则这些蛇纹可能就要命名为龙纹了。在春秋战国以前的时代,蛇纹实际上很少,虽在商代已经出现,但西周仍然少见,到春秋战国才再度盛行。不过在目前能见到的西周铜器中,还能见到一些含有蛇纹的铜器。

图5.5 西周早期铜器上的蛇纹

---

① 马承源主编:《中国青铜器》,上海:上海古籍出版社,2003年,第327页。

图5.6　西周或春秋铜壶　蟠龙、蛇纹　　图5.7　西周或春秋铜器　蟠蛇纹

　　图5.5①中的蛇纹每条蛇都是独立存在的,图5.6②和图5.7③中蛇纹或者蟠蛇纹就不是这样,而是有多条蛇交会在一起,互相缠绕,这种互相缠绕的蛇在纹饰中比较多见。蟠虺纹也类似,是几条蛇卷曲交连。图5.8和图5.9都是蟠虺纹,图案是数蛇相互交织连接。不过蟠虺纹属于蛇纹或者龙纹存在不同的意见,马承源先生是将其归入蛇纹当中,但裘士京先生认为是属于龙纹。④其中可能并不存在孰是孰非的问题,上文已经提到,在命名古代器物时,凡是蜿蜒之动物纹饰一般都会被命名为龙纹,故而在命名中将大量蛇纹归入龙纹是不可避免的事情,故而裘士京先生将蟠虺纹归入龙纹也并非就有问题,若要仔细盘点,恐怕如今许多以龙命名的器物都要改称为蛇了。

　　① 马承源主编:《中国青铜器》,上海:上海古籍出版社,2003年,第342页。
　　② 吴山编:《中国历代装饰纹样》第1册,北京:人民美术出版社,1992年,第256页。
　　③ 吴山编:《中国历代装饰纹样》第1册,第257页。
　　④ 参见马承源主编:《中国青铜器》,上海:上海古籍出版社,2003年;裘士京:《江南铜研究》,合肥:黄山书社,2004年。

图5.8　西周或春秋铜器　蟠虺纹　　　　图5.9　西周铜盉　蟠虺纹

　　蛇图腾应是中国早期蛇崇拜的反映。考古器物中的这些蛇的形象倒不敢断言与蛇崇拜有关,虽然很多学者如是认为,但若是古代器物、考古中出现的各种图像都被归为崇拜文化,恐怕非常武断,缺乏信服力。不过把这些出现的图像理解为当时人蛇密切互动的表征应当问题不大。在春秋以前的工艺技术条件下,在器物上加上图案是非常费时费力的,而古人不辞辛劳,在诸多的器物上加上蛇的图案,可以想见蛇对古人的影响之深。蛇对当时人的影响,虽不能说都是恐惧,不过在春秋以前,在蛇对人构成严重威胁,而人又对蛇深深恐惧的情况下,所谓的蛇崇拜与蛇文化应当都笼罩在蛇的威胁之下,特别是蛇图腾崇拜,其应当是由蛇恐惧造就。

第三节　古代生殖崇拜再探讨——以伏羲、女娲为中心

　　在有关蛇的研究中,生殖崇拜是其中的重要内容。但蛇为什么会作为生殖崇拜的一部分这个问题本身就值得深思。笔者认为,女娲的形象是其中的关键,女娲人首蛇身,在传说中有造人之功;后又有伏羲、女娲交尾图,导致伏羲女娲崇拜被印刻上了越来越浓厚的生殖意义。反观整个

过程,蛇崇拜文化中的生殖崇拜实际上是在蛇崇拜过程中衍生出来,而非蛇崇拜的源头。

一、女娲与生殖崇拜

古代研究生殖崇拜时,无法绕开,而且最有利的证据就是女娲。女娲与生殖崇拜不无关系,有不少证据可以让研究者相信女娲是古代生殖崇拜的标志之一,[①]其中最重要的文献证据当属女娲造人。女娲造人的详细记载见《风俗通义》:"俗说:天地开辟,未有人民,女娲抟黄土作人,务剧力不暇供,乃引绳于泥中,举以为人。故富贵者黄土人也,贫贱者绳人也。"[②]《风俗通义》由东汉人著,但女娲造人的传说比这更早,屈原在《天问》中就问道:"女娲有体,孰制匠之?"[③]其背后就蕴含女娲造人之说,这句话完整的意思是:现在存世的人都是由女娲创造,而女娲又是被谁创造。这表明女娲造人的传说在春秋时代就已经存在。

而众所周知,女娲的形象乃人首蛇身,《列子》曰:"而人未必无兽心。虽有兽心,以状而见亲矣。傅翼戴角,分牙布爪,仰飞伏走,谓之禽兽;而禽兽未必无人心。虽有人心,以状而见疏矣。庖牺氏、女娲氏、神农氏、夏后氏,蛇身人面,牛首虎鼻:此有非人之状,而有大圣之德。"[④]其中女娲应当是蛇身人面的形象,但是由于和神农氏、夏后氏在一起叙述,而且还有牛首虎鼻这个形象存在,单从这条文献不能完全确定女娲就是蛇身人面的形象。而后《鲁灵光殿赋》曰"伏羲鳞身,女娲蛇躯",[⑤]表明女娲是蛇躯,再结合《列子》所述,女娲人首蛇身的形象可以确定。晋郭璞注《山海

---

① 女娲与生殖崇拜相关研究参见杨堃:《女娲考——论中国古代的母性崇拜与图腾》,《民间文学论坛》1986年第6期;刘毓庆:《"女娲补天"与生殖崇拜》,《文艺研究》1998年第6期;范立舟:《伏羲、女娲神话与中国古代蛇崇拜》,《烟台大学学报》(哲学社会科学版)2002年第4期等等。

② (东汉)应劭撰,王利器校注:《风俗通义校注》,北京:中华书局,1981年,第601页。

③ 黄寿祺、梅桐生译注:《楚辞全译》,贵阳:贵州人民出版社,1984年,第68页。

④ 杨伯峻:《列子集释》卷二,北京:中华书局,1979年,第83—84页。

⑤ (汉)王文考:《鲁灵光殿赋》,(梁)萧统编,(唐)李善注:《文选》,上海:上海古籍出版社,1986年,第515页。

经》亦云："女娲,古神女而帝者,人面蛇身,一日中七十变,其腹化为此神。"①之后关于女娲人首蛇身的历史文献更是数不胜数,无须赘述。

正因为女娲与生殖崇拜有着扯不断的关系,女娲又为人首蛇身,这很容易让人联想到蛇与生殖崇拜存在关联,于是乎蛇的生殖能力强等等理由就呼之欲出。而实际上,人首蛇身的形象在古代是力量、神通的表征,与生殖崇拜并没有必然的联系。因为除了本文涉及的伏羲、女娲之外,《山海经》中也有不少人首(人面)蛇身的形象,而带有此形象的往往都是神。现列举《山海经》中人首(人面)蛇身形象的相关材料如下:

> 凡《北山经》之首,自单狐之山至于隄山,凡二十五山,五千四百九十里,其神皆人面蛇身。

> 凡《北次二经》之首,自管涔之山至于敦题之山,凡十七山,五千六百九十里。其神皆蛇身人面。

> 轩辕之国在此穷山之际,其不寿者八百岁。在女子国北。人面蛇身,尾交首上。

> 钟山之神,名曰烛阴,视为昼,瞑为夜,吹为冬,呼为夏,不饮,不食,不息,息为风。身长千里。在无脋之东。其为物,人面,蛇身,赤色,居钟山下。

> 开明东有巫彭、巫抵、巫阳、巫履、巫凡、巫相,夹窫窳之尸,皆操不死之药以距之。窫窳者,蛇身人面,贰负臣所杀也。

> 鬼国在贰负之尸北,为物人面而一目。一曰贰负神在其东,为物人面蛇身。

> 西北海之外,赤水之北,有章尾山。有神,人面蛇身而赤,直目正乘,其瞑乃晦,其视乃明,不食不寝不息,风雨是谒。是烛九阴,是烛龙。

> 有人曰苗民。有神焉,人首蛇身,长如辕,左右有首,衣紫衣,冠

---

① 袁珂校注:《山海经校注》第十六《大荒西经》,上海:上海古籍出版社,1980年,第389页。

旃冠,名曰延维,人主得而飨食之,伯天下。[1]

上述八条史料,六条明确指出人首(人面)蛇身形象是某位神祇,另外两条,一条是轩辕之国,其人人面蛇身,一条是窫窳蛇身人面。轩辕本就是传说中的黄帝,在中国有着崇高的地位,在描述轩辕国时,也讲述其中人寿命非常长,即使寿命不长的也能活八百岁,故而轩辕国人虽不是神,却也相距不远,而其形象亦为人面蛇身。窫窳作为蛇身人面的形象时,也是传说中的神祇,并非邪恶之辈,只是后来被危和贰负所杀,变成龙首形象,为害人间,《山海经》载:"窫窳龙首,居弱水中,在狌狌知人名之西,其状如龙首,食人。"危因此被天帝惩罚,"梏之疏属之山,桎其右足,反缚两手与发,系之山上木"。[2]总结起来,所有《山海经》中这八条材料,人首(人面)蛇身都被描述为神祇性存在所具有的形象,虽然轩辕国人并非真正的神祇。因而人首(人面)蛇身形象应当是力量、神通的象征,与生殖无涉。女娲大概也是因具备人首蛇身这样的形象,故被认为拥有非同寻常的本领,可造人、可补天等等,而女娲正因为有造人之功,故被人与生殖崇拜联系在一起。至于为何人首(人面)蛇身在先秦,甚至汉代如此受推崇,地位如此之高,这应该与古人对蛇的崇拜有关,而古代的蛇崇拜,实际上是因为恐惧,这在上文已有论述。

　　要之,人首蛇身在古代的叙述中是力量和神通的象征,此类形象并不少见,《山海经》中有许多例子可以佐证。而人首蛇身在古代受人推崇,其源头和根本还是蛇恐惧。因为服膺于蛇的恐怖、力量,故而在人首蛇身的刻画上,将具备此形象者叙述为神祇性的存在,其中又以拥有非凡力量的真正神祇居多,这无一不表明先民对蛇力量的崇拜,却与生殖无涉。蛇与生殖崇拜相勾连是因为人首蛇身的女娲拥有造人之功,后人由此引申,认为此乃古代生殖崇拜的反映。

---

　　[1] 袁珂校注《山海经校注》,上海:上海古籍出版社,1980年,第79、84、221、230、301、311、438、456页。

　　[2] 袁珂校注《山海经校注》,第278、285页。

二、汉代伏羲女娲交尾图与古代生殖崇拜

在蛇崇拜研究中,无法绕开伏羲女娲。学者一般都认为伏羲女娲崇拜实为生殖崇拜的组成部分,毕竟伏羲女娲交尾图实在太多,由其所反映的生殖崇拜内容也甚为明显,对伏羲女娲研究颇深的杨利慧[1]和过文英[2]也都是持此观点。伏羲女娲交尾图引申为生殖崇拜不无道理,但伏羲女娲交尾图的形成是由汉代夫妻家庭观念造就,并非生殖崇拜的结果,汉代的西王母和东王公相结合也是这种情况。

伏羲、女娲,西王母、东王公皆为中国历史上为人熟悉、受人尊崇的人物信仰,相关研究亦浩如烟海,[3]在这些议题中,伏羲、女娲与西王母、东王公形象的演变成为学界关注的重点之一。伏羲、女娲本为独立的二位神灵,到汉代变为对偶神,西王母与东王公的关系也经历过这样的演变。钟敬文先生对此的解释是:"伏羲大概是渔猎时期部落酋长形象的反映,而女娲却似是初期农业阶段女族长形象的反映。他们的神话原来各自流传着,到民族大融合以后,才或速或迟的被撮合在一起。"[4]谷野典之则认为伏羲女娲形象的转变是受汉民族洪水神话的影响,[5]杨利慧认为伏羲、女娲的粘合乃因二者皆为部落或氏族的始祖或文化英雄,而且还举了西王母、东王公与嫦娥、后羿的例子,并说到:"原本独立的女神,在社会发展过程中,尤其是到了男性中心的社会,会逐渐粘连上一位男性神作配偶,

---

① 杨利慧:《女娲的信仰与神话》,北京:中国社会科学出版社,1998年;杨利慧:《女娲溯源——女娲信仰起源地的再推测》,北京:北京师范大学出版社,1999年。

② 过文英:《论汉墓绘画中的伏羲女娲神话》,浙江大学博士学位论文,2007年。

③ 有关伏羲、女娲的研究甚多,亦有相关研究综述问世,具体参见:卢兰花:《二十世纪以来伏羲研究概述》,《西北民族研究》2012年第1期;杨利慧:《女娲神话研究史略》,《北京师范大学学报》(社会科学版)1994年第1期。

④ 钟敬文:《马王堆汉墓帛画的神话史意义》,《钟敬文民间文学论集》(上),上海:上海文艺出版社,1982年,第127页。

⑤ [日]谷野典之著,沉默译:《女娲、伏羲神话系统考》(上、下),《南宁师院学报》(哲学社会科学版)1985年第1、2期。

这也是文化史上常有的事。"①等等。这些论断都各自有其合理性,但值得注意的是,无论是伏羲、女娲,抑或是西王母、东王公,再或是本文很少提及的嫦娥与后羿,他(她)们对偶神形象的形成目前而言都大致发生在汉代,故而利用远古洪水神话,或者是氏族、部落这些内容对其解释固然有大的关怀和相应的背景,但将这些神灵的演变放在其具体发生的时代加以考察,不难发现汉代夫妻家庭观念在其中发挥的作用。

伏羲女娲对中国人而言并不陌生,其形象一般都被描述为人首蛇身。伏羲,古又称"伏戏""庖牺""伏牺""包牺"等,《易经》对其事迹有较为详细的记载:

> 古者包牺氏之王天下也,仰则观象于天,俯则观法于地,观鸟兽之文,与地之宜,近取诸身,远取诸物,于是始作八卦,以通神明之德,以类万物之情,作结绳而为网罟,以佃以渔,盖取诸离。②

这其实描述的是古人观察周围自然世界并加以利用的过程,而且伏羲的功绩在往后也基本上定格于此,如司马迁在《史记》中云:"余闻之先人曰:'伏羲至纯厚,作《易》《八卦》。'"③《白虎通义》亦言:"伏羲作八卦何?伏羲始王天下,未有前圣法度,故仰则观象于天,俯则观法于地,观鸟兽之文,与地之宜,近取诸身,远取诸物,于是始作八卦,以通神明之德,以象万物之情也。"④于是伏羲成为制法度、创八卦,并在农、渔领域有大成就的圣人。

后人在此基础上还描述了伏羲的出身,《帝王世纪》云:"大皞帝庖牺氏,风姓也。母曰华胥。遂人之世,有大人之迹,出于雷泽之中,华胥履

---

① 杨利慧:《女娲的神话与信仰》,北京:中国社会科学出版社,1998年,第98页。
② (唐)孔颖达:《周易正义》,(清)阮元校刻:《十三经注疏》,北京:中华书局,1980年,第86页中。
③ (汉)司马迁:《史记》卷一百三十《太史公自序》,北京:中华书局,1959年,第3299页。
④ (清)陈立撰,吴则虞点校:《白虎通疏证》卷九,北京:中华书局,1994年,第447页。

之,生庖牺于成纪,蛇身人首,有圣德,为百王先。"①即伏羲的生母乃华胥,其出生是华胥履巨人迹的结果。

对女娲的记载则更为丰富,除了上述造人事迹,《淮南子》记载了女娲补天的故事:

> 往古之时,四极废,九州裂,天不兼复,地不周载,火爁炎而不灭,水浩洋而不息,猛兽食颛民,鸷鸟攫老弱。于是女娲炼五色石以补苍天,断鳌足以立四极,杀黑龙以济冀州,积芦灰以止淫水。苍天补,四极正,淫水涸,冀州平,狡虫死,颛民生。②

如此,女娲形象的构建在汉代亦大体完成。在古人的心中,伏羲、女娲各自的形象大体就是这样,虽然其与历史事实的契合度到底有多少很难得知。而就是这样两位在人们看来具备丰功伟绩的人物,抑或称之为神灵,最初是独立存在的,闻一多先生在《伏羲考》③一文中早已指出这一点,毋庸多作赘述。但在历史发展过程中,人们逐渐将伏羲、女娲放在一起,《鲁灵光殿赋》云:"伏羲鳞身,女娲蛇躯。"④很多学者据此认为这是伏羲、女娲对偶关系的最早证据,⑤当然这种可能性是存在的,不过当时殿内壁画中伏羲、女娲的关系是否是对偶神目前无法妄断。但汉朝大量出现的伏羲、女娲交尾图确是伏羲、女娲对偶神形成的坚实证据,文中图5.10⑥和图5.11⑦就是较为典型的伏羲女娲交尾图。而且据《论汉墓绘画中的伏

---

① 徐宗元辑:《帝王世纪辑存》,北京:中华书局,1964年,第3页。
② 何宁:《淮南子集释》卷六,北京:中华书局,1998年,第479-480页。
③ 闻一多:《伏羲考》,载《神话与诗》,天津:天津古籍出版社,2007年,第1-50页。
④ (汉)王文考:《鲁灵光殿赋》,(梁)萧统编,(唐)李善注:《文选》,上海:上海古籍出版社,1986年,第515页。
⑤ 陈履生:《神画主神研究》,北京:紫禁城出版社,1987年,第17页。
⑥ 中国画像石全集编辑委员会:《中国画像石全集》卷七《四川汉画像石》,郑州:河南美术出版社,2000年,第99页。
⑦ 中国画像石全集编辑委员会:《中国画像石全集》卷三《山东汉画像石》,济南:山东美术出版社,2000年,第49页。

羲女娲神话》考证,伏羲女娲图最迟出现于西汉中晚期,其文共搜集汉朝各地伏羲女娲图共 231 幅,可谓不少。①

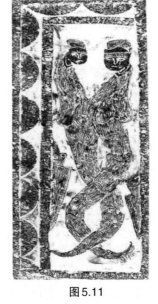

图 5.10　　　　　　　　　　　图 5.11

西王母、东王公的情况与伏羲、女娲有一定的相似之处,但西王母出现的时间比东王公早,在《山海经》与《穆天子传》中都提到西王母。《西山经》云:"又西三百五十里,曰玉山,是西王母所居也。西王母状如人,豹尾虎齿而善啸,蓬发戴胜,是司天之厉及五残。"②《大荒西经》:"西海之南,流沙之滨,赤水之后,黑水之前,有大山,名曰昆仑之丘。有神——人面虎身,有文有尾,皆白——处之。其下有弱水之渊环之,其外有炎火之山,投物辄然。有人,戴胜,虎齿,有豹尾,穴处,名曰西王母。"③《海内北经》:"西王母梯几而戴胜杖,其南有三青鸟,为西王母取食。在昆仑虚北。"④在《山海经》中西王母有人之形状,又有虎的特征。《穆天子传》记载了穆天

_____

① 过文英:《论汉墓绘画中的伏羲女娲神话》,浙江大学博士学位论文,2007年。
② 袁珂校注:《山海经校注》第二,上海:上海古籍出版社,1980年,第50页。
③ 袁珂校注:《山海经校注》第十六,第407页。
④ 袁珂校注:《山海经校注》第十二,第306页。

子与西王母宴饮之事。①《淮南子》描述嫦娥奔月神话时，亦把西王母牵扯其中，西王母在其中掌握了不死药，并将不死药赐予后羿。②

而且西王母的"威名"不仅存在于文献记载中，在实际生活中亦存在大量信众，汉哀帝时期曾发生过相关运动。

> 哀帝建平四年正月，民惊走，持稿或棷一枚，传相付与，曰行诏筹。道中相过逢多至千数，或被发徒践，或夜折关，或踰墙入，或乘车骑奔驰，以置驿传行，经历郡国二十六，至京师。其夏，京师郡国民聚会里巷阡陌，设张博具，歌舞祠西王母。又传书曰："母告百姓，佩此书者不死。不信我言，视门枢下，当有白发。"至秋止。③

哀帝建平四年(前3年)的这次运动声势颇为浩大，据上述文献，其"经历郡国二十六"，而且在京师聚众祭祀，运动的中心内容则与西王母崇拜有关。

东王公的出现则晚于西王母，④有关东王公的记载见于《神异经》，《神异经·东荒经》曰："东荒山中，有大石室，东王公居焉。长一丈，头发皓白，人形鸟面而虎尾，载一黑熊左右顾望，恒与一玉女投壶。"⑤而且东王公在《神异经》中是以西王母对偶神形象出现，《神异经·中荒经》云："昆仑之山有铜柱焉，其高入天，所谓天柱也。围三千里，周圆如削。下有回屋方百丈，仙人九府治之。上有大鸟，名曰希有，南向，张左翼覆东王公，右

① 王贻梁、陈建敏：《穆天子传汇校集释》卷三，上海：华东师范大学出版社，1994年，第161—162页。
② 何宁：《淮南子集释》卷六，北京：中华书局，1998年，第501页。
③ (汉)班固：《汉书》卷二十七下之上《五行志第七下之上》，北京：中华书局，1962年，第1476页。
④ 丁山在《中国古代宗教与神话考》(上海：上海书店出版社，2011年)中认为东王公其实就是甲骨文中的东母，可备一说。但东母为女性，《神异经》中的东王公则是以西王母的对偶神形象出现的。
⑤ (汉)东方朔：《神异经》，(明)陶宗仪等编：《说郛三种》，上海：上海古籍出版社，1988年，第3061页下。

翼覆西王母,背上小处无羽,一万九千里,西王母岁登翼上之东王公也。"①在这里,东王公实乃西王母的配偶形象,西王母"每岁登翼上之东王公"。而且《洞冥记》亦载:"昔西王母乘灵光之辇,以适东王公之舍。"②而且与伏羲、女娲相似的是,在汉代亦出现东王公、西王母对偶形象的图像。③图5.12④即为东王公与西王母之对偶图。

图5.12

①(汉)东方朔:《神异经》,(明)陶宗仪等编:《说郛三种》,上海:上海古籍出版社,1988年,第3067页下。

②(汉)郭宪:《洞冥记》,转引自(宋)李昉等撰:《太平御览》卷八九七,北京:中华书局影印本,1960年,第3982页上。

③相关研究参见,张富泉:《论东王公、西王母图像的流变及特征》,暨南大学硕士学位论文,2012年;王戈:《从伏羲、女娲到东王公、西王母》,《美术研究》1993年第2期;常耀华:《殷墟卜辞中的"东母""西母"与"东王公""西王母"神话传说之研究》,《中国国家博物馆馆刊》2013年第9期;等等。

④《中国画像石全集》编辑委员会:《中国画像石全集》卷六《河南汉画像石》,郑州:河南美术出版社,2000年,第133页。

概而言之,无论是伏羲、女娲,抑或是东王公与西王母,其对偶关系的形成大致都发生在汉代,再早的证据目前尚未出现,而且这种对偶关系的形成可能与汉代的夫妻家庭观念脱不开干系。

汉代的夫妻家庭观念与宋代以后差别较大,汉代初期尚未形成如后世那般严格的夫妻从属关系。据阎爱民先生的研究,①汉代夫妻合葬其实经历了一个由别到合的过程,汉代最初的合葬虽名为合葬,但却是同茔异坟,即在同一片土地上,各自独立起坟,夫妻坟与坟之间的间隔有时可以达到500米。随着汉代夫妻观念的加强,夫妻坟墓之间的距离越来越近,以至于最后同茔同穴。墓葬形式实乃社会现实的映射,汉代夫妇合葬制度的这种变化反映了汉代夫妻最初并未有严格的妇从夫的关系,夫妻之间有相当程度的独立性,如《礼记·内则》亦言:"礼始于谨夫妇。为宫室,辨外内,男子居外,女子居内。深宫固门,阍寺守之。男不入,女不出。男女不同椸枷,不敢县于夫之楎椸,不敢藏于夫之箧笥,不敢共湢浴。"②但最后发展为同茔同穴则是夫妇一体的体现,即夫与妇之间不可分离。阎先生认为汉代夫妇关系转变的标志性事件是汉哀帝强调以夫为主的夫妇一体,汉哀帝当时的诏文内容为:"朕闻夫妇一体。《诗》云:'穀则异室,死则同穴。'昔季武子成寝,杜氏之殡在西阶下,请合葬而许之。附葬之礼,自周兴焉。'郁郁乎文哉!吾从周。'孝子事亡如事存。帝太后宜起陵恭皇之园。"③汉哀帝在诏书中强调夫妇一体,可能有以夫为主的色彩,但并不明显,诏文的主旨还在于强调夫妇一体,而非男尊女卑。

伏羲、女娲与东王公、西王母对偶神形象的形成或许与上述汉代夫妇一体观念的加强有着紧密的关系,现实社会中的夫妇一体的观念久而久之可能向意识形态领域扩散,当女娲和西王母遭遇了汉代这种不断加强

---

① 阎爱民:《汉代夫妇合葬习俗与"夫妇有别"观念》,《天津师范大学学报》(社会科学版)2011年第2期。

② (唐)孔颖达:《礼记正义》,(清)阮元校刻:《十三经注疏》,北京:中华书局,1980年,第1468页下。

③ (汉)班固:《汉书》卷十一《哀帝纪第十一》,北京:中华书局,1962年,第339页。

的夫妻观念,缺乏配偶可能就显得不合理,故而民众就将伏羲与女娲结合,创造出东王公与西王母相结合。不过若仔细考察,不难发现,无论是伏羲、女娲,还是东王公与西王母,在其对偶神的构建过程中,皆以女性为中心。东王公与西王母之间这种关系非常明显,西王母在文献和人们的观念中出现较早,影响也较大。而东王公出现的时间较晚,甚至可以说,《神异经》中东王公的出现,实际上是民众在为西王母创造配偶,①故而这个过程是围绕着西王母为中心展开的。伏羲、女娲配偶神的形成其实也是以女娲为中心展开,通过耙梳文献,仍然可以发现些许蛛丝马迹。

与西王母、东王公类似的是,女娲成型的时间似乎比伏羲早,其直接的证据就在于伏羲的称谓本身,前文已经指出,伏羲在古代的称谓颇多,如"伏戏""庖牺""伏牺""包牺"等等,而且《庄子》一书中,对于伏羲的称谓就有"伏牺""伏牺""伏戏"三种,令人咋舌,而这恰恰反映的是伏羲在春秋战国时期,甚至此后很长一段时间都未形成统一的称谓,可见伏羲的形象可能当时还处在形塑的过程中,尚未完全定型,而女娲的称谓并没有如此混乱。

此外,伏羲、女娲在图像或者一般文献记载中,都被塑造为人首蛇身(或人面蛇身)的形象,在古人的意识中女娲的形象基本就是如此,并未引起争议。但是伏羲却非如此。

有关伏羲形象的记载,大多亦是人首蛇身,或者人面蛇身,曹植在《女娲赞》中就云:"或云二皇,人首蛇形;神化七十,何德之灵!"②其中二皇就是指伏羲、女娲,伏羲在此即被描述为"人首蛇形"。而《帝王世纪》亦言:"遂人之世,有大人之迹,出于雷泽之中,华胥履之,生庖牺于成纪,蛇身人首,有圣德,为百王先。"③此中伏羲仍然为"蛇身人首"之形象。

但值得注意的是,从西汉中晚期开始,就已经存在大量伏羲、女娲的

---

① 过文英:《论汉墓绘画中的伏羲女娲神话》,浙江大学博士学位论文,2007年,第124—125页。

② (魏)曹植撰,赵幼文校注:《曹植集校注》卷一,北京:人民文学出版社,1998年,第70页。

③ 徐宗元辑:《帝王世纪辑存》,北京:中华书局,1964年,第3页。

图像,而今日所见伏羲"人首蛇身"形象直接记载的文字却出现在这之后,之前虽有伏羲形象有关记载,却无法从文字上直接确定其形象,或者有着模棱两可的可能。其中《列子》与《鲁灵光殿赋》较早提到了伏羲的形象,其中《列子》云:"而人未必无兽心。虽有兽心,以状而见亲矣。傅翼戴角,分牙布爪,仰飞伏走,谓之禽兽;而禽兽未必无人心。虽有人心,以状而见疏矣。庖牺氏、女娲氏、神农氏、夏后氏,蛇身人面,牛首虎鼻:此有非人之状,而有大圣之德。"①此则文字将伏羲、女娲、神农、夏后混在一起述说,让人难以具体区分,如女娲应当是蛇身人面,但神农一向被认为是牛首,那么伏羲到底是什么形象? 是不是"人面蛇身"? 在这种混杂的文字里,虽然伏羲可能是人面蛇身的形象,却也不好确断。《鲁灵光殿赋》的记载就更为简单,其曰"伏羲鳞身,女娲蛇躯",女娲的形象是蛇身人首,但伏羲鳞身却是有好几种可能,《说文解字》云:"鳞,鱼甲也,从鱼粦声,力珍切。"②即鳞其实应当是指鱼鳞,这意味着伏羲存在人首鱼身的可能性。在《山海经》中兼具人和鱼特征的物种也存在,如"氐人国在建木西,其为人人面而鱼身,无足""陵鱼人面,手足,鱼身,在海中"③等等,前者是氐人国的民众"人面而鱼身",后者是一种鱼,有着人面,若伏羲是鱼身人首的话,形象可能会和氐人国的民众类似。

图5.13　氐人国人

---

① 杨伯峻:《列子集释》卷二,北京:中华书局,1979年,第83—84页。
② (汉)许慎:《说文解字》卷一一下,北京:中华书局,1985年,第389页。
③ 袁珂校注:《山海经校注》,上海:上海古籍出版社,1980年,第280、323页。

在西汉中晚期伏羲、女娲人首蛇身的图像出现之后,伏羲的形象本可盖棺定论,但历史事实却给出了否定的答案。对伏羲的形象在其后仍存在不同的声音。其证据来自《后汉书》中的注文,《后汉书》云:"周燮字彦祖,汝南安城人,决曹掾燕之后也。燮生而钦颐折頞,丑状骇人。其母欲弃之,其父不听,曰:'吾闻贤圣多有异貌。兴我宗者,乃此儿也。'于是养之。"①唐代李贤对"贤圣多有异貌"作注时曰:"伏羲牛首,女娲蛇躯,皋繇鸟喙,孔子牛唇,是圣贤异貌也。"其中明确说道伏羲乃"牛首",与一般文献记载或者伏羲图像"人首蛇身"的形象大不一样。后代文献多沿用伏羲"人首蛇身"之记载,宋代叶廷珪在《海录碎事》中引用的却是《后汉书》李贤注中的观点,然而这样的例子不多见。

从上面的论述大致可以得出结论,伏羲的构建在春秋战国时期其实尚未完全成型,而且其形象亦可能存在争论,可能历史上对伏羲形象是"人首蛇身",抑或是"牛首"有过争锋,至少李贤为《后汉书》作注时敢于明确提出"伏羲牛首"的看法,可能是见过相关的文献,这些文献在李贤看来至少是可靠的。但我们回望历史,展现在我们面前的伏羲图像,已经一律变成了"人首蛇身",而伏羲"人首蛇身"的人物形象,当是在与女娲构建配偶神的过程中确定的。因为女娲成型应当就比伏羲早,而且其"人首蛇身"的形象一直比较固定,故而汉代人在构建伏羲、女娲这对配偶神时,可能就是以女娲为核心,将人物形象并未完全成型的伏羲塑造成了与女娲一样的形象。

要而言之,伏羲、女娲与西王母、东王公对偶神构建的过程中,应当都是以女性为中心,即以女娲和西王母为中心展开构建。而汉代人能如此构建汉代的两对主神,似乎意味着汉代人接受以女性为中心的婚姻构建,即在婚姻、配偶的关系中,女性是可以占据主导地位的。这反映了汉代女性社会地位颇高的现实。

概而言之,汉代伏羲、女娲,西王母、东王公对偶神的形成和当时的家

---

① (南北朝)范晔:《后汉书》卷五十三《周燮传》,北京:中华书局,1965年,第1741—1742页。

庭观念息息相关,汉代夫妇一体观念促成了这些对偶神的产生,而汉代颇高的女性地位使得当时人能够接受以女性为中心构建对偶神。若回到蛇生殖崇拜构建这个主题,通过论述可以发现,汉代伏羲女娲交尾图的出现实际是汉代夫妻家庭观念的映射,而非生殖崇拜的结果。当然,生殖本就是夫妻家庭生活的一部分,伏羲女娲交尾图确实也容易让人联想到生殖崇拜的内容,因此,在伏羲女娲交尾图大量出现后,被人引申为生殖崇拜也就不足为奇。

故而,女娲人首蛇身,又有造人之功,很容易让人将蛇身与生殖崇拜联系起来。再则,汉代大量出现的伏羲女娲交尾图更容易被人引申为生殖崇拜的表现。但通过上文的论述可知,人首蛇身是力量、神通的象征,女娲人首蛇身,拥有种种神通,包括造人,所谓蛇身是女娲力量的表现,与生殖崇拜无涉。伏羲女娲交尾图的出现则由古代夫妻家庭观念造就,其源头并非生殖崇拜。蛇崇拜最初的源头是恐惧,所谓的生殖崇拜只是蛇崇拜,特别是伏羲女娲崇拜过程中引申的产物。

第四节　中国古代蛇崇拜的沉降

中国的蛇崇拜最初是建立在蛇恐惧之上,而当古人力量越来越强大,对蛇的恐惧部分消解后,蛇崇拜文化必然受影响。与此同时,中国古代龙文化在历史上不断上升,龙与蛇之间关系密切,难以割裂,龙在很多时候都被认为是蛇的一种,这使得龙文化在一定程度上可以部分取代蛇文化的功能,成为蛇文化的替代物,蛇崇拜文化同样如此。在这种情况下,中国历史上的蛇崇拜逐渐分化、沉降。

一、龙蛇交融与蛇崇拜的分化

中国古代龙蛇之间关系密切,蛇经常被当作龙的主体、原型,有的学者认为龙起源于某一种蛇，如杨秀绿认为龙源于蟒蛇，[1]而吉成名认为龙源于毒蛇。[2]不过，龙与蛇的关系不仅仅体现在起源这方面。在现实的世界中，龙这种动物是不存在的，而在文化、信仰当中，龙却无处不在，这是一个悖论。为了使龙变得真实可信，古代围绕着龙，构建了一个较为完整的文化体系，在这个体系中，蛇的分量举足轻重。

古人认为蛇可化龙，即蛇是龙的来源之一。蛇化龙的说法很早就有，《史记》就说："蛇化为龙，不变其文；家化为国，不变其姓。"[3]汉代《道德指归论》也提到"小蛇不死化为神龙"，[4]可证至少汉代就存在蛇化龙的观念。宋代《独醒杂志》亦曰："世常言蛇化为龙，不知亦有化鳖者。"[5]也指出了世人观念中普遍存在蛇化龙之说。明代释可真"蛇可以为龙，众人可以为圣"。[6]同样认为龙只是蛇某种更高一级的形态。蛇化龙的故事古代也不少，如《续资治通鉴长编》载：

> 殿前散员都虞候董遵诲为通远军使。遵诲，涿州人。父宗本，仕汉为随州刺史，上微时尝往依焉。遵诲凭借父势，多所凌忽，尝谓上曰："每见城上有紫云如盖，又梦登高台，遇黑蛇约长百余丈，俄化为龙，飞腾东北去，雷电随之。是何祥也？"上皆不对。[7]

蛇化龙在现实中不存在，故此间蛇化龙是在梦境中发生。但民间虚构的故事中，蛇化龙不仅存在，其描述也较为夸张，清代《粤西丛载》有故事，其文曰：

① 杨秀绿：《龙与龙文化新说》，《中国人民大学学报》1990年第2期。

② 吉成名：《中国崇龙习俗研究》，天津：天津古籍出版社，2002年版，第130页。

③ （汉）司马迁：《史记》卷四十九《外戚世家》，北京：中华书局，1959年，第1983页。

④ （汉）严遵：《道德指归论》卷五，《景印文渊阁四库全书》第1055册，台北：台湾商务印书馆，1983年，第121页下。

⑤ （宋）曾敏行：《独醒杂志》卷十，上海：上海古籍出版社，1986年，第94页。

⑥ （明）释真可：《紫栢老人集》卷五，明天启七年释三炬刻本。

⑦ （宋）李焘：《续资治通鉴长编》卷九，北京：中华书局，1979年，第203页。

庆远卫都指挥戚钢守河池所日,尝语人云:"思恩县近村山林中,树杪有二人,约长一尺五寸,武人装束,白竹缠芒屩,度枝过树,如履平地。村民观者相去仅丈许,容色甚和。若有意捕之,则在树杪不下。急之即行如飞,去而复来者数月。又赵村一日,有二人牵二蛇,入人家,系于楼下,登楼索食。主人见其服饰异常,炊食之。食毕下楼,解蛇叱而鞭之,化为龙,各承其一,腾空而去。"①

上述故事虽由人讲述,但或是虚构,或人云亦云,白日大庭广众之下,叱蛇化龙之事应当仅存在于幻术之中,现实世界不可能存在。但故事中涉及的蛇化龙之事,却当是时人观念的反映。

蛇化龙在古代还被引喻为功成名就,当有人走向成功,可以此形容。唐代李贺有诗:"我今垂翅附冥鸿,他日不羞蛇作龙。"②宋代孔平仲亦曰:"突围而出追失踪,四五年间蛇作龙。"③等都有此意。

比之蛇化龙更甚者,是古人经常将蛇视作龙。《赤雅》载"蛇过三十丈者皆称龙",④似乎只有大蛇才被称为龙,古代相关事例较多,此举二事以为佐证。其一,《临安志》载:"在普惠寺前有溪入江,相传昔有巨蛇由此而出,其地遂曲为浦。蛇渡江而南,沿山而下,其径尚存,世称为蛇路湾。有祠在庆护村剡浦。今蛇浦人号为龙溪。"⑤临安普惠寺前溪水因与大蛇有关,号为龙溪,此处被称为龙者是一巨蛇。其二,宋代镇江有青龙洞,之所以如此称呼,是因为"有人入见大青蛇在洞中",⑥所谓青龙实际上是大青

---

① 故事源自《月山丛谈》,此书笔者未见,此引自(清)汪森:《粤西丛载》卷十四,《笔记小说大观》第18册,扬州:广陵古籍刻印社,1983年,第222页下。

② (唐)李贺著,(清)王琦等注:《李贺诗歌集注》卷四,上海:上海人民出版社,1977年,第291页。

③ (宋)孔文仲等:《清江三孔集》卷二十二《灵璧东》,《景印文渊阁四库全书》第1345册,台北:台湾商务印书馆,1983年,第429页下。

④ (明)邝露:《赤雅》卷下,北京:中华书局,1985年,第45页。

⑤ (宋)潜说友:《咸淳临安志》卷三十六,清道光十年重刊本。

⑥ (宋)卢宪:《嘉定镇江志》卷六,清道光二十二年丹徒包氏刻本。

蛇。故而古代大蛇常常被称为龙。

除了大蛇可被视作龙外,其他一些情况下,普通的蛇也往往被认为是龙,如《唐国史补》载:"元义方使新罗,发鸡林洲,遇海岛上有流泉,舟人皆汲携之,忽有小蛇自泉中出,舟师遽曰:'龙怒。'遂发。未数里,风雨雷电皆至,三日三夜不绝。"[1]泉水中出现的小蛇,就被舟师认为是龙,因而可以兴风雨雷电,"三日三夜不绝"。《北梦琐言》中陈绚在邛州为官,其婢女见"一物蟠于竹节中,文彩灿然",此物乃为小蛇,但紧接着"雷声隐隐",陈绚因此怀疑小蛇为龙。[2]宋代《类说》也记一事曰:"沧州有民子路逢白蛇,以绳系之,摆其头落,须曳雷电撮此子上空中,为电火烧死。有朱书云:'此人杀安天龙,为天符所诛。'"[3]故事中的白蛇也被描述为龙。不过这类记载也有相通之处,如文中蛇的叙述都伴有风雨雷电,在《唐国史补》中是风雨雷电均出现,陈绚事中仅有雷,《类说》则出现雷电。在传统社会中,龙一般被认为拥有控制风雨雷电的能力,加之龙蛇关系密切,故而当蛇的出现伴随风雨雷电其中一种或数种,这些蛇很容易被人当作龙。

当然,古代龙蛇纠缠极深,既非大蛇,又没有风雨雷电伴随的蛇,也可能被视作龙,五代时期范延光梦到大蛇入腹,张生就直接说:"蛇者龙也,入腹为帝主之兆明矣。"[4]虽是大蛇入腹,张生似并未局限于此,而是直言"蛇者,龙也",表明无需其他佐助条件,蛇也可被视为龙。

正因中国龙蛇关系难舍难分,古代蛇崇拜与龙崇拜也融合在一起,随着龙地位在古代不断上升,蛇崇拜逐渐出现被龙崇拜覆盖的趋势,现实中的蛇崇拜往往成为龙崇拜的组成部分。

《梦溪笔谈》载彭蠡小龙信仰,据说"显异至多",其中有"一事最著":

---

① (唐)李肇:《唐国史补》卷下,上海:上海古籍出版社,1979年,第66页。

② (五代)孙光宪撰,贾二强点校:《北梦琐言·逸文》卷四,北京:中华书局,2002年,第429页。

③ (宋)曾慥:《类说》卷四十三,《北京图书馆古籍珍本丛刊》第62册,北京:书目文献出版社,2000年,第735—736页。

④ (宋)薛居正:《旧五代史》卷九十七《范延光传》,北京:中华书局,1976年,第1286页。

　　熙宁中，王师南征，有军仗数十船，泛江而南。自离真州，即有一小蛇登船，船师识之，曰："此'彭蠡小龙'也，当是来护军仗耳。"主典者以洁器荐之，蛇伏其中，船乘便风，日棹数百里，未尝有波涛之恐，不日至洞庭，蛇乃附一商人船回南康。世传其封域止于洞庭，未尝踰洞庭而南也。有司以状闻，诏封神为顺济王，遣礼官林希致诏。子中至祠下，焚香毕，空中忽有一蛇坠祝肩上。祝曰："龙君至矣。"其重一臂不能胜。徐下至几案间，首如龟，不类蛇首也。子中致诏意曰："使人至此，斋三日然后致祭。王受天子命，不可以不斋戒。"蛇受命，径入银香奁中，蟠三日不动。祭之日，既酹酒，蛇乃自奁中引首吸之。俄出循案行，色如湿胭脂，烂然有光。穿一剪绿花过，其尾尚赤，其前已变为黄矣，正如雌黄色。又过一花，复变为绿，如嫩草之色。少顷行上屋梁，乘纸幡脚以行，轻若鸿毛。倏忽入帐中，遂不见。明日，子中还，蛇在船后送之，踰彭蠡而回。此龙常游舟楫间，与常蛇无辨，但蛇行必蜿蜒，而此乃直行，江人常以此辨之。①

　　通过文本可知，彭蠡小龙实则是一条小蛇，此蛇与"常蛇无辨"，也就是与普通蛇很难区分，为了突出其不同，文本特意强调此蛇行进时是直行，而非曲行。但不论如何，彭蠡小龙信仰实际上是蛇信仰，文本从头至尾，只出现了蛇，而没有出现长着角的龙，制造各种"神异"事件的主角仅仅是蛇而已。但是在归类和称呼中，这种蛇信仰却被划入龙信仰当中，彭蠡小蛇也被称为彭蠡小龙。

　　清朝梧州府有三界庙，"在三和渚，万历时建。神姓冯，名克利，贵县人，一曰平南人。采药龙山，遇异人，授以无缝仙衣、丹药，归而起疾拯患，即多验。后化为神，以其能通天、地、人之道，故称曰三界。庙中有青蛇数

---

① (宋)沈括：《梦溪笔谈》卷二十，北京：中华书局，1959年，第654—655页。

十,盘绕衣袖几案间,常著灵应,至今商民虔祀祈祷入,亦称青龙庙"。①清朝梧州三界庙中青蛇"灵应",应属于蛇崇拜,但因为青蛇的关系,此庙又称青龙庙,明显是将青蛇当作青龙,这里的蛇信仰不免纳入龙信仰之中。

更为常见的是在古代的水旱灾害发生时,蛇往往被当作龙加以崇拜。水旱灾害是中国古代经常面临的难题,龙因被认为有兴风雨之能,故而中国大地上广泛分布龙王庙,民众希望通过信仰龙王避免水旱之苦。而在实际生活中,所谓的龙又不存在,蛇因此经常被古人看作是龙,在面对水旱灾害时,将蛇视作龙。相关事例在古代极多,为了说明这一现象,下面稍举几例。

《册府元龟》载:"玄宗先天二年三月甲戌,帝以旱,亲往龙首池祈祷,有赤蛇自池而出,云雾四布,应时澍雨。"②玄宗在龙首池求雨,有赤蛇从龙首池出现,接着就开始下雨。龙首池出现蛇,实是暗示蛇与龙之间存在关联,再结合求雨,实际上也是将蛇当作龙,因为有蛇(龙)的出现,求雨才获得成功。

《方舆胜览》中有介绍龙洞山庙的内容,适时"庆元庚申夏,不雨,燥风挟日,播植蕉黄。九言莅邑全椒,徧祷莫孚"。也就是说当时发生旱灾,大家都盼望有解救之法,这时候有人提到:"乌江有龙洞山,山出青蛇,神龙之裔,人多崇之。"即龙洞山有青蛇,是龙的后裔,比较灵异,"凡祷雨,类索于山"。③龙洞山中的青蛇就被当作是龙的后裔,凡是涉及求雨之事,都要索之于龙洞山。也就是说,龙洞山庙信仰的实际对象为蛇,求雨的时候用到的也是蛇,但此处的蛇是被当作龙或者龙的后裔,其本质上属于龙信仰的组成部分。

又明朝《皇明疏议辑略》有倪岳《正祀典疏》,其中提到:"宣德中,敕建太圆通寺,二青龙出现,祷之有应,于是加封号。至今春秋二时,遣顺天府官致祭。及遇岁旱,遣官祭告。盖因旧传二龙能致云雨,故累朝崇奉如

① 乾隆《梧州府志》卷二十六,南京:凤凰出版社,2006年,第260页。
② (宋)王钦若等主编:《册府元龟》卷二十六,北京:中华书局,1988年,第279页下。
③ (宋)祝穆:《方舆胜览》卷四十九,北京:中华书局,2003年,第872页。

此。"而文中明确指出:"虽称二青龙,其实蛇也。"①这意味着,文中朝廷大加推崇的青龙,实际上是蛇,在信仰的构建中,将蛇作为龙,给其加封号,定时致祭。

《玉麈新谭》也载:

> 刘冠南守合州,殚心民隐。州大旱,刘步祷,土人报巨蛇当道。刘亲与蛇约云:"汝龙也,请受我供。"乃取一铁锅,侧向蛇傍,趣蛇入。蛇入,盘锅中,不惊不动。刘令人作井字架,升锅蛇于祷雨坛,率士民礼拜。次日大雨,蛇不复在。②

在发生旱灾求雨的过程中,故事将蛇称呼为龙,让其参与到求雨的仪式当中,次日下大雨,文章也暗示是蛇显灵。不过此处的蛇在百姓或者求雨者看来,实乃是龙,而非蛇,故而此处体现的也是龙信仰,而非蛇崇拜。

与此类似,"刘瑀权知泰安州事,守天胜,以久旱祷雨于龙池之侧,时有小白蛇出戏于香鼎上,刘以为神龙所变"。③"宋宝元、康定间有二蛇见,身若松鳞,人见其异,相与立龙祠于其处,祷雨多应"。④这些也都属于将蛇当作龙,用于求雨的事例。

在龙地位不断上升的古代社会,信仰领域以蛇为龙的做法,对于蛇崇拜而言有两方面的影响。一方面,蛇崇拜融入龙信仰,在古代诸多地域,龙信仰笼罩下的蛇崇拜分布广泛,蛇崇拜也通过这样一种方式被延续。龙蛇虽然关系密切,却并非一物,"龙有蛇之一鳞,而不可谓之蛇也"。⑤

---

① (明)张瀚:《皇明疏议辑略》卷十九,《续修四库全书》第462册,上海:上海古籍出版社,2001年,第773页下。

② (明)郑仲夔:《玉麈新谭·隽区》卷一,《续修四库全书》第1268册,上海:上海古籍出版社,2001年,第519—520页。

③ (明)查志隆:《岱史》卷九,《续修四库全书》第722册,上海:上海古籍出版社,2001年,第522页下。

④ (明)黄仲昭:《八闽通志》卷六,福州:福建人民出版社,2006年,第166页。

⑤ 王叔岷:《刘子集证》卷五,北京:中华书局,2007年,第117页。

但蛇被当作龙,并加以崇拜,其实质上已非纯粹的蛇崇拜,而是属于龙信仰。另一方面,由于蛇崇拜在一定程度上被龙信仰覆盖,现实空间中即使存在诸多蛇崇拜的习俗和案例,在龙地位上升的过程中,也纷纷被纳入龙信仰,从而失去了独立性。这导致纯粹的蛇崇拜其生存空间被挤压。蛇崇拜因此出现分流,部分蛇崇拜融入龙信仰空间,成为龙信仰的组成部分,而其他未被龙信仰融合的蛇崇拜,或衰败,或存续于民间,或见于"边缘"之地。伏羲女娲文化的衰落是蛇崇拜衰败的典型例证之一。

二、历史时期伏羲女娲文化的衰落与蛇崇拜的沉降

伏羲女娲文化前文已有涉及,其出现时间较早,春秋战国时期已经存在,在汉代二者又被构建为夫妻,当时伏羲女娲交尾图更是大量出现。

目前最早的伏羲或女娲图可能是出土于长沙马王堆墓中。据马雍考证,"马王堆墓葬的年限很可能在惠帝二年至文帝三年之间,充其量也不至晚于景帝中元五年"。[1]也就是说,长沙马王堆墓是一座西汉前期的墓葬。

在墓葬内棺上出土有一彩绘帛画,非常珍贵。画幅全长205厘米,上部宽92厘米,下部宽47.7厘米,四角缀有飘带。帛画可分为上中下三个部分,其中上部分见下图。[2]

① 马雍:《轪侯和长沙国丞相——谈长沙马王堆一号汉墓主人身份和墓葬年代的有关问题》,《文物》1972年第9期。
② 汉马王堆彩绘帛画的相关情况,均见湖南省博物馆、中国科学院考古研究所编:《长沙马王堆一号汉墓发掘简报》,北京:文物出版社,1972年。

图5.14　长沙马王堆一号汉墓出土帛画（局部）

据《长沙马王堆一号汉墓发掘简报》描述，帛画的上部分是天上，右上方有圆日，中绘金乌；圆日下似为扶桑树，有八个小圆日，按古代有后羿射九日的传说故事，这里只有八个圆日，另外一个是藏在树叶后面或者另有说法，有待进一步考证。左上方为月，作月牙形，上面绘有蟾蜍、兔，下面有嫦娥奔月的场面。上部中间绘有蛇身人首的图像，下方有两个人对坐。

就图中只有八个小圆点，认为图中只有八个太阳的观点笔者不能苟同，因为金乌所在的大圆点实际上也是一个太阳，这样图中就是九个太阳，若是多加一个小圆点反倒是画蛇添足，适得其反。不过本书关注的并非是图中的太阳，而是帛画顶部中间位置的蛇身人首图像。这个图像，目前还有着争议，安志敏认为这是烛龙，[1]前面《山海经》引文中提到："西北海之外，赤水之北，有章尾山。有神，人面蛇身而赤，直目正乘，其瞑乃晦，其视乃明，不食不寝不息，风雨是谒。是烛九阴，是烛龙。"这里的烛龙眼睛闭上就是天黑，眼睛打开就是天明，似乎是具有凌驾于日月之上的地位，也有资格位于日月中间。但更多的学者认为图像中的蛇身人首形象

---

① 安志敏：《长沙新发现的西汉帛画试探》，《考古》1973年第1期。

是伏羲或者女娲，比如孙作云、钟敬文认为此神是伏羲，①郭沫若、过文英认为此神是女娲。②钟敬文先生认为此神是伏羲的理由有：首先，伏羲在古代神话、宗教和传说的古史中有着显赫的地位；其次，伏羲的形象常见于汉代及以后的坟墓等石刻以至绢画中；再者，伏羲与太阳、月亮有着密切的联系；最后，伏羲的形象也是人首蛇身。过文英则认为钟敬文先生所列出的四点证据同样适用于女娲，而且这幅帛画"画面人物没有头饰，头发经过精心梳理，搭在与肩一般高的蛇尾上。双手放进衣袖里，脸侧向左边，其形象非常像女人。西汉壁画墓中的女娲大多头挽髻，两鬓垂发，没有冠饰，也有如卜千秋壁画，背后留一条细辫子，没有头饰，而伏羲大多头戴冠饰，面有胡须"。③故而综合起来，过文英认为此神更似女娲。过文英作为专门研究汉代伏羲、女娲画像的学者，对汉代的伏羲、女娲图像有过系统的整理，如果真要从伏羲、女娲二者中做出选择，其意见应当更为可信。而且上文笔者已经提到，在汉代及其之前的一段时间，女娲的地位实际上是高于伏羲的。

虽然对于这幅帛画上的蛇身人首形象，学界有一些争议，但此后伏羲女娲图像不断大量出现，过文英对汉代各地出土的伏羲女娲图像做过统计，并列出表格，表格中搜集汉代各地伏羲、女娲图共231幅，其中尤其以中原地区最为集中。具体的话，伏羲、女娲的帛画、壁画共8幅，其中6幅分布于洛阳，1幅分布于长沙（即马王堆汉墓），1幅出土于山东；画像石和画像砖就更多了，其中山东地区有81幅，南阳地区有54幅，四川地区有61幅，陕北、山西地区有27幅。这些地区除了四川、长沙以外，山东、南阳、陕西、山西都是属于当时的政治和文化中心区域，即所谓的中原，这些地区出土的汉代伏羲、女娲图像所占的比重也是占绝对

---

① 孙作云：《长沙马王堆一号汉墓出土画幡考释》，《考古》1973年第1期；钟敬文：《马王堆汉墓帛画的神话史意义》，《钟敬文民间文学论集》（上），上海：上海文艺出版社，1982年，第121—128页。

② 郭沫若：《桃都、女娲、加陵》，《文物》1973年第1期；过文英：《论汉墓绘画中的伏羲女娲神话》，浙江大学博士学位论文，2007年。

③ 过文英：《论汉墓绘画中的伏羲女娲神话》，浙江大学博士学位论文，2007年，第28页。

优势的。而长沙、四川虽然不是汉代的政治、文化中心区域,却也不能完全算是边缘区域。

要而言之,伏羲、女娲在春秋战国时期已经出现,但真正发扬光大应当是在汉朝,其人首蛇身形象在汉代广为流传,从西汉前期开始,伏羲、女娲图像就不断出现。就目前统计到的数字,整个汉代出现了至少231幅伏羲、女娲图像,这还是目前能够找到,有据可循的数量。具体到汉代的实际情况,当时整个社会上的伏羲、女娲图像恐怕超过这个数字数倍不止,确实可谓风行。但是这样的情况到了后代,却完全是另外一番模样,伏羲、女娲文化在后世完全没有了汉代这样的地位。

到南北朝隋唐时期,在文化核心区域很少能够出土伏羲、女娲图像,反倒是在西北的吐鲁番,出土了不少伏羲、女娲图像,具体数量并不是很清楚。根据刘湘萍和冯华的研究,在吐鲁番出土的伏羲、女娲图像很多比较残破,一共大约有二三十幅,而这些图像并非都是唐朝时期,有的是属于南北朝时期。[①]不过这个数据属于比较早的数据,在之后的考古挖掘中,新疆地区仍然有一些伏羲、女娲图出现,比如新疆吐鲁番阿斯塔那北区墓葬在1959年发掘的时候发现了6幅伏羲、女娲图,发掘报告中也展示出了其中一幅(见图5.15)。[②]在1986年的阿斯塔那古墓群发掘中,也有3件破碎的伏羲、女娲画像,[③]在2004年阿斯塔那墓地西区的发掘中,又发现了1件伏羲女娲绢画的残件,[④]不过2004年的发掘行动,2014年才在期刊上发表相关情况的论文,确实有些滞后。但其数量相对于汉朝,有天壤

---

① 相关内容参见冯华:《记新疆新发现的绢画伏羲女娲像》,《文物》1962年Z2期;刘凤君:《试释吐鲁番地区出土的绢画伏羲女娲像》,《新疆大学学报》(哲学社会科学版)1983年第3期;赵华:《吐鲁番出土伏羲女娲画像的艺术风格及源流》,《西域研究》1992年第4期;刘湘萍:《吐鲁番出土的伏羲女娲图》,《美术观察》2007年第12期。

② 新疆维吾尔自治区博物馆:《新疆吐鲁番阿斯塔那北区墓葬发掘简报》,《文物》1960年第6期。

③ 吐鲁番地区文管所:《1986年新疆吐鲁番阿斯塔那古墓群发掘简报》,《考古》1992年第2期。

④ 吐鲁番学研究院:《新疆吐鲁番阿斯塔那墓地西区2004年发掘简报》,《文物》2014年第7期。

之别。若是从另外一方面考虑,在新疆吐鲁番这一片并不算辽阔的土地上,能够出土如此数量之多的伏羲、女娲图像,与此时中原和南方腹地伏羲、女娲图像寥寥无几的状况相比,已经算是一方伏羲女娲文化的胜地。这意味着,汉朝原本在中原及南方地区极为盛行的伏羲、女娲文化,到了南北朝隋唐时期,在中原及南方地区已经衰落,失去了以往的兴盛局面,反倒是在西北新疆地区盛行。

图5.15 阿斯塔那北区墓葬出土伏羲女娲绢画像

到了宋代,伏羲、女娲的地位或许更是衰落到了一种想象不到的地步,从《泊宅编》中一则故事我们可以看出些端倪。其文曰:

> 范迪简南剑州人,起白屋,官至卿监,年八十余,诸子自峋以下皆登科显官,近世享福,殆少其比。其居地名黯淡滩,初欲买宅,或云中有怪不可居,试使数仆宿其堂庑伺之。每夕,但见一物,人首而蛇身,往来其间,不甚畏人。诸仆相与谋,以卧具裹之,束缚就烹,其怪遂绝。或云此丧门也。①

---

① (宋)方勺撰,许沛藻、杨立扬点校:《泊宅编》卷三,北京:中华书局,1983年,第18—19页。

范迪简年老之后想买一居宅,选中的宅中据传有怪物作祟,于是就让仆人先进入居住。仆人们发现每到晚上就有一人首蛇身的怪物,有人说其叫丧门,仆人们最后甚至把这怪物捉住煮了。蛇身人首的形象在汉代及以前都是尊贵的象征,神灵一般的人物才具备如此的形象,著名的伏羲、女娲也是人首蛇身的形象。而到了宋代的故事中,人首蛇身的形象却变成了怪物,与汉代及以前的人首蛇身形象截然相反。甚至在宋代的故事中,当仆人们看到蛇身人首的怪物时,丝毫没有将其与伏羲、女娲联系起来,竟然捉住煮了。到了这个时候,蛇身人首的形象大概已经没有多少尊贵可言了。

而伏羲女娲文化的兴衰,实际上反映了蛇崇拜文化的兴衰,因为伏羲女娲文化除了伏羲女娲本身的人物文化层面外,最引人注目的就是其人首蛇身的形象,伏羲女娲崇拜的发生不仅仅是针对伏羲、女娲这两位人物,同时也是蛇崇拜的构成部分,任何研究伏羲、女娲的著作都无法否认和忽视这一点。如此,从汉代到隋唐,中国伏羲女娲文化由兴盛到衰落的过程,同样也是中国蛇崇拜文化由盛转衰的一个过程。到宋代了就更是如此。

随着伏羲女娲文化的衰落,在古代中国就没有再出现主神级别的蛇崇拜形象,但蛇崇拜文化并没有就此消失,而是朝着两个方向发展。

第一,蛇崇拜在某些特殊地区或者群体中仍然存在,特别是在边缘地区或者少数民族群体中。在福建樟湖,在明代之后仍然存在浓厚的蛇崇拜文化,这与当地多蛇有着密不可分的联系,而且当地的蛇王庙一直留存至今,目前仍保留着迎蛇、游蛇灯的习俗。迎蛇活动从农历六月下旬就已经开始,樟湖当地的成年男子要四处抓蛇,抓到的蛇交给蛇王庙中的"巫师",并从"巫师"处领取一张凭证。到了农历七月初七这一天,当地人依据凭证前往蛇王庙领取一条活蛇,参加迎蛇队伍,队伍有时候能达到几百人,每人都拿着一条活蛇,颇为壮观。游蛇灯活动则在农历正月十五举行,蛇灯由一节一节的灯板衔接而成,一般有三四百节,由人扛在肩上,在崎岖的山路上盘旋、奔跑。而无论是蛇王庙,或者是当地仍然留存的迎蛇和游蛇灯习俗,都是当地蛇崇拜文化无法动摇的证据。①除此之外,在不少少数民族群体中长期存在蛇崇拜文化和习俗,比如古代百越就存在浓厚的蛇崇拜文化,其中有的崇拜有毒蛇,有的崇拜无毒蛇。②壮族人崇拜蛇的历史也比较久远,他们很早就在陶器和铜器等器物,甚至是在身体上刻画蛇纹,不仅如此,壮族人还有祭拜蛇的仪式,壮族地区亦流传着很多蛇神话和蛇传说。③高山族排湾人也存在蛇崇拜文化,在中央民族大学民族博物馆珍藏的30多件排湾人的重要器物上,都发现雕刻有蛇形花纹图案。④巴族人同样存在崇蛇的现象,因为巴字本身就是蛇形象的化身,不过谷斌先生认为巴蛇并非是古代的某种大蛇,而是五步蛇,这一观点倒值得商榷,文中的论证过程也多有瑕疵,难以成立。⑤此外,黎族、侗族等少数民族也都存在蛇崇拜文化或习俗,无须一一举例。⑥

第二,蛇崇拜文化进入民间下层,这一现象目前主要体现在四大门的信仰中。四大门指的分别是狐门(狐狸)、黄门(黄鼠狼)、白门(刺猬)、柳门(蛇),如果加上灰门(老鼠)就是五大门。四大门信仰中的柳门就是蛇,柳门信仰也就是蛇信仰的组成部分。不过柳门所信仰的蛇并非普通的蛇,据李慰祖考察,柳门的蛇实际上是神圣的蛇,其能大能小,头上有凸起

① 福建樟湖蛇王庙和蛇崇拜的具体情况可以参考陈存洗、林蔚起、林蔚文:《福建南平樟湖坂崇蛇习俗的初步考察》,《东南文化》1990年第3期;林蔚文:《福建南平樟湖坂崇蛇民俗的再考察》,《东南文化》1991年第5期;林蔚文:《闽越地区崇蛇习俗略论》,《百越研究》第二辑,2011年;叶大兵:《樟湖的蛇王节》,《民俗研究》1997年第2期;何彬:《蛇王节·闽越文化·稻作习俗——浅谈闽北樟湖的蛇王节》,《思想战线》2001年第3期;潘志光:《图腾崇拜与樟湖坂蛇文化探究》,《武夷学院学报》2008年第1期;林倩:《樟湖镇崇蛇信仰习俗的传承与变异》,浙江师范大学硕士学位论文,2014年。
② 吉成名:《越族崇蛇习俗研究》,《中央民族大学学报》(哲学社会科学版)1999年第6期。
③ 黄达武:《壮族古代蛇图腾崇拜初探》,《广西民族研究》1991年第Z1期。
④ 刘军:《高山族排湾人的蛇图腾文化》,《中央民族大学学报》(哲学社会科学版)2001年第6期。
⑤ 杨华:《巴族崇"蛇"考》,《三峡学刊》1995年第3期、第4期;谷斌:《"巴蛇"探源》,《湖北民族学院学报》(哲学社会科学版)2011年第4期。
⑥ 相关情况可参考陈维刚:《广西侗族的蛇图腾崇拜》,《广西民族学院学报》(哲学社会科学版)1982年第4期;梅伟兰:《试论黎族的蛇图腾崇拜》,《广东民族学院学报》(社会科学版)1990年第2期。

物,若身上作金黄色则更能表现其神圣性,而且神圣的蛇静止的时候,总是盘做一团,将头昂起,谓之打坐。①实际上也是如此,四大门信仰的动物都是修行者,柳门所信仰的蛇也是如此,修行到一定程度,有了一定的道行,就可以在尘世找人将自己供奉起来,虽然这个过程有些半推半就,非常暧昧,有时在人们眼中实属于强迫,被选中的人也会被人看作与常人有异,不自觉地被排除在普通民众之外。但一旦有人供奉,在人们看来,被供奉的蛇(其他三门亦如此)就可以借助供奉更好的修行,而其代价则是在常人遇到困难的时候帮忙解决,若是"灵验",得到的供奉自然多,若是"不灵验"则可能衰败。四大门信仰在北方尤其流行,特别是在华北地区,在近代的地方社会中,其是不可忽视的文化现象。②但是柳门信仰与伏羲女娲文化有很大的不同,首先伏羲女娲位列二皇,在汉代文化中属于主神级别的存在。而柳门所信仰的蛇虽属于修行者,却根本不入流,其合法性也是备受质疑。其次,伏羲女娲信仰在汉代可谓是覆盖全民,特别是上层人士推崇备至,这从当时王公贵族墓葬中有大量伏羲女娲图出土就可见一斑。而柳门信仰是扎根于下层,流行于普通民众之间,属于民间文化。

故而,通过论述可以看出,历史时期因为龙蛇之间关系密切,蛇经常被当作龙,蛇崇拜在龙地位不断上升的过程中出现分化。部分蛇崇拜融入龙信仰,成为龙信仰的组成部分。而纯粹的蛇崇拜则出现衰落或沉降的趋势,如汉代的伏羲女娲蛇崇拜是全国规模的文化现象,而且伏羲女娲位列二皇,在汉代也属于主神级别;到了唐宋以后,伏羲女娲文化逐渐衰落。伏羲女娲文化的衰落是蛇崇拜衰败的典型例证,而其他尚存的蛇崇拜文化或见于边缘的特定地区或特定人群,或见于民间。总体上来说,蛇崇拜文化在中国经历了一个沉降的过程,蛇崇拜文化或衰落,或退居一隅,或沉入民间。

---

① 李慰祖:《四大门》,北京:北京大学出版社,2011年,第6页。
② 参见李慰祖:《四大门》,北京:北京大学出版社,2011年;李俊领、丁芮:《近代北京的四大门信仰三题》,《民俗研究》2014年第1期。

小　结

　　人蛇之间相处数百万年，蛇的威胁给人造成深深的恐惧，人们普遍形成了对蛇恐惧的心理，这一点已被心理学界接受，在大量实验中，人们对蛇都有更高的辨识度，高辨识度意味着高敏感度，使得人们更容易发现周围出现的蛇，从而提前防范，确保自身的安全，虽然对蛇的恐惧可能并非与生俱来。但这种恐惧心理影响了中国的蛇文化，中国早期的蛇图腾或者蛇崇拜，其源头应当来自对蛇的恐惧。因为对蛇恐惧，服膺于蛇恐怖的杀伤力和力量，故而人首蛇身的形象会被描述为神祇性的存在。为今人所熟知的蛇生殖崇拜，也只是蛇崇拜过程中引申的产物，而非蛇崇拜的源头。但中国古代的蛇崇拜总体有沉降的趋势，所谓的沉降并不完全等同于衰落。在历史早期，蛇崇拜文化盛行，而随着古人对蛇越来越熟悉，对蛇的恐惧部分消解后，蛇崇拜文化必然出现变化。这种变化的背后也有龙文化的因素存在，我们可以明显感知到蛇崇拜文化的沉降与龙文化的兴起有关。古代龙蛇关系紧密，往往可以互相替换，当龙文化被抬高、神化之后，现实空间中的蛇因为经常被当作龙，蛇崇拜也被大量纳入龙信仰之中。而纯粹的蛇崇拜在龙信仰的挤压之下，出现了衰落和沉降的趋势。历史上伏羲女娲文化的衰落是蛇崇拜衰败的例证，而福建等地区的蛇崇拜，以及后来的柳门信仰，则是蛇崇拜沉降的表现。当然，蛇崇拜文化的起落只是历史时期蛇文化演变的其中一种视角，若换一个视角，历史上的蛇文化还存在其他的变化，这也是下一章将要讨论的问题。

第六章 人蛇交介与形象演变

蛇恐惧造就了历史时期的中国蛇崇拜，但蛇恐惧给中国人带来的不仅有崇拜，还有厌恶。由于蛇一直对古人造成威胁，除了蛇崇拜之外，通俗文本中的蛇多被描述为负面的存在。但明清以后，这一状况逐渐改变，通俗文本中蛇的形象在明清以后不断出现积极的意义，似乎这时期的民众对蛇的感知发生了变化。而这样的变化正是建立在对蛇自信的基础之上，当人们不再一味对蛇恐惧，当人们认为自己能够应付蛇患时，对于一直给自身造成威胁的蛇，人们才能够产生更多的容忍，并逐渐在通俗文本和部分民间观念中大范围接受其积极的文化叙述。

第一节 由尊崇到日常：古代人蛇关系的转变

古人在应对蛇患时，往往受到各种因素的影响，比如道教和佛教，因道士和僧侣本来就具有一定的超然性，故而在相关的治蛇叙述中总是有着夸张和虚构的成分。即使不是道士或者僧侣，身怀治蛇异术的"普通人"在被叙述的过程中也往往失真。若是将这些因素排除，仅仅观察古代普通人在面对蛇威胁时如何被叙述，更能反映历史的真实。

而蛇亦分大小，小蛇也能对人造成威胁，特别是毒蛇。但杀死形体不大的蛇对普通人而言并非难事，由此带来的震撼有限，如成公二年（前589年）"丑父寝于辖中，蛇出于其下，以肱击之，伤而匿之，故不能推车而及"。①春秋时期丑父在车上休息,有蛇爬上车,丑父"以肱击之",这属于人自我保护的本能,而且文本中的蛇并不大,否则"以肱击之"并不现实。又如元朝方回有诗《久雨》曰:"肺病兼脾病,葵花复槿花。闲犹常不乐,老欲更何加。客讶添新犬,童喧断小蛇。穷居非得句,持底谢年华。"②其中"童喧断小蛇"已经将杀小蛇之事生活化,仿佛生活中时时刻刻都在发生着这样的事情,而且斩杀小蛇儿童也可以做到。

相比较而言,普通人面对大蛇的意义就完全不一样。大蛇可以直接吞食人类,对人的威胁巨大,而仅凭个人的能力又很难将其斩杀。故当普通的个人面对大蛇时,是非常危险而又震撼的。而在这些普通个人面对大蛇,并且战胜大蛇之后,他们如何被文本叙述? 这是下文所要谈论的问题。

在人类刚出现的时候,大蛇就已经存活于地球上,当时的人类只是大蛇诸多食物中的一种,故而人类很早就开始面对大蛇,不过当时并没有记载流传下来。到了后世,大蛇一直都存在,古人也难免遭遇大蛇,如春秋时期"晋文公出猎,前驱还白,前有大蛇,高若堤,横道而处"。③但晋文公在遇到大蛇时采取了回避的方式,并没有正面对抗。普通个人遇到大蛇,并且正面对抗的最早文献记载是汉初高祖斩白蛇,《史记》载:

> 行前者还报曰:"前有大蛇当径,愿还。"高祖醉,曰:"壮士行,何
> 畏!"乃前,拔剑击斩蛇。蛇遂分为两,径开。行数里,醉,因卧。后人
> 来至蛇所,有一老妪夜哭。人问何哭,妪曰:"人杀吾子,故哭之。"人
> 曰:"妪子何为见杀?"妪曰:"吾子,白帝子也,化为蛇,当道,今为赤帝
> 子斩之,故哭。"人乃以妪为不诚,欲告之,妪因忽不见。后人至,高祖

---

① (晋)杜预注,(唐)孔颖达等正义:《春秋左传正义》卷二十五,(清)阮元校刻:《十三经注疏》,北京:中华书局,1980年,第1894页下。

② (元)方回:《桐江续集》卷八,《景印文渊阁四库全书》第1193册,台北:台湾商务印书馆,1983年,第314页。

③ (汉)贾谊撰,阎振益、钟夏校注:《新书校注》卷六,北京:中华书局,2000年,第248页。

觉。后人告高祖,高祖乃心独喜,自负。诸从者日益畏之。①

高祖斩大白蛇的宣传其实是为了突出自身的权威与神异,构建汉朝政权的合法性。在文本叙述中,大蛇虽有所指,但在那个人蛇关系异常紧张的年代,至少在他人眼中,斩杀大蛇本身已经让刘邦变的非同寻常。②

《搜神记》中有李寄斩蛇事,其中的李寄在叙述中也存在高祖斩大白蛇式的逻辑,其文曰:

> 东越闽中,有庸岭,高数十里。其西北隙中,有大蛇,长七八丈,大十余围,土俗常惧。东治都尉及属城长吏,多有死者。祭以牛羊,故不得祸。或与人梦,或下谕巫祝,欲得啖童女年十二三者。都尉令长,并共患之。然气厉不息。共请求人家生婢子,兼有罪家女养之。至八月朝祭,送蛇穴口。蛇出,吞啮之。累年如此,已用九女。尔时预复募索,未得其女。将乐县李诞家,有六女,无男,其小女名寄,应募欲行,父母不听。寄曰:"父母无相,惟生六女,无有一男,虽有如无。女无缇萦济父母之功,既不能供养,徒费衣食,生无所益,不如早死。卖寄之身,可得少钱,以供父母,岂不善耶?"父母慈怜,终不听去。寄自潜行,不可禁止。寄乃告请好剑及咋蛇犬。至八月朝,便诣庙中坐。怀剑,将犬。先将数石米糍,用蜜麦灌之,以置穴口。蛇便出,头大如囷,目如二尺镜。闻糍香气,先啖食之。寄便放犬,犬就啮咋,寄从后斫得数创。疮痛急,蛇因踊出,至庭而死。寄入视穴,得其九女骷髅,悉举出,咤言曰:"汝曹怯弱,为蛇所食,甚可哀愍。"于是寄女缓步而归。越王闻之,聘寄女为后,指其父为将乐令,母及姊皆有赏赐。自是东治无复妖邪之物。其歌谣至今存焉。③

---

① (汉)司马迁:《史记》卷八《高祖本纪》,北京:中华书局,1959年,第347页。
② 参见吴杰华:《再论高祖斩白蛇》,《中国典籍与文化》2017年第1期。
③ (晋)干宝:《搜神记》卷十九,北京:中华书局,1979年,第231—232页。

李寄身为女孩,只是一个普通人,甚至属于普通人当中的弱者,其只身前往蛇窟斩杀祸害一方的大蛇,在当时确实不可思议。与高祖斩白蛇类似的是,李寄因为斩杀大蛇,同样也被人尊奉,受民众感恩,"其歌谣至今存焉"。而在民众尊奉之下,李寄斩蛇后地位提高,故越王有招其为后之举。

到了唐朝,普通个人战胜大蛇受人尊崇的逻辑仍然存在。《南诏野史》引《白古记》云:"唐时洱河有妖蛇名薄劫,兴大水淹城,蒙国王出示,有能灭之者赏半官库,子孙世免差徭。部民有段赤城者,愿灭蛇,缚刀入水,蛇吞之,人与蛇皆死,水患息。"①妖蛇薄劫能兴大水淹城,当属于大蛇,杀蛇者段赤城采取的是在身上缚刀与妖蛇共亡之策。而在其死后,段赤城受人尊奉,"时有谣曰赤城卖硬土",又"龙王庙碑云洱河龙王段赤城",即当地人将段赤城当作龙王。

到了大致五代宋初,从汉初一直延续的普通个人战胜大蛇的叙述逻辑开始改变,普通个人能够战胜大蛇在叙述中逐渐不再是受人尊奉之事。宋初《稽神录》曰:"舒州有人入灊山,见大蛇,击杀之。视之有足,甚以为异。因负之而出,将以示人。"②这位舒州人进入灊山,见到大蛇将其击杀,而此事的神奇之处在于此大蛇有足而且可以隐身,击杀大蛇者没有特殊本领,而且并未因为杀死大蛇而受人尊奉,或者显得与众不同。这样的叙述逻辑与高祖斩大白蛇、李寄斩蛇、段赤城灭蛇已经完全不一样,而这种不一样的叙述逻辑在之后的历史中取代了消灭大蛇后受人尊奉的叙述模式,类似的事件在之后的历史中也存在。

清朝《怀星堂集》载《王昌传》,"义兴人王昌有奇力,治田不以牛,身犁而耕,妻驾之。昌一奋,土去数尺,或抵膝,塍为之动。……昌山行见蝇蟁纷然起丛薄间,眂之,有巨蛇,长几十寻。昌走,不竟蛇,蛇将尾而置之口。昌怒捉蛇尾振之,举投空中,逮地死矣"。③王昌有自己的独特之处,即其

---

① (明)倪辂:《南诏野史》卷上,台北:成文出版社,1968年,第49页。
② (宋)徐铉撰,白化文点校:《稽神录》卷二,北京:中华书局,1996年,第21页。
③ (明)祝允明:《怀星堂集》卷二十,《景印文渊阁四库全书》第1260册,台北:台湾商务印书馆,1983年,第651页上。

力量惊人,虽然见到大蛇第一反应是逃跑,却也是普通人正常应该有的反应。王昌后在被逼无奈的情况下,以蛮力将大蛇杀死。在文本叙述中,王昌杀死大蛇后同样没有受人尊崇。

而即使如李寄、段赤城这般,以普通人的身份消灭为害一方的大蛇,在此时的文本中同样不被尊奉。宋朝文献中有冯珉杀巨蛇事,冯珉"少事游猎,有巨蛇为乡民害。珉持槊往从之,见蛇在岩下,与黄特相持。珉推巨石厌之,蛇竟死。后每思之,虑蛇为怨对,乃求佛解释,投志西方"。①冯珉本为乡民除害,与李寄、段赤城杀蛇情节相似,按照其叙述的逻辑,本应推崇有加,但文中并未提及冯珉因为杀死危害乡民的巨蛇而得到任何特殊待遇,反倒是冯珉斩杀害人之蛇后竟生出罪恶之悔,投身佛门。

又明朝文本《耳谈类增》载《丐子制蛇法》:

> 世谓雄黄制蛇,非也。巨蛇反舐雄黄。闻粤西山谷中,有巨蛇食人畜无算。里人醵钱募除制者,皆亡其法。或往亦必死。有丐者令以板绳缀之,使周其身,独当目处斫眼通明,上覆板,可开合。行逼其地,从上掷物撩之。蛇出,莫可施毒,盘蟠束之数匝,其性也。丐者故倒地,辗压之,蛇已节节断。其巧捷如此。②

此处详细记载了乞丐杀死巨蛇的方法,具体是在自己周身绑上木板,不让身体任何部分暴露在外,眼睛部分也装上可以开合的木板。找到蛇之后引诱蛇缠绕自己,缠绕之后又让身体倒在地上来回滚动,碾压蛇的身体,直到蛇死亡。据文中描述,这种方法确实有效,将前人没有制服的巨蛇杀死,文章末尾直夸乞丐的方法"巧捷"。但乞丐本身就属普通人,而且文本中的乞丐杀蛇属于商业交易,杀死为害一方的巨蛇后乞丐可以拿到报酬,并无任何尊崇、追捧之意。

---

①(宋)释志磐:《佛主统纪》卷二十八,大正新修大藏经本。
②(明)王同轨:《耳谈类增》卷二十,郑州:中州古籍出版社,第170页。

　　要之,普通个人面对并战胜大蛇之事在汉朝至清朝的文本中一直存在,但其叙述模式在大致五代宋初却发生了改变。在这之前,无论是高祖斩白蛇、李寄斩蛇或者是段赤城消灭为害一方的大蛇,在事后他(她)们都受人尊崇,被人拥戴、歌颂,或被人认为与众不同。而在大致五代宋初之后,即使个人面对大蛇,将大蛇斩杀,即使是斩杀为害一方的大蛇,在文本叙述中却如平常事件一般,似乎个人杀死大蛇已经不是值得夸耀之事,杀死大蛇也不再受人尊崇,不再被人认为与众不同。在这种叙述模式转变的背后,实际上是古代人蛇关系变化的反映。

　　古代人蛇关系一直很紧张,蛇对人的危害在历史上一直在持续。但这种关系并非一成不变,而且其变化的主要原因并非是自然环境的变迁,因为蛇总体而言对环境的敏感性不强,除非是出现极端气候变化,否则其一直都围绕在人们周围,并不会出现大的变化,至少在古代农业社会是如此。虽然如此,在古代人和动物之间,还有另外的因素在改变彼此之间的关系,这种因素就是人的力量随着时间的推进总体上在不断增强,古人应对自然威胁的能力也在不断增长,人蛇之间的力量对比也在悄然发生变化。当大蛇成灾,为人深深恐惧的时候,个人面对大蛇且能战胜大蛇很容易就被人尊奉,被人认为非同寻常。而一旦古人力量增长,应对蛇患的方法增加、能力增强(前面章节已经论述),对大蛇不再如此恐惧,个人能够战胜大蛇在民众心中就失去了以往那般非同寻常的意义,个人能够战胜大蛇也就不再受人尊崇。

第二节　由污秽到孝道:蛇与中国古代的死亡叙述

一、蛇年与死亡的降临

　　蛇年源自中国古代十二属文化,有关详细和完整的记载较早见于《论衡》,其曰:

寅，木也，其禽虎也。戌，土也，其禽犬也。丑、未，亦土也，丑禽牛，未禽羊也。木胜土，故犬与牛羊为虎所服也。亥，水也，其禽豕也。巳，火也，其禽蛇也。子亦水也，其禽鼠也。午亦火也，其禽马也。水胜火，故豕食蛇；火为水所害，故马食鼠屎而腹胀……午，马也。子，鼠也。酉，鸡也。卯，兔也。水胜火，鼠何不逐马？金胜木，鸡何不啄兔？亥，豕也。未，羊也。丑，牛也。土胜水，牛羊何不杀豕？巳，蛇也。申，猴也。火胜金，蛇何不食猕猴？猕猴者，畏鼠也。啮猕猴者，犬也。鼠，水。猕猴，金也。水不胜金，猕猴何故畏鼠也？戌，土也。申，猴也。土不胜金，猴何故畏犬？①

王充这段论述是为了证明五行理论的荒谬，这其中十二属相出现十一，且与五行理论互相融合，唯独缺龙，却也印证龙在十二属中地位特殊，至少文中出现的十一属都是现实中存在的动物，而龙是虚构的。或许与此有关，龙在十二属中总是显得格格不入，好在同书《言毒》篇言："辰为龙，巳为蛇，辰巳之位在东南。"补足了十二属。之后相关的记录不断出现。

清朝赵翼博览群书，很敏锐地发现当时现存十二属的记载大量出现于东汉及其以后，之前几乎未见，这确实是个很奇怪的问题。为了解决自己的疑惑，赵翼转向了"北俗说"，认为当时北方匈奴，特别是呼韩邪单于南下，带来了十二属文化，这才是中国十二属文化的源头。近代随着欧洲中心主义的泛滥，又有学者提出十二生肖源自西域、巴比伦等等，其与汉武帝通西域多有着扯不断的联系。②而20世纪80年代出土的秦简《日书》，使得外来说若想继续存在，需要更多更扎实的证据，因为《日书》中已经出现了完整的十二地支，而且地支与动物之间有着对应关系，虽然这种

① 黄晖：《论衡校释》卷三，北京：中华书局，1990年，第148-150页。

② 参见[法]路易·巴赞著，耿昇译：《突厥历法研究》，北京：中华书局，1998年；余志和《生肖新说》，北京：新华出版社，2008年；郭沫若《郭沫若全集·考古编》第一卷，北京：科学出版社，1982年等等。

对应关系与后世流传者并非完全一致。①但是,十二生肖本土说目前是站得住脚的。

不过据翟利君研究,中国许多少数民族只有十二属,而无地支纪年与之相配。其原因作者的解释是地支之说较为深奥难懂,在与少数民族的文化交流中不容易被接受,而十二属则比较容易被理解和记忆,故被少数民族传承和接受,用以纪年。②这种说法有理有据,比较合理,故而十二属文化并非就与少数民族无关,至少可知的是,少数民族在十二属文化的传播和扩展中应当功不可没。

十二属文化困扰众人的另一问题是其中的动物如何选择? 有何依据? 这个问题不仅困扰着现代人,同样也困扰着古人。古代人似乎也并不清楚其中的具体原因,不断试图给予解释。目前所见较早的解释出自隋朝的《五行大义》:

> 问曰:"禽虫之例数多,何故不取麟凤为属,乃取蚯蚓蛇鼠小虫?"答曰:"取十二属者,皆以其知时候气,或色或形,并应阴阳故也。麟、凤已配五灵,非是虚而不用。"又问曰:"麟凤已配五灵,更不取者,龙虎亦配,何为复用?"答曰:"龙动云兴,虎啸风起,此是应阴阳之气,所以须取。麟凤虽灵,无所作动,故不重用。其十二属并是斗星之气,散而为人之命,系于北斗,是故用以为属。"《春秋运斗枢》曰:"枢星散为龙马,旋星散为虎,机星散为狗,权星散为蛇,玉衡散为鸡兔鼠,开阳散为羊牛,摇光散为猴猿。"此等皆上应天星,下属年命也。③

在具体的解释中,《五行大义》是用天文和阴阳观念解释十二属的选择,后世大多学说也都采用了类似的解释模式,不过这应当是十二属文化在发展过程中所融合者,并非是最初选择十二属的标准。而且文中在解释十

---

① 参见甘肃文物考古研究所编:《秦汉简牍论文集》,兰州:甘肃人民出版社,1989年。
② 翟利君:《汉文化十二生肖早期形成的历史学研究》,广西师范大学硕士学位论文,2016年。
③ (隋)萧吉:《五行大义》卷五,《子平精粹》第1册,北京:华龄出版社2001年,第119—120页。

二属单取龙虎,不取麟凤时明显过于牵强。提到龙、虎、麟、凤,不得不捎带提一下,中国古代除了十二属文化,亦有四灵或者五灵文化,其中的四灵或者五灵虽有变化,但发展到隋朝大致是指龙、虎、凤、玄武,五灵则加上麒麟,分别对应四方(五方)、四时等等,将动物和方位、时间等等互相对应,这与十二属的思路是一致的。十二属也是将十二种动物与时间、空间等等对应,而这同样反映四灵(五灵)、十二属文化应当是由同样一种文化框架塑造,但最初为何选择这些动物却仍然是悬而未决的难题。

宋代《同话录》为了解释此问题,又提出:"十二辰属子午卯酉丑,其属体皆有亏,如鼠无胆,鸡无肾,马无角,牛无齿,兔无唇之类。"[1]明代叶子奇沿袭此说并有发挥。但此说既不符合实际,又显偏颇,只可备一说,难以采信。

到了近代,则是图腾学说兴起,有关古代动植物文化,似乎都可以贴上图腾说这块"万能膏药",冥冥之中,中华大地上的动植物似乎大多都曾被当作图腾,其论述除了如闻一多等严谨的学者之外,多摘古书只言片语,或从某地民俗中取证,实难令人信服。而若是要结合文献、考古,一一找出十二属远古图腾崇拜的证据,恐怕是难以做到,虽然这可能是事实,但不可从龙虎蛇等几种动物出发,就认为十二属都曾经作为图腾,或被崇拜过,以此论述十二属的选择都与图腾崇拜有关。这个问题若要解决一时难以做到,十二属的选择可能最初也并没有统一的标准,不过在十二属的选择中,无论是秦简抑或是后世文献,子鼠、丑牛、寅虎、卯兔、亥猪是一直延续的,其他动物在选择上都曾出现变化,[2]若要解开其中谜题,或许要将这些动物逐一深入研究之后才能得出结论。

而且上文《五行大义》已经表明,十二属文化在不断地演变中不断掺杂进各种文化,如五行、阴阳等,东汉时期的《太平经》已经将十二属与人

---

① 见(清)赵翼:《陔余丛考》卷三十四,上海:商务印书馆,1957年,第726页。

② 参考翟利君:《汉文化十二生肖早期形成的历史学研究》,广西师范大学硕士学位论文,2016年,第28页;姜守诚:《汉晋时期"十二辰配禽"说的方术化——基于出土文献为背景的探讨》,《四川文物》2015年第2期。

的命运相互联系在一起,如"寅申之岁,其人似虎,日月相直,殊不得相比。所以然者,寅为文章,在木之乡,山林猛兽,自不可当。但宜清洁,天遣令狩,不宜数见,多畏之者,名之为虎。年在寅中,命亦复长,三寅合生,乃可久长",其中将寅申年的吉凶一一构建。与本书有关的蛇年在《太平经》的构建中似乎非常不乐观,其文曰:"巳亥之期年以生,各置其月,复以其名为之,重阴无阳,命自不长。三阴会时会复当,故言巳亥,拘主开藏。亥主西北,巳主东南,所向所为,少得其宜,治生难以进,寿难以长。"①这里是将蛇年与猪年结合在一起,按照其叙述,此乃阴重无阳之时,出生在这一时期者寿命不长。

不仅如此,龙年和蛇年在东汉时期亦开始成为中国人的噩梦,而其起因并非出自野史,而是出自《后汉书》。据记载,东汉著名的经学家郑玄在临终之前,"梦孔子告之曰:'起,起,今年岁在辰,来年岁在巳。'既寤,以谶合之,知命当终,有顷寝疾"。②郑玄梦见孔子告诉自己,今年是辰年,明年是巳年,这在东汉及后世实际上就是龙年和蛇年,在谶纬之说盛行的汉代,郑玄以此推之,知道自己命不久矣,而据史书记载,结果确实如此。而龙蛇年就这样看似荒诞的与死亡勾连在一起,载之正史,为后人流传。

直到明清时期,龙蛇年仍然成为文人贤士挥之不去的心病。明朝曹学佺在多首诗文里都表达出这种情绪,如《茅孝若饷米戏答》:"厌索长安米,还来就所亲。龙蛇厄贤士,虎豹让饥人。"③《人日雪》:"非贤那畏蛇年厄,多难却愁人日阴。"④诗中所表达者,龙蛇年是贤士容易遭受厄运的时候,而若不是贤士,似乎就不受此约束。这种观念明显是从《后汉书》郑玄一事中发挥而来,郑玄本是贤士,而龙蛇之年遭厄,故而有此说。

围绕着贤士龙蛇厄这种观念,又引申出非龙蛇年贤士不易死亡以及

① 王明编:《太平经合校》卷一百十一,北京:中华书局,1960年,第548页。
② (南北朝)范晔:《后汉书》卷三十五《郑玄传》,北京:中华书局,1965年,第1211页。
③ (明)曹学佺:《曹大理集》卷三,明万历刻本。
④ (明)曹学佺:《石仓历代诗选》卷一百七十五,《景印文渊阁四库全书》第1389册,台北:台湾商务印书馆,1983年,第487页上。

以龙蛇厄婉言死亡者。前者如明朝陈继儒"适闻抱恙，未遑走问弟，岁不在龙蛇，贤人何必嗟乎？"①这里陈继儒就是以"岁不在龙蛇"为理由，安慰身体不适的友人，认为并非龙蛇年，不会有性命之忧。后者则应用更广，在哀词或祭文中总是出现。如明朝杨廉《祭张经载文》有"孰谓一疾而遽逝耶！是何龙岁蛇年，而使我顿足失声，而涕泗之横流也"。②清朝沈维材在多首祭文中以龙蛇厄讳言死亡，如《祭宋山言学使文》曰："蛇年适厄，何能已已。逝者如斯，只觉茫茫。"《祭汝宁孙太守文》曰："呜呼，天夺贤人，先龙蛇而当厄。民嗟良守，继鸿雁以兴哀。"《公祭钱塘相国文》曰："呜呼，贤相沦亡，先龙蛇而当厄。老成凋谢，徧草木以含悲。"《钱塘吴茂才仪吉哀词》中有句："岂真贤人当厄，岁在龙蛇。可知寒士出游，命如萍梗，二千里外孤魂方得归来。"③在这些祭文中，都是以龙蛇厄婉言对象死亡，而其事是否真的发生在龙蛇年恐怕就不一定了，而且龙蛇厄一词后面的贤士之指，无论是对于死者或者其家人而言，都是受用的，这或许也是龙蛇厄一词长期能够延续的原因之一。

可能是由于蛇对于人而言危害颇深，而龙在历史上地位一直被抬高，故而在与死亡这样为人禁忌的事情相联系时，龙年与蛇年又有所区分，至少在后人的理解中，龙蛇厄其负面意义可能更偏重于蛇厄，而非龙厄。其主要体现于，蛇厄可以替代龙蛇厄的功能，在祭文和哀词中单独被运用，但在祭文和哀词中却不见有龙厄的说法。如沈维材在《冯母周孺人哀词》中就说主人公"不图贤媛声名，亦致蛇年之厄"。④在叙述周孺人的死亡事实时，沈维材单独运用"蛇厄"一词，而非从东汉流传下来的"龙蛇厄"一词。金农在叙述老友死亡时，亦言："论交四十载，老友忽云徂。谶应蛇年

① （明）陈继儒：《捷用云笺》卷五，明末刻本。
② （明）杨廉：《杨文恪公文集》卷四十九，明刻本。
③ （清）沈维材：《樗庄文稿》卷五，《清代诗文集汇编》第285册，上海：上海古籍出版社，2010年，第470页上、475页下、477页下、482页下。
④ （清）沈维材：《樗庄文稿》卷五，《清代诗文集汇编》第285册，第495页。

促,神伤鹿梦孤。"①四十年的友情可谓不浅,而老友死亡,周京单单认为是蛇年导致。这说明虽然龙蛇厄出自正史,一直流传,但古人在生活中可以明显感知到蛇的危害,如此事实在文化的叙述和建构中是无法被忽略的,故而龙蛇厄至少在千年之后,蛇厄所占的比重是增加的。

值得顺带一提的是,蛇与死亡的紧密关系不仅仅是在现实生活中存在,或以龙蛇厄这样的叙述在文化中展现。在佛教中,同样也将蛇与死亡联系在一起,佛教中的四蛇二鼠连用,实际上与龙蛇厄一样,意味着死亡。而与龙蛇厄不同的是,四蛇二鼠并没有群体指向性,所有阶层、群体死亡都可以用四蛇二鼠描述。佛教出现这种情况和蛇对僧人的现实危害不无关联。佛教出自印度,印度本就是多蛇之地,而佛教僧侣又需经常在野外奔走,或建寺于幽深林密之地,故其经常受到蛇的困扰,佛教文化中对蛇亦并无多少好感,《华严大疏钞》甚至说:"宁没水死,终不为彼蛇贼损害。"②不过四蛇二鼠这一说法源自佛教经文中的一个故事,其言:"昔有一人,避二醉象,缘藤入井。有黑白二鼠,啮藤将断,旁有四蛇欲螫,下有三龙吐火张爪拒之。其人仰望二象,已临井上,忧恼无托。忽有蜂过,遗蜜滴入口,是人唼蜜,全亡危惧。"③这个故事中的动植物实际上都有所指,比如四蛇指的是四时或者四大(地水火风),二鼠指的是日月,四蛇二鼠联系起来是指"大限无所逃",故又有云:"井里四蛇催命促,攀枝二鼠啮藤伤。"④

正因为有着这层含义,与龙蛇厄一样,四蛇二鼠也被用来隐喻死亡,经常出现在墓志铭中,如《□□故郭处士墓志铭并序》曰:"四蛇难驻,汾川兴汉帝之歌;二鼠不停,逝水发宣尼之叹。遂以龙朔元年九月十九日遘

---

① (清)周京:《无悔斋集》附录,《清代诗文集汇编》第239册,上海:上海古籍出版社,2010年,第89页上。

② (唐)释澄观:《华严大疏钞》卷六十,大正新修大藏经本。

③ (宋)释法云:《翻译名义集》集五,《四部丛刊初编》,上海:商务印书馆,1922年。

④ (宋)佚名:《锦绣万花谷》卷二十六,《景印文渊阁四库全书》第924册,台北:台湾商务印书馆,1983年,第324页下。

疾,卒于私第,春秋六十有五。"①《□唐故□君墓志铭并序》有"既而四蛇不驻,方摧白鹤之姿;二鼠难停,讵闭青乌之兆。去乾封元年十一月十八日,终于私第。"②《大周故处士韩府君墓志铭并序》曰:"四蛇遄速,二竖挺灾,疾起膏肓,针药无疗,以永隆元年七月□日终于私第,春秋七十有四。"③四蛇二鼠在这些墓志铭的表达中,隐喻着死亡的降临,并与龙蛇厄一起,构成了蛇与死亡关联的文化意向。

二、死后化蛇的禁忌

今人在研究古代历史的时候,面对不符合科学原理的诸多事件,多采取否定或怀疑的态度,而这些恰恰又是古人所相信的,是他们理解世界的方式,故而笔者总是怀疑,以今日无神论的态度去研究古代"有神"的世界,在提供新的观察视角的同时,这可能是一件荒谬的事情。

《原化记》中有诸多奇怪的故事,如《南阳士人》讲述南阳山某人忽然患上热疾,在庭院休息的时候,"隔门有一人云:'君合成虎,今有文牒。'此人惊异,不觉引手受之"。故事发展到这个时候,大概今人已经难以接受,之后此人自觉病情好转,"遂策杖闲步,诸子无从者。行一里余,山下有涧,沿涧徐步,忽于水中,自见其头已变为虎,又观手足皆虎矣,而甚分明"。④也就是说,此人真如牒文所述,变成老虎,而其变成老虎,脱离正常的社会秩序,是借助患病这一现实的因子。否则毫无征兆、理由,人就变为老虎,恐怕也非古人所能接受。《原化记》和其他文献中相关的例子非常多,就不一一列举。

与人化虎一样,人化蛇之记载也不罕见,《原化记》载:

---

① 周绍良主编:《唐代墓志汇编》,上海:上海古籍出版社,1992年,第348—349页。
② 周绍良主编:《唐代墓志汇编》,第547页。
③ 周绍良主编:《唐代墓志汇编续集》,上海:上海古籍出版社,2001年,第314页。
④ 出自《原化记》,此处参见(宋)李昉:《太平广记》卷四百三十二,北京:中华书局,1961年,第3504—3505页。

御史中丞卫公有姊,为性刚戾毒恶,婢仆鞭笞多死。忽得热疾六七日,自云:"不复见人。"常独闭室,而欲至者,必嗔喝呵怒。经十余日,忽闻屋中窸窣有声,潜来窥之。升堂,便觉腥臊毒气,开牖,已见变为一大蛇,长丈余,作赤斑色,衣服爪发,散在床褥。其蛇怒目逐人,一家惊骇,众共送之于野。盖性暴虐所致也。①

事件中的女主人公也是生病后化为大蛇,但在事件开头交代其"性刚戾毒恶,婢仆鞭笞多死",似乎是为了表达其生病及化蛇乃罪有应得,化蛇乃是其所犯罪行的报应。但既是恶报,却让人化蛇,说明蛇在古人心中是恶毒的角色,或者至少是坏的形象,这与之前所论述的古代蛇患是分不开的。不过活人化蛇的例子确实不多见,反倒是人死后化蛇的例子极多,其原因大概与蛇的习性有关,后文将会详细论述。

《玉堂闲话》中载人死后化蛇的事例不少,如徐坦妻子,其在临终前已经发现自己的身体不对劲,要求徐坦将自己的尸体放在山口,这样不下葬暴尸山野确实不合礼制,徐坦作为进士,却答应了妻子的请求。尸体放置不久,就出现了不小的动静,数条大蛇一起凑到其妻身边,其妻子也化为蟒蛇。②这样的事情现代人当然难以接受,事实是怎样也不清楚,因为这本就是故事,虽有现实基础,却并非现实,不过在广泛流传之后,却可能成为后人知识体系的一部分。类似的事情也发生在张氏的故事中,具体为:

王蜀时,杜判官妻张氏,士流之子,与杜齐体数十年,诞育一子,寿过六旬而殂殁。泊殡于家,累旬后,方窆于外。启攒之际,觉其秘器摇动,谓其还魂。剖而视之,见化作大蛇,蟠蜿屈曲,骨肉奔散。俄顷,徐徐入林莽而去。③

---

① 出自《原化记》,此处参见(宋)李昉等:《太平广记》卷四百五十九,北京:中华书局,1961年,第3753—3754页。

② (五代)王仁裕:《玉堂闲话》卷四,杭州:杭州出版社,2004年,第1911页。

③ (五代)王仁裕:《玉堂闲话》卷四,第1911页。

杜判官的妻子张氏在死后将要埋葬之际,棺椁摇动,打开之后,看见里面有大蛇,大家认为是张氏所化,在场的人都吓得四下奔散。又宋代《增修埤雅广要》有《女化蛇》一事,与张氏化蛇情节类似,都是在死后剖棺,发现人死后化蛇。①又《夷坚支志》载《严桶匠妻》事:

> 饶州民严翁,为桶匠,居城外和众坊。妻生三子,皆娶妇。严死累岁,妻以淳熙庚子四月亦亡。三子有孝心,停枢于家。七日,方作斋会,姻戚咸集。一蝮蛇俗称鳖鼻者,长五六尺,忽从枢下出,蜿蜿蜒蜒,了无害人意,见者异而视之。蛇昂首向子点首者三四,眼中流泪,若欲悲诉者。或拟举杖加棰,子遮止之。邻媪乃问之曰:"尔是严婆耶?"点其首。又问:"何处是汝灵坐?"即直赴其所,良久复出。又问:"三妇房何在?"皆随声而往。问三子亦然。既罢,徐徐入户限内,不知所之。②

与上述其他化蛇事例不同的是,上述事例中都是尸体化作大蛇,严桶匠的妻子可能不是尸体化蛇,而是"灵魂"或者其他,而且其所化者乃是毒蛇,众人见到毒蛇也是想清除打杀,只是据故事中所描述,此蛇通灵,承认自己就是死去的严婆。

通观上述事例,无论是生前化蛇或是死后化蛇,其主角都是女性,当然男性化蛇的事例并非没有,如《耳谈类增》中有《集庆寺二老人》篇,其言以前杨公、余公均有田地,但杨公富而余公贫穷,余公遭到杨公的凌辱,并因此生病,在死前与棺材匠说:"棺凿前后二孔,吾必化赤练蛇出入以啮此仂!"杨公听说此事非常后悔、害怕,"即具壶榼往,愿割亩以谢过。因将炙啖病者,病者嘘气,即有小蛇数十自其喉出取炙,而尾尚未成。杨益大惧,

---

① (宋)陆佃:《增修埤雅广要》卷三十八,明万历三十八年孙弘范刻本。
② (宋)洪迈:《夷坚志·支甲》卷四,北京:中华书局,1981年,第740页。

知果业非虚"。①此处杨公、余公应当均为男性,余公因为仇恨,发誓死后化蛇报复,而在文本叙述中有意将病者口中出现的小蛇看作是余公所化。

不过总体而言,男性化蛇的例子确实少见,为何如此? 因为蛇在古代虽然时而以男性形象出现,时而以女性形象出现,但总体说来古代女性和蛇之间的关系实在非同一般。《诗经》中就载:"维虺维蛇,女子之祥。"②意即在《诗经》那个时代,蛇就被誉为女子之祥兆。又《左传》云文公十六年(前611年)"有蛇自泉宫出,入于国,如先君之数。秋八月辛未,声姜薨,毁泉台"。③蛇从泉宫出入于国之后,姜氏死亡,隐隐也将蛇与姜氏关联在一起。《后汉书》载:"熹平元年四月甲午,青蛇见御坐上。是时灵帝委任宦者,王室微弱。"④针对青蛇见御坐,当时杨赐谏曰:"皇极不建,则有龙蛇之孽。《诗》云:'维虺维蛇,女子之祥。'宜抑皇甫之权,割艳妻之爱,则蛇变可消者也。"⑤杨赐以《诗经》中"维虺维蛇,女子之祥"为据,将青蛇的出现指向女性外戚,认为宜"割艳妻之爱"。杨赐作为朝廷要员,向皇帝上奏,敢直接将蛇出现的矛头指向当时皇室的女性一方,亦足以说明在众人观念中女性与蛇之间的联系匪浅。而且后世文本中仍将蛇的出现看作是生女儿的征兆,故有"弄璋介福,庭多比玉之儿;惟蛇在梦,室满乘龙之女"之说,⑥又有"梦熊孕质以为男,梦蛇挺生以为女"等不一而足。⑦

而在上文的叙述中仍遗留一问题,即为何在古人的叙述中,死后化蛇的事例如此之多。死亡对人类多数人而言都是禁忌,孔子在谈及死亡亦说"未知生,焉知死",对死亡采取了回避的态度,中国老年人也多忌讳谈论死亡。而同样,蛇在古代一直都是威胁古人生命的存在,大蛇吞人、毒

---

① (明)王同轨:《耳谈类增》卷二十七,郑州:中州古籍出版社,1994年,第220页。

② 程俊英:《诗经译注》,上海:上海古籍出版社,1985年,第354页。

③ (晋)杜预注,(唐)孔颖达等正义:《春秋左传正义》卷二十,(清)阮元校刻:《十三经注疏》,北京:中华书局,1980年,第1858—1859页。

④ (南北朝)范晔:《后汉书》志第十七《五行五》,北京:中华书局,1965年,第3345页。

⑤ 此记载出现在"熹平元年四月甲午,青蛇见御坐上。是时灵帝委任宦者,王室微弱"一事之注解中。

⑥ 周绍良主编《唐代墓志汇编》,上海:上海古籍出版社,1992年,第2页。

⑦ 周绍良主编《唐代墓志汇编》,第1212页。

蛇咬人对于古人而言往往都是致命的,因此蛇在古人观念中并非善类,反映在文化中也多是如此,虽然在明清以后多有改观。人死后化成动物此事本身也非正常秩序所能包容,所谓"事出反常必有妖",何况是化成蛇这种贴满负面标签的动物。故而人死后化蛇即使在古代也并不是什么幸事,古代王三姑在棺中化为大蛇,其原因就被叙述为:"晚年不敬其夫,老病视听步履,皆不任持,张氏顾之若犬彘,冻馁而卒。人以为化蛇其应也。"①即王三姑是因为生前的恶行,死后遭到报应,才化为蛇。这明显可以看出,死后化成蛇也是一种禁忌,并不是光彩的事情,即使是亲人,在遇到死后亲人化成的蛇之后,也是试图打杀或者群体奔散,失去了本应存在的人间亲情,这在上述的事例中都明显可见。如此,在叙述中选择蛇这种令人厌恶又充满负面意象的动物作为死亡之后所化之物,可能有其意图,即对死亡进一步加上负面标签,虽然这种意图可能并不自觉,但在叙述之后却能达到这种效果。

而死后化蛇的事例相对活人化蛇更多,这可能与蛇的习性有关。地面上的蛇多居于洞穴之中,活跃于林草山川之间,墓地泥土被人工挖动,对蛇而言是易于安家之地,自然也是其目标之一。加之墓地多草虫,既有可以果腹的食物,又有可以隐蔽的杂草,故墓中或者墓地多蛇在古代实际上是一种常态,墓中或墓地见蛇之事文献记载颇多。如孝文文昭皇太后高氏的坟墓"初开终宁陵数丈,于梓宫上获大蛇长丈余,黑色,头有'王'字,蛰而不动"。②又南齐纪僧真"遭母丧,开冢得五色两头蛇"。③《江南野史》记彭玕"既入湖南,行密使掘其坟墓,而墓上但见大蛇,长二丈许,目未开,遂杀之"。④又有一故事,见于《酉阳杂俎》:

---

① (五代)王仁裕:《玉堂闲话》卷四,杭州:杭州出版社,2004年,第1910页。

② (北齐)魏收:《魏书》卷十三《皇后列传》,北京:中华书局,1974年,第336页。

③ (南梁)萧子显:《南齐书》卷五十六《纪僧真传》,北京:中华书局,1972年,第974页。

④ (宋)龙衮:《江南野史》卷六,《景印文渊阁四库全书》第464册,台北:台湾商务印书馆,1983年,第98页下。

近有盗发蜀先主墓,墓穴,盗数人齐见两人张灯对弈,侍卫十余,盗惊惧拜谢。一人顾曰:'尔饮乎?'乃各饮以一杯,兼乞与玉腰带数条,命速出。盗至外,口已漆矣,带乃巨蛇也,视其穴,已如旧矣。[1]

此事虽奇特难以采信,但其从墓中带出之物实为巨蛇,同样说明墓中常有蛇出现的现实,而这种现实被故事叙述所采用。

上述事例多出自帝王将相或小说故事,其共同反映出古代墓中或墓地多蛇的事实,而坟墓本是人死后的场所,其地经常出现蛇很容易让人将死亡与蛇联想在一起,这可能也是人死后化蛇事例偏多的原因之一。

不过,古代墓地多蛇的证据远不止上述这些,除了大量帝王将相墓中或墓地出现蛇的记载之外,平民墓周围出现蛇也有不少记载,而且至少从宋代开始,平民墓周围出现蛇有着完全不一样的一套叙述模式,这与此时期人蛇关系的转变不无关系。

三、被蛇衬托的古代孝子

五代宋初以后,人蛇之间的关系发生了微妙的转变,人类随着本身力量的壮大,有了更多应对蛇的方法,甚至可以取蛇为自身所用。在这种情况下,对蛇的恐惧虽然仍然在持续,却应当不似以前那般强烈。在这种形势的微妙转变之下,对蛇的正面描述也渐渐增加。其中墓地周围出现的蛇,在特定的情况下,竟然被人叙述为衬托子女孝顺的表征之一,这样的情况是从宋朝的叙述开始出现。

宋人所著《新唐书》相比《旧唐书》增加了《程袁师传》,其曰:

程袁师,宋州人。母病十旬,不褫带,药不尝不进。代弟戍洛州,母终,闻讣,日走二百里,因负土筑坟,号瘠,人不复识。改葬曾门以来,阅二十年乃毕。常有白狼、黄蛇驯墓左,每哭,群鸟鸣翔。永徽

---

① (唐)段成式撰,方南生点校:《酉阳杂俎·前集》卷十三,北京:中华书局,1981年,第126页。

中，刺史状诸朝，诏吏敦驾。既至，不愿仕，授儒林郎，还之。①

可以明显得知的是，从宋代开始，忠孝观念相比以往有着越发受重视的趋势，在这样的社会氛围下，孕育出宋代理学，强调三纲五常。程袁师本来在《旧唐书》无传，到了《新唐书》，大概也是为了宣扬孝道，为其立传，以其孝行传之后世。文中衬托其孝行者主要是其生前尽心侍奉生病的母亲，母亲死后又悲痛欲绝，"日走二百里""负土筑坟"，甚至异象频生，有白狼、黄蛇出现在墓周围，程袁师每次痛哭也都有群鸟鸣翔。

从现实情况来看，在野生动物还算丰富的古代，白狼、黄蛇出现在墓周围完全是可能的。试想即使在近代鲁迅笔下，祥林嫂的儿子在村里都能被狼叼走，在野生动物更为丰富的唐朝，白狼出现在墓周围又怎么不可能。蛇在墓地本就不难遇见，黄蛇安静地出现在墓周围也完全合理。而若是程袁师母亲墓地周围有大片树林或者沼泽，其中栖息着大量鸟类，程袁师痛哭的动静惊扰鸟群，引得鸟群惊翔嘶鸣亦不稀奇，今日若是进入密林大喊一声，同样能达到这种效果。故而"白狼、黄蛇驯墓左，每哭，群鸟鸣翔"这样的事情可能是真实存在的，但是为了衬托程袁师的孝行，文本却将这些原本可能正常的现象叙述成程袁师孝行的异象，使得蛇从此多了一个正面的意义，而古人此时对蛇已经不如以往那般基本完全排斥，故而接受了这样的叙述，并将之延续、发展成展现孝道的特有模式。

明清之后，这样的事例和叙述多到不胜数的地步。如明朝毕鸾"井陉人，母卒，庐墓有野鹿，当痛哭时亦悲鸣，若助哀者。兔引子游于庐前如家畜然，巨蛇蟠于门，视之不怖，似有所守，众以为孝感，亦于是年旌表"。在为守墓搭建的庐门上出现巨蛇，同样视为毕鸾孝顺的异象之一，并因此得到旌表。同卷有此情况的还有张缙、李茂。张缙"祖母刘卒，丧葬令礼，有赤蛇、苍兔、蜂猬驯扰之异"。李茂"母丧，庐墓有二狐穴于旁，龟蛇周旋左右不去，人咸谓诚孝所感云"。又有开州甘泽、凤阳周绪"俱葺茅守墓，有

---

① (宋)欧阳修：《新唐书》卷一百九十五《孝友》，北京：中华书局，1975年，第5580—5581页。

苍乌青蛇驯绕,异草丛生"。①这些古代孝子因为孝顺,墓地周围都出现蛇,而且受到明朝的旌表。不过如聊城人朱举,守丧三年"白燕乳巢,兔蛇驯扰","有司具其事闻于朝,诏旌其里"。②此人在文本叙述中同样因为孝行受到朝廷旌表,在诸多表征中,兔蛇驯扰也是组成部分,但正史不见。

宋朝程袁师事例与上述明清事例的叙述模式基本一致,其中的蛇也有特殊之处,因为仔细观察文本,这些出现在墓周围的蛇都有一个共同特点,那就是"驯",如程袁师是"常有白狼、黄蛇驯墓左",其他事例中的蛇则多是"驯扰"或驯绕"。这说明在墓地周围出现的这些蛇,表现得比较安静,或者缺乏攻击性,这种情况其实并不算异常,蛇在饱食且不被打扰的情况下,本来就安静、缺乏攻击性,但在人们的观念中,蛇可能是残暴的形象,这种安静、缺乏攻击性的表现是被孝行所感,故而蛇(包括文本提及的其他动物)的"驯"增强了这种孝子叙述模式的可信度。但实际上,出现在墓地周围的蛇即使没有表现出"驯"的特点,在叙述中同样可以成为衬托孝顺的表征。

元朝《居竹轩诗集》载:"泰州海陵县刘子彬,性孝友,与诸弟隐居读书,耕以为养,曲尽其道。亲丧茔葬,有异色蛇见,又产连理木人,以为孝感。"③其亦将墓地周围出现的异色蛇作为证明刘子彬孝顺的证据之一,这里的蛇并没有"驯"的特点。明清之后,相关记载也不少,如清朝《云南通志》载云南徐讷父殁,"庐墓哀恸,有青蛇绕墓之异,诏旌其门"。④康熙《江西通志》亦载廖洪,"父母亡,捧土为坟,结草庐居,有青蛇白兽来止庐侧。咸通中旌表门闾"。⑤又乾隆《江南通志》载郭落,"嘉靖中父寿卒,于

① (清)万斯同:《明史》卷三百九十二,《续修四库全书》第331册,上海:上海古籍出版社,2001年,第247—248页。
② (明)过庭训:《本朝分省人物考》卷九十六,《续修四库全书》第535册,上海:上海古籍出版社,2001年,第612页下。
③ (元)成廷珪:《居竹轩诗集》卷二,《景印文渊阁四库全书》第1216册,台北:台湾商务印书馆,1983年,第293页下。
④ 雍正《云南通志》卷二十一,清乾隆元年刻本。
⑤ 康熙《江西通志》卷七十一,清雍正十年刊本。

京藩徒步数千里扶榇归葬。结庐墓旁,日夜环冢哭,有剽掠者过其庐,戒曰:'此孝子也,勿惊。'墓常出金色蛇,人以为孝感"。①在这些记载中,用来衬托孝子孝行的蛇也并没有"驯"这一特征。这说明出现在墓周围的蛇无论是否"驯",在文本叙述中,最后都成为反映孝子孝行的证据。

不过在这种模式之下亦有例外出现,本来墓地出现蛇乃孝道的异象,在清朝的某些叙述中没有蛇同样是孝道的异象,如《重修安徽通志》载佘宗�,"母卒,庐墓,蛇虎远迹。以哀毁甚,卒于庐"。②也就是说,其母亲墓地周围没有蛇虎,也被认为是孝行所致。更有甚者,蛇来到墓地周围,反而不可容身,《江西通志》载卢世亮,"母殁庐墓,有巨蛇来。世亮恐其母惊异,痛哭,有顷雷震蛇死"。③卢世亮见蛇来到墓地周围,并不认为这是好事,其理由是怕蛇惊扰到死去的母亲,于是痛哭,不久蛇被雷震死。上文已经举出大量事例,说明墓地周围出现蛇在叙述中已经成为叙述孝道的模式,而在此处的叙述中,墓地周围出现蛇反倒惊扰亡者,若是依照这种思维模式,那么之前的叙述模式和孝子统统恐怕会有问题。不过这种类似的例子只见于清朝叙述的少数事例中,多数叙述仍然将墓地周围出现蛇看作是孝道的异象,这种孝子的叙述模式仍然存在。

墓地周围出现蛇本就是正常的自然现象,即使这些蛇安静、缺乏攻击性也并非违背自然之理,而这种现象在宋朝及其之后的时代,成为宣扬和印证孝道的组成要素,尽管蛇与孝道相勾连最初可能只是偶然,但一旦勾连,却成为一种叙述孝道的模式。而蛇这种正面的意向之所以能被接受,并广泛流传,又正是五代宋初人蛇关系微妙变化背景下,古人对蛇容忍度扩大的结果。若人蛇之间仍处于激烈对抗阶段,恐怕对蛇的正面表达是很难得到认可,并广泛流传,甚至成为一种叙述模式。

蛇与死亡之间,似乎纠缠不清。在古代自然环境尚且优越的条件下,蛇本就是致人死亡的自然要素,况且蛇至少在中国这片区域,几乎是无所

① 乾隆《江南通志》卷一百六十二,清乾隆二年重修本。
② 光绪《重修安徽通志》卷二百三十七,清光绪四年刻本。
③ 康熙《江西通志》卷九十三,清雍正十年刊本。

不在,与民众的活动区域交集甚多,有人的地方基本就有蛇的存在,古代死于蛇口之下者又岂止万千。在文化和叙述中,蛇年或四蛇有着类似的意义,在死亡面前,蛇年或四蛇构成了"引发"死亡的不确定因素。在死亡之时,死后化蛇又成为被人忌讳的死亡阴影,让本就充满禁忌的死亡文化又增添了一层阴霾。而即使死后入土,中国人讲究入土为安,但守孝期间,死亡的禁忌和污秽仍然存在,①可是这个时候,本该令人厌恶的蛇,其出现却成为印证孝道的异象。蛇与死亡文化的其中曲折,可见一斑。而蛇之所以能够成为孝道叙述模式的组成部分,与五代宋初以来人对蛇不再如此恐惧,不再束手无策息息相关,在人蛇关系微妙的变化之下,对蛇的正面叙述越来越多,民众此时也可以接受这种叙述,并将之延续推广。

第三节　由排斥到保护:中国古代家蛇观念的形成与演变

在古人的生活区域,包括房屋,很早就有蛇进入其中,这在上文已经论述,但"家蛇"这个词却出现得比较晚,目前最早见之于宋代文献。宋代《夷坚志》载:"方城民王三,善捕蛇。每至人门,则能知其家蛇多少,见在某处。"②不过这里的家蛇与今日"家蛇"却也不相同,至少在这条文献中,家蛇是指家中的蛇,并无其他含义。宋代《夷坚支志》有《文迪家蛇》篇,明代《耳谈类增》有《汪孟贤家蛇》篇,其中家蛇也同样如此,而且在这两个例子中,所谓家蛇都被打杀,故而并无今日"家蛇"所笼罩的神圣外衣。

因为家中出现蛇可以威胁到人的生命,这在上文已经提到,如《耳邮》中的松姑就是半夜起床,被蛇咬伤丧命。又《千金宝要》载:"睡中蛇入口,挽不出,以刀破蛇尾,内生椒三两枚,裹着,须臾即出。"③古代在睡梦中蛇

---

① 周星:《从"亡灵"到"祖灵"或"英灵":清明墓祭的文化逻辑》,《云南师范大学学报》(哲学社会科学版)2017年第2期。

② (宋)洪迈:《夷坚志·甲志》卷十五,北京:中华书局,1981年,第131页。

③ (宋)郭思:《千金宝要》卷二,北京:人民卫生出版社,1986年,第42页。

都可能进入人的口中,若挽不出同样会丧命。清朝《秋灯丛话》亦载:"夏夜,纳凉檐下,檐际有蛇坠其项,绕之三匝,固不可解,以刀断之,而气以(已)绝。"①文中人在屋檐下乘凉,被坠落的蛇缠住脖子身亡。故在漫长的历史长河中,家中出现蛇似乎并无多少正面含义,反倒是负面意义更多。如上引"熹平元年四月甲午,青蛇见御坐上"。在东汉时期,这条进入皇宫的青蛇是作为"龙蛇孽"来处理,并无正面含义,反倒引起官员上书劝诫。

宋代《太平广记》引《广古今五行记》曰:"齐王晏字休默,位势隆极,而骄盈怨望,伏诛焉。其将及祸也,见屋桷悉是大蛇。"②其中就将家中出现的蛇作为王晏遭诛杀的前兆,屋中出现的蛇不是带来好运,而是预示厄运。与此类似,斛律光在将被诛杀之前,其家"大蛇屡见",③在家中出现的蛇同样是斛律光即将死亡的象征。宋代刘器之买了一旧宅,其中经常出现蛇,而刘器之在质问土地神时亦说:"此舍某用己钱易之者,即是某所居矣。蛇安得据以为怪乎?"④刘器之竟将宅中蛇看作非正常现象,唯恐避之不及。到了明代,刘基亦言:"若酪断不成,必是屋中有蛇及虾蟆之故。"⑤屋中的蛇在这里同样也没有积极的含义,反倒是能造成"酪断不成"的后果。

住宅中蛇的负面含义在后世正史中也有提及,成书于宋代的《新五代史》有言:"蛇穴山泽,而处人室,鹊巢乌,降而田居,小人窃位,而在上者失其所居之象也。"⑥正史中这段记载也将蛇居人室看作是小人窃位、上者失居的象征,并无积极含义。

既然长期以来,家中出现蛇往往意味着不幸,如今的家蛇观又是什么

①(清)王椷:《秋灯丛话》卷九,济南:黄河出版社,1990年,第148页。
②出自《广古今五行记》,此处见(宋)李昉等:《太平广记》卷一百四十二,北京:中华书局,1961年,第1019页。
③(宋)王钦若等编:《册府元龟》卷九百五十一,南京:凤凰出版社,2006年,第11012页下。
④(宋)蔡绦:《铁围山丛谈》卷四,北京:中华书局,1983年,第67页。
⑤(明)刘基:《多能鄙事》卷二,明嘉靖四十二年范惟一刻本。
⑥(宋)欧阳修:《新五代史》卷三十九《王处直传》,北京:中华书局,1974年,第421页。

时候形成？要回答这个问题非常不容易，但或许与历史上蛇与财富被联系起来有着密切的关系，因为后世家蛇观念中的家蛇亦被认为可以给家庭带来财富。

在《南史》当中，蛇与财富已经比较明确地联系在一起，其事发生在南朝萧梁政权时期，其文为：

> 主衣库见黑蛇长丈许，数十小蛇随之，举头高丈余南望，俄失所在。帝又与宫人幸玄洲苑，复见大蛇盘屈于前，群小蛇绕之，并黑色。帝恶之，宫人曰："此非怪也，恐是钱龙。"帝敕所司即日取数千万钱镇于蛇处以厌之。①

梁朝皇帝在玄洲苑见到大蛇，非常反感，宫人大概是为了消除皇帝心中的焦虑，告诉皇帝这是钱龙，不知道是否有根据，但这一举动却开启了蛇与钱之间密切关系的旅程。如在宋朝徽宗大观二年（1108年），淮南转运副使陈举曾经上奏徽宗，说其曾经在船上看到一条小蛇，认为是龙神，故而装箱准备送到庙中，但接办此事的知县却说箱中并没有蛇，只有"开通元宝钱一文，小青虫一个"。②陈举所言是否全部是事实并不清楚，但是在叙事的过程中，特别是在向皇帝上奏的文本中，明显暗示蛇与出现的开通元宝钱有着密不可分的关系，说明这时候在不少人的观念中，蛇与财富的联系已经极其紧密，否则在上奏中如此暗示恐怕具有一定的风险。而在这之后，这种联系就更紧密了。

元朝陶宗仪记载其同郡有一位仆人看到小花蛇盘绕在道路边被行人捉住藏在袖子里，但走近了查验，却是"至元钞二十文"。③这里出现的情况与宋朝陈举所言非常类似，都是看见了蛇，之后发现蛇消失，但出现了钱财。同书又记《黄巢地藏》一事：

---

① （唐）李延寿：《南史》卷八《梁本纪下第八》，北京：中华书局，1975年，第241页。
② （宋）王明清：《挥麈后录》卷八，北京：中华书局，1961年，第177页。
③ （元）陶宗仪：《南村辍耕录》卷三十，北京：中华书局，1959年，第379页。

赵生者,宋宗室子也。家苦贫,居闽之深山,业薪以自给。一日,伐木溪浒,忽见一巨蛇,章质尽白,昂首吐舌,若将噬己,生弃斧斤奔避,得脱。妻问故,具以言。因窃念曰:"白鼠白蛇,岂宝物变幻邪?"即拉夫同往,蛇尚宿留未去,见其夫妇来,回首溯流而上。尾之,行数百步,则入一岩穴中。就启之,得石,石阴刻押字与岁月、姓名,乃黄巢手瘗,治为九穴,中穴置金甲,余八穴金银无算。生掊取畸零,仍旧掩盖。自是家用日饶,不复事事。①

元朝著作中的宋室后裔赵生砍柴的时候看到大白蛇,其妻子认为白蛇可能是由宝物变幻出,与赵生一起前往寻找,无意中发现黄巢所埋的宝藏。在这个文本中,直接将蛇与钱财的关系言明,即钱财可以幻化为蛇,循着蛇可以找到钱财、宝物。古代人或许确实相信这样的事情,与现代中国人不同,中国古人很少有唯物主义者,对于其周围所发生的事情,其给出的解释往往是今人难以理解或难以接受者。而在这之后,蛇能幻化为钱的观念和故事一直都在延续,如明朝《庚巳编》载有《钱蛇》事,其内容为:

丰都熊存为予弟子远说:其乡一村落中,有蛇出为患,不知所从来,其大如盌,长数丈,唯以啗鸡雏、窃饮食而不伤人。人求而杀之,不可得。村中僧寺有隙地,一人赁而艺为圃有年矣。一旦,执锄耘草,见巨蛇蜿蜒而至,亟运锄斫之,蛇钻入穴中,仅伤其尾,而铿然如击铜铁声,就视之,乃散钱数千布穴口。其人疑蛇为钱所化也,呼妻及弟并力掘之,深丈许,得钱一缸,约数十万,悉担归于家,顿成富人。蛇自是不复见矣。②

---

① (元)陶宗仪:《南村辍耕录》卷七,北京:中华书局,1959年,第85页。
② (明)陆粲:《庚巳编》卷四,北京:中华书局,1987年,第50页。

故事中锄草的农民发现为害的巨蛇,用锄头打伤蛇的尾巴,且在蛇逃窜的洞口发现数千钱。而在解释蛇与钱之间的关系时,文本亦直言蛇是钱所化,为了使得这一说法更具说服力,在描述农民击打蛇时,更是强调锄头与蛇接触时"铿然如击铜铁声"。类似的事情在明朝的文献尚有不少,如《山堂肆考》记载元朝安童有一次归乡,"见一大蛇走入穴中,安令人掘之,得一窖白银",①安童随后将发现的白银分给乡里的贫穷老弱,并因此获得"天公宰相"的美名。

清朝也延续了钱财可变幻为蛇的观念,《见闻随笔》中载:"三山营某村某家人早起,见厅堂梁壁尽挂青蛇,百数十条,畏甚,延道士拜忏焚纸钱送之。越一日,开厅堂门视之,梁蛇不见,只见满地青钱,一百六十余千文。"②此文本中是家中出现大量蛇,由于害怕,家人请道士将蛇送走,第二天发现蛇确实不见,但满地都是青钱。虽未明言青钱就是蛇所化,青蛇与青钱之间转换的暗示却很明显。类似的事情还发生在清朝王椷的身边,据其自己叙述,其族有人曾经将千钱放在席子旁,晚上就梦到大蛇趴在身边,③同样暗示钱财可化身为蛇。这样的记载还有很多,就不一一赘述。

也就是说,大致从魏晋南北朝开始,蛇就与财富逐渐联系在一起。这种联系可能源自生活,源自蛇能够吃老鼠,保护住宅中人类的衣物更不容易被老鼠咬坏,减少老鼠对粮食的消耗,从这种意义上说,家中的蛇对古人而言,特别是从事农业劳作的农民而言,确实是一种财富。或许正因为历史上蛇和财富之间联系密切,在家中出现蛇其韵味也在发生改变,中国人的家蛇观念中很重要的一条就是家蛇能够给家庭带来财富,在家中出现蛇不再是没有积极含义的事情,因而不能胡乱伤害,宋代《太上感应篇》

---

① (明)彭大翼:《山堂肆考》卷一百八十四,《景印文渊阁四库全书》第977册,台北:台湾商务印书馆,1983年,第672页上。
② (清)齐学裘:《见闻随笔》卷十三,《续修四库全书》第1181册,上海:上海古籍出版社,2001年,第250页上。
③ (清)王椷:《秋灯丛话》卷十,济南:黄河出版社,1990年,第168页。

已经提到："若夫龟蛇二物,尤不可杀。"①宋代《能改斋漫录》也提到"古言路逢死蛇莫打杀",②说明蛇不可打杀的观念至少在宋代就出现了。但家蛇不可打杀的观念,在文献中出现的时间比较晚。

目前可见较早关于家蛇不可打杀的记载出现在明朝,刘嵩《杀蛇篇有序》载:"旷氏庭有蛇,赤质黑章,出丛薄间,伯逵早作遇之,见蛇获黑蟾,方据以啮,未死也,亟命操挺往击之。家人惊告曰:'此为神蛇,第纵之勿击。'"③文中旷氏庭院中出现蛇,家人认为是神蛇,不可打杀,其中已经蕴含家蛇不可打杀的意味。又清代《寒夜录》载:"彭渊材尝从郭太尉游园,自诧曾传禁蛇咒,试无不验。俄园中有蛇甚猛,太尉呼曰:'渊材可施其术!'蛇举首来奔,渊材反走流汗,冠巾尽脱,曰:'此太尉宅神,不可禁也。'"④材料中彭渊材在情急之下道出蛇为宅神不可禁之语,可能是当时家蛇不可打杀观念的反映,但太尉、彭渊材二人在主观上都有杀蛇后快之意,可见这时候家蛇不可打杀的观念也并不稳固。另外,清代文献中《蛇蛊》也隐隐有家蛇不可打杀的意味,其文为:

> 荥阳郡有一家姓廖,累世为蛊,以此致富。后取新妇,不以此语之。遇家人咸出,唯此妇守舍,忽见屋中有大石缸,妇试发之,见有大蛇,妇乃作汤灌杀之。及家人归,妇具白其事,举家惊惋。未几其家疾疫,死亡略尽。⑤

《蛇蛊》本意应当不涉及家蛇观念,但杀家中蛇导致家庭成员遭难,似乎亦包含今日家蛇不可打杀的意味。

家蛇观念发展到近现代,相关文本就更为明了。民国时期在《吉普周

---

① (宋)李昌龄:《太上感应篇》卷二十九,明正统道藏本。
② (宋)吴曾:《能改斋漫录》卷七,上海:上海古籍出版社,1979年,第204页。
③ (明)刘嵩:《槎翁诗集》卷二,《景印文渊阁四库全书》第1227册,台北:台湾商务印书馆,1983年,第257页下。
④ (清)陈宏绪:《寒夜录》上卷,清钞本。
⑤ (清)汪价:《中州杂俎》卷十七,民国十年安阳三怡堂排印本。

刊》上载有一篇文章,名为《宁波的家蛇》,作者讲了其在宁波被蛇惊吓,以至于病倒的经历。但在文中同时也讲到他小时候常去的宁波某家庭养了蛇,"据说是家蛇,很吉利的,要是不见了蛇,那就有什么祸事降临了"。[①]到了现代仍然如此,特别是老人经常会告诫家人不可打杀家里出现的蛇,朱少伟在讲述其小时候的一段经历时,就是如此。他在自己的著作中讲到:

> 数天后,我走过老屋东的米屯,蓦地瞥见上面盘着一条蛇,它有一米多长,手腕粗细,遍体呈金黄,分布黑色花纹。在我的尖叫声中,爷爷跑过来,他见状平静地说:"这就是我们的家蛇,它守着米屯,老鼠不会来偷吃。"我刚想仔细端详,它却因受惊动而悄悄溜走了。[②]

类似于这样的事情对于新出生在城市的年轻人而言或许很遥远,但在传统的农村中,特别是在老人中间,这样的观念仍然存在。而且家蛇这种习俗可能始于民间,毕竟在古代,上层人士家中出现蛇的概率更小,对家中财物的保护措施更是严密,家蛇保护粮食、财物可能并不适用于这些人,故而即使明朝已经出现了相关记载,但数量有限。

要之,虽然从汉代到明代的文献记载中,古代家中出现蛇往往代表不幸,鲜有积极的含义,但家蛇不可打杀的观念在明朝至少已经存在。也就是说,家中出现蛇在历史上曾经是唯恐避之不及,但随着家蛇观念的逐渐形成,到了明朝,家蛇逐渐变得不可打杀。在面对能够对人造成致命伤害,给人以深深恐惧的蛇时,对其态度能够发生这种转变,除了蛇能够带来财富之外,应当也是古代人蛇关系变化的反映。人蛇之间相处数百万年,人的力量在不断壮大,人应对蛇威胁的手段也在不断增加、增强。在这种保障下,古人或许对于住宅中存在的蛇并非一味地排斥、打杀,而是

---

① 吉羊:《宁波的家蛇》,《吉普周刊》1945年第6期。
② 朱少伟:《岁月留痕》,上海:上海三联书店,2009年,第3页。

具备了一定的容忍度。

第四节　由拒绝到部分接受:古代小说故事中的"人蛇恋"

蛇对古人造成的灾难与恐惧自不待言,这一点前文已经略有涉及。这种恐惧的心理也反映在小说故事人蛇情爱当中。

古人认为蚺蛇性淫,"土人缚草为刍灵,粉饰之,蛇见则抱而戏,人径裂胸而取其胆,蛇对面而不知也"。刍灵是用草扎成的丧葬用具,这里指的是人偶,用草扎成人偶加以粉饰,利用蚺蛇性淫的弱点,趁蚺蛇纠缠人偶之际,剖取蛇胆;又或用妇人的衣裤投向蚺蛇,得到衣裤的蚺蛇则"盘绕不去",任人捕杀。①更为夸张的是,在古人的描述中,如果路上遇到妇人,装在笼子中的蚺蛇都能受到刺激。②这些古人的描述或认识虽有一定的根据,但多较为夸张,或源自想象,或以讹传讹。不过就是这些夸张的观念和认识在不经意间影响着古人对蛇的描述,在小说故事中,人格化的蛇就多是因淫或情害人。而最初的受害者,可能是以女性居多,似乎在当时人的观念中,蛇可以是男性的代名词,比较偏爱女性,其在故事中若以人形出现,往往也是男性形象居多。《潇湘录》中有名王真者,是华阴县令,其妻赵氏貌美,但"有一少年,每伺真出,即辄至赵氏寝室。既频往来,因戏诱赵氏私之"。有一日被王真撞见,"赵氏不觉自仆气绝,其少年化一大蛇,奔突而去","俄而赵氏亦化一蛇,奔突俱去",一起进入华山。③这则故事中少年的真实身份是一条大蛇,其以人的形象勾引赵氏,被发现后少年化蛇逃跑,赵氏死亡,亦化蛇随之而去。但事实上,由蛇所化的少年更可能是一个背黑锅的形象,用以掩饰赵氏与人私通及其离奇死亡的真

---

①（清）吴震方:《岭南杂记》,载王云五主编:《丛书集成初编》第3129册,北京:商务印书馆,1936年,第46页。

②（明）王士性:《广志绎》卷五,北京:中华书局,1981年,第115页。

③出《潇湘录》,此处参见（宋）李昉等:《太平广记》卷四百五十六,北京:中华书局,1961年,第3732—3733页。

相。不过,不论是事实或是虚幻,既然要编造这样的故事,不可能没有一定的群众基础,否则难以流传,而这又恰恰说明蛇以男性形象与女性发生情爱关系在古人的观念中是可能发生的,但因为对蛇的恐惧、害怕,以及对不伦的禁忌,故而在设定中,这样的故事往往都是悲剧,是不可接受的。故事中的赵氏也是身死的结局,只能变作蛇这样令人不喜欢的存在,与少年化作的大蛇一起离去。

而类似的事情同样发生在邓全宾的女儿身上。故事中邓全宾的女儿长相秀美,经常被鬼魅迷惑,众人都束手无策。邓全宾的宾客朱觊有一日夜晚见有白衣人进入邓全宾女儿房中,"逡巡,闻房内语笑甚欢","候至鸡鸣,见女送一少年而出",朱觊用箭射中白衣少年,邓全宾就循着血迹,来到一颗大枯树旁,"令人伐之,果见一蛇,雪色,长丈余,身带二箭而死"。邓全宾的女儿从此以后变得正常,并嫁给了朱觊。①故事中邓全宾的女儿同样是与人私通,而与之私通的白衣少年也被描述为白蛇妖怪,虽然这更可能是为了保全故事中邓全宾的家庭或者其女儿的名誉而栽赃嫁祸,将责任推到妖怪身上,以示邓全宾的女儿是被妖怪迷惑,并非自愿,从而情有可原。但同样的,不论事实如何,蛇以男性面目淫人妻女的形象却是被确立,而且令人反感排斥,故事中的双方关系也并不被世人认可,非拆散身死不足以抚慰世人心中的不快,因此故事中的蛇在设定中被杀死,而朱全宾的女儿在蛇死之后才被认为回归到正常的生活轨迹。而这样的故事在当时应当不少,故洪迈《夷坚志》言"蛇最能为妖,化形魅人,传记多载",只是这类故事在历史长河中流传下来的也并不算多。接下来《夷坚志》又曰"亦有真形亲与妇女交会者",就令人难以置信,虽然这进一步印证在当时的意向中,蛇多是以男性姿态迷魅女性,否则就不会说"亦有真形亲与妇女交会者",但其具体情境却可能令人毛骨悚然,现将《夷坚志》中所记事例摘录如下,试窥其一斑:

① (唐)薛用弱:《集异志》,北京:中华书局,1980年,第78页。

　　南城县东五十里大竹村,建炎间,民家少妇因归宁行两山间,闻林中有声,回顾,见大蛇在后,妇惊走。蛇昂首张口,疾追及,绕而淫之。妇宛转不得脱,叫呼求救。见者奔告其家,邻里皆来赴,莫能措手。尽夜至旦乃去。又壕口宝慈观侧田家胡氏妇,年少白皙,春月饷田,去家数里,负担行山麓,过丛薄中。蛇追之,妇弃担走,未百步惊颤而仆,为所及。以身匝绕,举尾褰裳,其捷如手。裳皆破裂,淫接甚久。其夫讶饷不至,归就食,至则见之,愤恚不知所出,呼数十人持杖来救。蛇对众举首怒目,呀口吐气,蓬勃如烟。众股栗,莫敢前,但熟视远伺而已。数日乃去,妇困卧不能起,形肿腹胀,津沫狼藉。升归,下五色汁斗余,病逾年,色如蜡。宜黄县富家居近山,女刺绣开窗,每见一蛇相顾,咽间有声鸣其傍。伺左右无人,疾走入室,径就女为淫,时时以吻接女口,又引首搭肩上,如并头状。女啼呼宛转不忍闻,家人环视,欲杀蛇,恐并及女。交讫乃去。遂妊娠,十月,产蜒蜒数十。南丰县叶落坑,绍兴丁丑岁,董氏妇夏日浴溪中,遇黑衣男子与野合。又同归舍,坐卧房内。家人但见长黑蛇,亦不敢杀,七日而后去。妇盖不知为异物也。此四女妇皆存。①

上面是《夷坚志》中所举例子,一共四事,前两事发生在野外,都是妇女行走在山间被蛇缠绕。第三事发生在室内,是蛇进入室内缠绕女子。第四事则是妇人较为主动,在外野合后带回家中,在此妇人眼中,是与男子温存,但在外人看来却是黑蛇。其中是是非非无力再妄断,但是这些悲剧也是古代蛇患的表现,无论是现实或者是在人的观念中,行走在野外或者即使在房内,都面临着蛇的威胁,而一旦遇见,往往就是悲剧,这是前文章节已经论述过的内容。但上述四事又有所不同,在故事的叙述中,蛇缠绕妇人,被认为是蛇在行淫乱之事,似乎蛇就是淫荡的某种象征,而这又不免让人想起2016年网络上的一则新闻:

---

① (宋)洪迈:《夷坚志·丁志》卷二十,北京:中华书局,1981年,第702—703页。

> 一女士饲养蟒蛇作为宠物，与蟒蛇感情十分融洽，形影不离，每天都一起睡觉。但有一天蟒蛇不再进食。兽医根据女子的描述，平静地告诉女子："小姐，你的蟒蛇不是生病了所以才不吃不喝，它是在准备吃掉你，所以必须先净空肚子，才有足够的空间吞食你。而它每天晚上缠在你身上睡觉也不是爱你的表现，而是为了测量猎物的大小。"①

这则新闻的内容并非天方夜谭，而是展示出蛇动物本性的一面。这与上述四事中蛇缠绕妇女，被人认为是在行淫乱之事异曲同工。上述古代事例中蛇缠绕妇女事实上应当也是蛇将妇女当作食物，而按照大蛇的本性，在吃掉食物之前一般都会将食物缠绕至死，并借缠绕的力量缩小食物的体积，以方便吞食。上述事例中的蛇在缠绕过程中都受到人的干扰，应当是没有完全完成这个过程，否则这些妇女断无生还的可能。但在事实的基础上，我们总是给事件本身添加了诸多主观的色彩，新闻中的女性被蛇缠绕主观上认为是蛇在对自己示好，而宋代《夷坚志》叙述中的妇女被蛇缠绕却被认为是在行淫乱之事。故而，蛇与妇人淫乱之事非存在于现实中，而应当是存在于人的观念中，是人们想象的事实。而观念中的事实，其力量不可小觑，且这种对蛇的污秽化，实际上也正是人蛇之间关系并不融洽的体现。

宋朝文献所反映出来的蛇化人确是以男性为主，但女性形象也已经出现，蛇化作女性残害男性的故事也开始流传，《李黄》被今人认为是《白蛇传》的源头，其故事有两说。一说李黄在长安市中遇到一车，车中有白衣妇人，姿色貌美，刚为其夫守丧完毕。李黄有追求之意，通过贿赂讨好其侍婢与妇人搭上关系，得到妇人应允后跟随来到其家中。白衣妇人表示家中欠债三十千钱，只要李黄愿意出三十千钱，便愿侍左右。李黄既有

---

① 新闻来源于网络 http://mt.sohu.com/20160730/n461814065.shtml．

追求之意，又出生于官宦之家，三十千钱自然不在话下，随即命人送来。得钱后，李黄便与妇人饮酒作乐，三日后才回家。回家后与妻子、家人、朋友相见，遭到友人责难，但更重要的是，李黄已经发现身体不对劲，感觉自己要被融化了，事实上也是如此，其全身都化为水，"唯有头存"。于是"呼从出之仆考之，具言其事。及去寻旧宅所，乃空园。有一皂荚树，树上有十五千，树下有十五千，余了无所见。问彼处人云，往往有巨白蛇在树下，便无别物"。也就是暗示白衣妇人其实是大白蛇所化，李黄则是被其所害。另一说的主人公则是李琯，出游途中看见车中白衣女子，同样是通过侍女得到白衣女子的应允，一路跟随至其家中，夜晚在白衣女子家中见到女子芳容，才十六七岁而已，而且似乎并未饮酒作乐，见面之后就返回家中，"脑裂而卒"，"其家询问奴仆昨夜所历之处。从者具述其事，云：'郎君颇闻异香，某辈所闻，但蛇臊不可近。'"，随即"于昨夜所止之处覆验之。但见枯槐树中，有大蛇蟠居之迹。乃伐其树，发掘，已失大蛇，但有小蛇数条，尽白，皆杀之而归"。[1]在这两个版本的故事中，男主人公被认为与蛇所化女性有过接触，身死人亡。其中的女性蛇妖形象是这个时期少见的例子，女性蛇妖利用某些男性好色的特点，残害男性。但与男性蛇妖相同的是，其所蕴含的也是古人对蛇的污秽化描述，是古人害怕蛇或者讨厌蛇的一种表现。

宋朝之后，文本中的蛇妖则大量以女性形象出现。元朝赵道一曾讲述葛玄仙公帮人逃离蛇精残害的故事，其文曰：

> 仙公尝过华阴，见一士人溺于蛇精之家。仙翁化作一田夫，驱黄犊而耕，因说士人曰："汝陷身于非地，此妇人乃蛇精也，前后啖食生人不计其数。"引士人看古井中，皆是白骨盈积。遂教士人密窥之，即望东而走，吾当救护。士人如其言窥之，果蛇精也。张牙弩目，在网帐中附，一小蛇儿在身旁。仙公诛而斩之，即有无数小蛇来救援，仙

---

[1] （唐）谷神子：《博异志》，北京：中华书局，1980年，第46—48页。

公尽数诛戮。①

这里的葛玄在文中被描述为汉朝时候的人,但故事确是见于元代《历世真仙体道通鉴》。像这样的故事在历史的流传过程中,必定有着不断加工演化的过程,其最初的面貌难以查证,因为在宋朝以前的文献,蛇妖化形的情况非常少见,女性蛇妖也不多见。但在元朝的记载中,其中的妇人乃是蛇精,啖食生人,葛玄仙人所救士人就是被蛇精迷惑,很可能成为其果腹之食。而这种害人蛇精形象延续了宋朝的模式,是为人所不容的,故而士人在发现真相后就按照葛玄仙人的指示逃跑,蛇精也被斩杀。这样的结果对于将蛇污秽化的世人而言,或许才是最美好的结局。

　　明清之后,情况大致仍是如此,明朝《泾林续纪》载:一人名汪兰者,被主人要求先行,在黄昏时遇到一白衣少女,一起"拒行半里许"后进入古墓中作乐,而且女子给了汪兰两锭银子,约好时间再见。后在前往约会途中,汪兰遇到一位老人,老人云:"后生何适此处,有白蛇迷人久矣,慎勿往也。"这才反应过来,再看那两锭银子,都变成了石头,急忙返回,身体却开始出现问题,"漫不知人,口发谵语。抵家,但云还我银来"。半个月后才清醒,这时候此人才相信自己遇到的少妇是蛇精,若非老人提醒,可能已经没命。②这则故事中的女子被描述为蛇妖,迷惑来往人群,汪兰就是其中一位,幸得老人提醒才逃过一劫。此处的蛇妖在设定中仍然是害人的形象,虽然没有受到惩罚,但在描述中仍然是不可接受者,必除之而后快。清朝《阅微草堂笔记》也有这样的故事,其文曰:

　　杨槐亭言:即墨有人往劳山,寄宿山家。所住屋有后门,门外缭以短墙为菜圃。时日已薄暮,开户纳凉,见墙头一靓妆女子,眉目姣好,仅露其面,向之若微笑。方凝视间,闻墙外众童子呼曰:"一大蛇

　　① (元)赵道一:《历世真仙体道通鉴》卷二十三,明正统道藏本。
　　② (明)周复俊:《泾林续纪》卷三,《续修四库全书》第1124册,上海:上海古籍出版社,1996年,第173页。

身蟠于树,而首阁于墙上。"乃知蛇妖幻形,将诱而吸其血也。仓皇闭户,亦不知其几时去。设近之,则危矣。①

其中女子实是人首蛇身,与女娲形象类似,但在清朝的小说故事中,以人面蛇身示人的形象却变成了想害人的蛇妖,成了"蛇妖幻形"、诱人吸血的可憎角色,世人唯恐避之不及,以期保全性命。这同样是延续了宋朝以来蛇妖害人的设定和逻辑,无论是男性或者女性蛇妖,与人发生恋情或者情爱都是被世人所不允许的。而且从宋朝开始,女性蛇妖的形象越来越普遍,在故事设定中,女性蛇妖多怀害人之心,为世人所不容。但与此同时,变化也在悄然发生,在明清时期的文献记载中,女性蛇妖的形象开始有了些许分化。

前面所述事例(当然只是其中一部分事例),都是当时一般的故事设定模式,故事中的蛇妖与人之间的恋情和情爱一直不被接受,女性蛇妖往往都是以害人的面目出现。而恰恰从宋朝开始,在部分故事叙述中,却又存在不一样的逻辑,在这些为数不多的故事中,女性蛇妖似乎并未有害人之心,虽然她们与人之间的恋情或者情爱仍然是遭到世人的排挤。此类故事在宋朝文献《夷坚志补》中就有出现,其名曰《钱炎书生》:

> 钱炎者,广州书生也。居城南荐福寺,好学苦志,每夜分始就寝。一夕,有美女绛裙翠袖,自外秉烛而入。笑揖曰:"我本生于贵戚,不幸流落风尘中,慕君久矣,故作意相就。"炎穷单独处,乍睹佳丽,以为天授神与,即留共宿,且有伉俪之约。迨旦乃去,不敢从以出,莫能知其所如。女雅善讴歌,娱悦性灵,惟日不足,自是炎宿业殆废,若病心失惑。然岁月颇久,女怀孕。郡日者周子中,与炎善,过门见之,讶其厖羸,问所以,炎语之故。子中曰:"以理度之,必妖祟耳。正一宫法师刘守真,奉行太上天心五雷正法,扶危济厄,功验彰著,吾挟子往谒

---

① (清)纪昀:《阅微草堂笔记》卷十二,上海:上海古籍出版社,1980年,第282页。

244

求符水,以全此生,不然,死在朝夕,将不可悔。"炎悚然,不暇复坐,亟诣刘室。刘急索盆水,施符术照之,一巨蟒盘旋于内,似若畏缩者。刘研朱书符付炎曰:"俟其物至则示之。"炎归,至二更方睡,而女来情态如初。炎曰:"汝原是蛇精,我知之矣。"示以符。女默默不语,俄化为二蛇,一甚大,一尚小,逡巡而出。炎惶怖,俟晓走白刘,仍卜寓徙舍,怪亦绝迹。①

钱炎乃一书生,有美女夜晚前来陪伴,长此以往,甚至都有身孕,书生学业也逐渐荒废了。在故事中,女性怀孕的时候书生才逐渐了解到夜晚前来的美女原来是蛇精,似乎非常残酷。相反地,故事中的蛇精并没有表现出要害人的意愿,在书生点破实情后,化作蛇离开,而未有任何加害之意。这样说来,实在是蛇精有意而人无情,在世人观念中,可能蛇精乃害人之物,担心其害人害物,再加上人与其他物种的恋情本就不被世人认可,才会允许这种不公平的事情变成故事广为流传。但是这或许还不是最悲剧的,在明朝《白娘子永镇雷峰塔》的传奇故事中,白蛇娘子也并未有加害许宣的意思,虽然他们之间屡经磨难,可惜白蛇娘子最后被禅师收于钵盂中,砌成一塔。但令人难以接受的是,许宣化缘,将塔加盖成七层。②在故事的结局中,许宣并不是想方设法将白蛇娘子救出,而是迎合了世人对蛇妖的憎恨与恐惧,将镇压白蛇娘子的塔加高,实在让人寒心。

但是到了清朝方成培《雷峰塔传奇》,故事被改写,这或许也反映了世人心态上的变化。在清朝的《雷峰塔传奇》中,白蛇娘子与许宣的感情被更细腻地刻画,故事情节更为丰富,但最重要的是故事的结局发生了变化,许宣尽力想救出白蛇娘子,他们的事迹似乎是感动了天地,最后二人均羽化成仙,算是圆满的结局。③

而更深层次的,是故事结局变化后面所隐藏的世人心态的变化。在

---

① (宋)洪迈:《夷坚志补》卷二十二,北京:中华书局,1981年,第1755—1756页。
② (明)冯梦龙编:《警世通言》卷二十八,海口:海南出版社,1993年,第323—346页。
③ (清)方成培:《雷峰塔传奇》,台北:东方文化书局,1976年。

之前,人蛇恋情和人蛇情爱都不被世人认可,人们认为蛇妖乃害人之物,在明朝《白娘子永镇雷峰塔》故事中,白蛇娘子无害许宣之心,许宣却加盖宝塔镇压白蛇娘子,在对蛇妖憎恨的情绪下,世人竟能接受如此故事设定,要知道传奇小说主要是面向民众的,需要迎合民众的心理需求。而到了清朝《雷峰塔传奇》时,世人的心理发生了变化,人蛇恋情虽然并未被完全接受,否则白蛇娘子不会被禅师镇压,但世人对白蛇娘子和许宣之间的恋情却已经承认,给了这段感情以一段圆满的结局。而与此同时,蛇妖害人的设定似乎也松动了,若是世人仍怀着蛇妖害人的观念不松动的话,若是世人仍然对蛇妖的憎恨和恐惧没有松动或变化,恐怕并不会承认和接受他们之间的关系,也无法给白蛇娘子和许宣之间的恋情一个圆满的结局。

小　结

在漫长的中国历史中,人蛇之间都是处于某种激烈的对抗当中,人对蛇恐惧,恐惧之下,既有崇拜,又有厌恶。但对蛇的厌恶情绪在古人力量逐渐增长,医疗等应对措施越发完善的情况下,大致在五代宋初时期就有了一些变化。比如蛇年从汉代开始,就成为龙蛇厄或者蛇厄文化的组成部分,不断"引发"贤士的死亡,人死后化蛇更构成了死亡之外的另一种禁忌,至少古人在叙述中是这么认为。而大致从唐宋时期开始,特别是到了明清时期,当人死后入土,墓地周围出现本该令人厌恶、恐惧的蛇却成了衬托孝行的叙述模式被延续。对于蛇本身,出现在屋室内的蛇在明清之前多是灾祸,或者预示着灾祸即将来临,是非常令人厌烦,必杀之而后快的存在。但明清以后,古人力量已经足够强大,面对家中出现的蛇,已经不再如以往恐惧,故而能够允许屋室内蛇的存在,并将其奉为家蛇,不得打杀,希望其能给家庭带来财富。唐宋以后人蛇恋情叙述的变化也可以反映这一时期人蛇关系的微妙变化。在人蛇之间情爱、恋情被世人所不容的主流描述中,蛇妖并不一定害人的描述在宋朝文献中就已出现,而到了清朝版本的白蛇娘子故事中,人蛇之间的恋情也被世人部分接受。而蛇妖不一定害人,人蛇恋情被部分接受本身,其实就是人对蛇恐惧部分消解的表现,若古人对蛇仍是极度恐惧的话,这种转变恐怕是不会发生在人蛇恋之上。而无论是对蛇与死亡之间叙事的变化,或是对屋内蛇态度的变化,或是对人蛇恋情刻画的转变,其共同表现出古人虽然一直对蛇存在恐惧、厌恶的心理,但这种心理在唐宋,特别是明清以后,在逐渐壮大的古人力量面前,已经部分消解,蛇虽可怕,但却并非完全不可接纳。

结 语

生态文明在中国已经不算是新的话题,却一直是热门话题。与生态文明一样,环境史的出现很大程度上也是人文学科对现实当中环境问题的回应,是历史学界试图挖掘、利用历史资源为当今环境问题"把脉"所做出的努力,故而环境史的出现实际上是历史学科旺盛生命力的表现。但是在历史学科当中,对环境史的态度可谓见仁见智,对环境史所包含的内涵同样没有形成统一的意见,这些虽然已无法改变环境史向前推进的大势,但环境史若要继续不断深入,形成完善的体系,却不得不面对这些问题。

对于环境史的理解,历史学界至少有两种看法:一种认为环境史即为环境的历史;另外一种认为环境史不仅是环境的历史,而是人与自然环境协同演变的历史。人蛇关系这项议题若是置于第一种认识之下,并不算是典型的环境史研究,特别是本书并没有把重点集中于梳理蛇本身的发展演变之上。但上述第二种看法笔者以为更贴近环境史本来的面貌,自然环境当中可以没有人,环境史也包含自然环境的历史。不过,环境史不能排斥人的存在,特别是当人类出现以后,人在环境变化的过程当中扮演了越来越重要的角色,人与自然环境之间擦出的思想火花也越来越旺盛。如果人与自然之间的互动,或者人与自然的关系没有梳理清楚,人们不清楚如何处理与自然的关系,不清楚人与自然关系当中的"人"如何定位,又如何面对当今出现的环境问题?本书紧扣人与蛇的关系展开,将人与自然界中的蛇紧密结合,梳理人与蛇之间互相介入、互动的历史,也是试图构建一种环境史书写可能的模式,向学界展现我们认为的环境史,进一步夯实环境史研究的基础,这是本书写作的主要出发点之一。在对本书写作、思考的过程中,笔者对人、环境、动物、文化也有一些认识。

　　首先,在人与自然互动的过程当中,人对自然的侵占、利用可能是一条主线,但对自然的恐惧也一直存在于人类心中。无论古今,自然界有许多的"事物"令人恐惧不安,比如地震、海啸、火山、洪水等等,其中当然也包括蛇,这些令人恐惧的自然"事物"往往能对人造成致命的威胁。这些威胁在人类科技文明发达的今日,许多已经可以成功规避,人类可以预测火山爆发的大致时间,及时疏散周围可能波及的民众;人们可以建起高高的堤坝,防范之前已经困扰古人数千年的洪水冲击;为了消除来自老虎的威胁,人类甚至有能力将其灭绝。但无论我们如何努力,自然的恐惧一直都存在,当我们自以为消除了其中某种恐惧,实际上可能只是变换了恐惧的形式而已,比如我们砍伐掉深山中高大的树木,克服了对深山密林的恐惧,随之而来的就是干旱或者泥石流。自然的恐惧不可能被消除,至少未来很长一段时间都是如此。自然的恐惧也不能被消除,因为这些存在于人们心中的恐惧更能唤起我们对自然的敬畏,让不断行走在科技大道上的人们不至于盲目自大,以为自己可以战胜一切,无所畏惧。自然界给予了动植物生命,一颗种子可以依靠自然的赋予长出新芽获得新生,甚至长成参天大树,或者进一步繁殖,形成一片密林。但过于茂密的树林在秋冬干燥时节难免起火,造成森林火灾,这颗种子最后造就的生命也可能毁之于自然。地球上的生命大致都逃脱不了这样的牢笼,自然竞争造就了人类今日的辉煌,但对自然毫无畏惧,不尊重自然,自然同样可以把给予人类的一切都毁灭。

　　本书讨论的蛇属于自然恐惧的一种。蛇威胁着人的生命,但历史上的中国人不断观察蛇、认识蛇,在这个过程当中寻找应对蛇威胁的方法,甚至利用这种让他们恐惧的存在,以之作为食物、装饰品、药品等等。在人蛇不断互相介入的过程中,蛇崇拜、蛇文化也出现,这些与蛇有关的思想文化在人蛇互动的过程中当然也会发生一些改变,比如蛇崇拜在发展的过程中加入了生殖崇拜的内容,蛇文化在明清时期也发生了一些变化等等。直到今天,虽然人的力量已经变得很强,但人们仍然普遍对蛇恐惧,这种自然的恐惧对人类的整体命运而言是弥足珍贵的,至少在地球上是如此,在未来很长一段时间是如此。

其次,蛇回归到自然划分,属于动物类,动物在环境史当中的地位非常值得回味。环境史关注人与自然的关系,但自然是什么?自然包括很多的内容,动植物属于自然,水属于自然,土壤、地壳运动、雷电、风雨等等都属于自然,可以说,广义的自然几乎无所不包,甚至是人类社会。笔者认为人类创造社会这个概念,将社会与自然区分,甚至对立,这只是自我特殊化的一种手段,说到底,人类还是处于自然的生态体系之中,自然的法则在社会体系的运行中无处不在。狭义的自然不包括人类社会,但人属于动物这一点毋庸置疑。相对植物、水等等,人与其他动物是自然界中非常活跃的因子,是不断"移动"的自然物种。其他动物对于人而言也是一面镜子,有着其他自然"事物"无法比拟的功能。对于人而言,在与石头、植物等等自然"事物"接触时,并不会有太多的道德顾忌和心理负担,但面对动物不一样,因为人也是动物,在面对与自己非常相似的其他动物生命体时,杀与不杀就不是简单的事情,如何对待杀害动物这件事,也是考验人性与人类文明的一项课题。

在世界各大文明中,大都有不轻易杀生的内容,比如佛教就禁止杀生,这是对生命的尊重,也是文明的一种象征。蛇属于动物,而且能够威胁到人的生存,但即使是这种生命,也应当被赋予最起码的尊重,不可以为杀之是理所当然。我们在研究动物史的时候,也应当秉持这种对生命的尊重,故而在动物研究中引入动物伦理观念非常必要。

再者,文化多是经过岁月雕琢后的沉淀,早已丧失了原有的面貌。中华文明延绵数千年不曾间断这种说法我们已经非常熟悉,但这种不间断只是相对而言。在中国历史上,曾多次出现大规模的民族、文化融合,中华文化在这个过程中发生了不少变化。即使没有这些民族、文化的碰撞、融合,在数千年的历史演变当中,文化也不可能一成不变。故而我们将时段拉长,可能会发现数百年前的文化已经和数千年前非常不一样,数千年前的文化和数万年前又不一样。在数万年前,甚至是数十万年前,造成蛇崇拜的因素应当源自对蛇的恐惧,我们今日经常提到的蛇生殖崇拜,应当是蛇崇拜过程中的衍生物,而并非蛇崇拜的源头。如果没有意识到这其中的变化,很可能主次颠倒。又比如,唐宋以后,中国的龙文化逐渐登峰造极,龙甚至成了中华的象征,殊不知直到秦汉时期,蛇文化在中国也曾盛行一时等等。而以今推古是历史研究者经常出现的问题,特别是在民俗信仰研究领域,这种做法值得警惕。

　　概括而言,本书围绕人蛇关系展开,在人蛇之间,蛇能害人,也能为人类提供医药,在人类文化上留下深刻的印记;人能够伤害蛇,同时也能够认识蛇,保护蛇。除此之外,研究人与蛇的关系,同样是在环境史框架下,还原人类内心的自然恐惧,触发人们敬畏自然,尊重生命的尝试。

参考文献

（大致按照文献所在时代及编著者姓名拼音排序）

一、古籍文献

[1] 程俊英：《诗经译注》，上海：上海古籍出版社，1985年。

[2] （晋）杜预注，（唐）孔颖达等正义：《春秋左传正义》，（清）阮元校刻：《十三经注疏》，北京：中华书局，1980年。

[3] （清）焦循撰，沈文倬点校：《孟子正义》，北京：中华书局，1987年。

[4] （汉）孔安国传，（唐）孔颖达等正义：《尚书正义》，（清）阮元校刻：《十三经注疏》，北京：中华书局，1980年。

[5] （唐）孔颖达：《周易正义》，（清）阮元校刻：《十三经注疏》，北京：中华书局，1980年。

[6] （唐）孔颖达：《毛诗正义》，（清）阮元校刻：《十三经注疏》，北京：中华书局，1980年。

[7] （汉）刘向集录：《战国策》，上海：上海古籍出版社，1985年。

[8] （清）王先谦：《庄子集解》，北京：中华书局，1987年。

[9] （清）王先慎撰，钟哲点校：《韩非子集解》，北京：中华书局，1998年。

[10] （汉）班固：《汉书》，北京：中华书局，1962年。

[11] （晋）郭璞注，（宋）邢昺等疏：《尔雅注疏》，（清）阮元校刻：《十三经注疏》，北京：中华书局，1980年。

[12] 何宁：《淮南子集释》，北京：中华书局，1998年。

[13] 黄晖：《论衡校释》，北京：中华书局，1990年。

[14] （汉）贾谊撰，阎振益、钟夏校注：《新书校注》，北京：中华书局，

2000年。

[15](汉)刘文典撰,冯逸、乔华点校:《淮南鸿烈集解》,北京:中华书局,1989年。

[16](汉)刘向著,石光瑛校释,陈新整理:《新序校释》,北京:中华书局,2001年。

[17](汉)刘向撰,向宗鲁校证:《说苑校证》,北京:中华书局,1987年。

[18](清)钱绎:《方言笺疏》,上海:上海古籍出版社,1984年。

[19](汉)芮执俭:《易林注译》,兰州:敦煌文艺出版社,2001年。

[20](汉)司马迁:《史记》,北京:中华书局,1959年。

[21] 王叔岷:《列仙传校笺》,北京:中华书局,2007年。

[22](汉)王文考:《鲁灵光殿赋》,(梁)萧统编,(唐)李善注:《文选》,上海:上海古籍出版社,1986年。

[23](汉)许慎:《说文解字》,北京:中华书局,1985年。

[24] 袁珂校注:《山海经校注》,上海:上海古籍出版社,1980年。

[25](曹魏)曹植撰,赵幼文校注:《曹植集校注》,北京:人民文学出版社,1998年。

[26](晋)常璩撰,刘琳校注:《华阳国志校注》,成都:巴蜀书社,1984年。

[27](晋)干宝:《搜神记》,北京:中华书局,1979年。

[28](晋)葛洪:《肘后备急方》,《景印文渊阁四库全书》第734册,台北:台湾商务印书馆,1983年。

[29](晋)陶潜撰,汪绍楹校注:《搜神后记》,北京:中华书局,1981年。

[30] 徐宗元辑:《帝王世纪辑存》,北京:中华书局,1964年。

[31] 杨明照:《抱朴子外篇校笺》,北京:中华书局,1991年。

[32](晋)张华撰,范宁校正:《博物志校正》,北京:中华书局,1980年。

[33](南北朝)范晔:《后汉书》,北京:中华书局,1965年。

[34](北魏)郦道元著,陈桥驿校证:《水经注校证》,北京:中华书局,2007年。

[35] 王叔岷:《刘子集证》,北京:中华书局,2007年。

[36]（北齐）魏收：《魏书》，北京：中华书局，1974年。

[37]（隋）巢元方：《巢氏诸病源候总论》，《中国医学大成》第41册，上海：上海科学技术出版社，1990年。

[38]（唐）白居易著，顾学颉校点：《白居易集》，北京：中华书局，1999年。

[39]（唐）白居易：《白氏六帖事类集》，北京：文物出版社，1987年。

[40]（唐）曹邺：《曹祠部集》，《景印文渊阁四库全书》第1083册，台北：台湾商务印书馆，1983年。

[41]（唐）戴孚撰，方诗铭辑校：《广异记》，北京：中华书局，1992年。

[42]（唐）杜甫撰，王学泰校点：《杜工部集》，沈阳：辽宁教育出版社，1997年。

[43]（唐）杜佑：《通典》，北京：中华书局，1988年，第112页。

[44]（唐）段成式撰，方南生点校：《酉阳杂俎》，北京：中华书局，1981年。

[45]（唐）段公路：《北户录》，北京：中华书局，1985年。

[46]（唐）樊绰撰，向达校注：《蛮书校注》，北京：中华书局，1962年。

[47]（唐）房玄龄：《晋书》，北京：中华书局，1974年。

[48]（唐）冯贽：《云仙杂记》，《四部丛刊续编》，上海：上海书店出版社，1934年。

[49]（唐）韩愈著，马其昶校注：《韩昌黎文集校注》，上海：上海古籍出版社，1986年。

[50]（唐）皇甫湜：《皇甫持正文集》，《四部丛刊初编》，上海：商务印书馆，1922年。

[51]（唐）李白：《李太白集》，长沙：岳麓书社，1989年。

[52]（唐）李吉甫：《元和郡县图志》，北京：中华书局，1983年。

[53]（唐）李林甫等：《唐六典》，北京：中华书局，1992年。

[54]（唐）李绅：《追昔游集》，《景印文渊阁四库全书》第1079册，台北：台湾商务印书馆，1983年。

[55]（唐）李延寿：《北史》，北京：中华书局，1974年。

[56]（唐）柳宗元：《柳河东集》，上海：上海人民出版社，1974年。

[57]（唐）欧阳询:《艺文类聚》,上海:上海古籍出版社,1965年。

[58]（唐）瞿昙悉达:《唐开元占经》,《景印文渊阁四库全书》第807册,台北:台湾商务印书馆,1983年。

[59] 商壁、潘博:《岭表录异校补》,南宁:广西民族出版社,1988年。

[60]（唐）释道世撰,周叔迦、苏晋仁校注:《法苑珠林校注》,北京:中华书局,2003年。

[61]（唐）孙思邈著,李景荣等校释:《千金翼方校释》,北京:人民卫生出版社,1998年。

[62]（唐）孙思邈著,李景荣等校释:《备急千金要方校释》,北京:人民卫生出版社,1998年。

[63]（唐）徐坚等:《初学记》,北京:中华书局,1962年。

[64]（唐）颜真卿:《颜鲁公集》,上海:上海古籍出版社,1992年。

[65]（唐）袁郊:《甘泽谣》,明津逮秘书本。

[66]（唐）元稹:《元氏长庆集》,上海:上海古籍出版社,1994年。

[67]（唐）张鷟撰,赵守俨点校:《朝野佥载》,北京:中华书局,1979年。

[68]（五代）杜光庭:《录异记》,明崇祯时期汲古阁刊本。

[69]（后晋）刘昫:《旧唐书》,北京:中华书局,1975年。

[70]（五代）孙光宪撰,贾二强点校:《北梦琐言》,北京:中华书局,2002年。

[71]（五代）王仁裕:《玉堂闲话》,《五代史书汇编》(四),杭州:杭州出版社,2004年。

[72]（宋）蔡绦:《铁围山丛谈》,北京:中华书局,1983年。

[73]（宋）晁补之:《鸡肋集》,《四部丛刊初编》,上海:商务印书馆,1922年。

[74]（宋）陈思:《两宋名贤小集》,《景印文渊阁四库全书》第1363册,台北:台湾商务印书馆,1983年。

[75]（宋）陈元靓:《岁时广记》,上海:商务印书馆,1939年。

[76]（宋）陈应行:《吟窗杂录》,北京:中华书局,1997年。

[77]（宋）董汲:《旅舍备要方》,《景印文渊阁四库全书》第738册,台北:台湾商务印书馆,1983年。

[78]（宋）范成大:《桂海虞衡志》,北京:中华书局,2002年。

[79]（宋）范处义:《诗补传》,《景印文渊阁四库全书》第72册,台北:台湾商务印书馆,1983年。

[80]（宋）方勺撰,许沛藻、杨立扬点校:《泊宅编》,北京:中华书局,1983年。

[81]（宋）葛胜仲:《丹阳集》,《宋集珍本丛刊》第32册,北京:线装书局,2004年。

[82]（宋）郭思:《千金宝要》,北京:人民卫生出版社,1986年。

[83]（宋）郭彖:《睽车志》,《宋元笔记小说大观》,上海:上海古籍出版社,2001年。

[84]（宋）何远:《春渚纪闻》,北京:中华书局,1983年。

[85]（宋）洪迈:《夷坚志》,北京:中华书局,1981年。

[86]（宋）洪适:《盘洲集》,《四部丛刊初编》,上海:商务印书馆,1922年。

[87]（宋）计有功:《唐诗纪事》,上海:上海古籍出版社,1955年。

[88]（宋）江少虞:《宋朝事实类苑》,上海:上海古籍出版社,1981年。

[89]（宋）乐史:《太平寰宇记》,北京:中华书局,2007年。

[90]（宋）李昌龄:《太上感应篇》,明正统道藏本。

[91]（宋）李昉等:《太平广记》,北京:中华书局,1961年。

[92]（宋）李昉等编《太平御览》,北京:中华书局,1966年。

[93]（宋）黎靖德:《朱子语类》,北京:中华书局,1988年。

[94]（宋）李石:《续博物志》,成都:巴蜀书社,1991年。

[95]（宋）梁克家:《三山志》,福州:海风出版社,2000年。

[96]（宋）刘敞:《公是集》,《宋集珍本丛刊》第9册,北京:线装书局,2004年。

[97]（宋）楼钥:《攻瑰集》,清武英殿聚珍版丛书本。

[98]（宋）陆佃:《埤雅》,《北京图书馆古籍珍本丛刊》第5册,北京:书

目文献出版社,2000年。

[99] (宋)鲁应龙:《闲窗括异志》,北京:中华书局,1985年。

[100] (宋)罗璧:《识遗》,《影印文渊阁四库全书》第854册,台北:台湾商务印书馆,1983年。

[101] (宋)罗愿:《尔雅翼》,王云五主编:《丛书集成初编》第1148册,上海:商务印书馆,1935-1937年。

[102] (宋)吕本中:《东莱诗集》,《四部丛刊续编》,上海:商务印书馆,1934年。

[103] (宋)倪思:《经锄堂杂志》,明万历潘大复刻本。

[104] (宋)欧阳修:《新唐书》,北京:中华书局,1975年。

[105] (宋)欧阳修:《新五代史》,北京:中华书局,1974年。

[106] (宋)彭乘:《墨客挥犀》,北京:中华书局,1991年。

[107] (宋)潜说友:《咸淳临安志》,清道光十年重刊本。

[108] (宋)邵博:《邵氏闻见后录》,北京:中华书局,1983年。

[109] (宋)释法云:《翻译名义集》,《四部丛刊初编》,上海:商务印书馆,1922年。

[110] (宋)赞宁:《宋高僧传》,北京:中华书局,1987年。

[111] (宋)释志磐:《佛主统纪》,大正新修大藏经本。

[112] (宋)苏轼:《仇池笔记》,《景印文渊阁四库全书》第863册,台北:台湾商务印书馆,1983年。

[113] (宋)唐慎微:《证类本草》,北京:人民卫生出版社,1957年。

[114] (宋)王象之:《舆地纪胜》,北京:中华书局,1992年。

[115] (宋)王钦若等编:《册府元龟》,南京:凤凰出版社,2006年。

[116] (宋)魏了翁:《鹤山全集》,《四部丛刊初编》,上海:商务印书馆,1922年。

[117] (宋)吴怿:《种艺必用》,北京:农业出版社,1963年。

[118] (宋)吴曾:《能改斋漫录》,上海:上海古籍出版社,1979年。

[119] (宋)谢翱:《晞发集》,明万历刻本。

[120]（宋）徐铉撰，白化文点校：《稽神录》，北京：中华书局，1996年。

[121]（宋）叶梦得：《避暑录话》，《景印文渊阁四库全书》第863册，台北：台湾商务印书馆，1983年。

[122]（宋）岳珂：《桯史》，北京：中华书局，1981年。

[123]（宋）曾慥：《类说》，《北京图书馆古籍珍本丛刊》第62册，北京：书目文献出版社，2000年。

[124]（宋）詹大和等撰，裴汝诚点校：《王安石年谱三种》，北京：中华书局，1994年。

[125]（宋）赵汝愚：《诸臣奏议》，上海：上海古籍出版社，1999年。

[126]（宋）张君房：《云笈七签》，北京：华夏出版社，1996年。

[127]（宋）张杲：《医说》，《景印文渊阁四库全书》第742册，台北：台湾商务印书馆，1983年。

[128]（宋）周必大：《文忠集》，《景印文渊阁四库全书》第1148册，台北：台湾商务印书馆，1983年。

[129]（宋）周去非著，杨武泉校注：《岭外代答校注》，北京：中华书局，1999年。

[130]（宋）祝穆：《方舆胜览》，北京：中华书局，2003年。

[131]（宋）朱翌：《猗觉寮杂记》，《笔记小说大观》第6册，扬州：广陵古籍刻印社，1983年。

[132]（宋）朱彧：《萍洲可谈》，北京：中华书局，2007年。

[133]（宋）庄绰：《鸡肋编》，北京：中华书局，1983年。

[134]（元）释继洪：《岭南卫生方》，北京：中医古籍出版社，1983年。

[135]（元）陈孚：《陈刚中诗集》，明钞本。

[136]（元）方回：《桐江续集》，《景印文渊阁四库全书》第1193册，台北：台湾商务印书馆，1983年。

[137]（元）贾铭：《饮食须知》，北京：中国商业出版社，1985年。

[138]（元）脱脱等：《宋史》，北京：中华书局，1977年。

[139]（元）王逢：《梧溪集》，《北京图书馆古籍珍本丛刊》第95册，北

京:书目文献出版社,2000年。

[140]（元)王恽撰,杨晓春点校:《玉堂嘉话》,北京:中华书局,2006年。

[141]（元)谢应芳:《龟巢稿》,《四部丛刊三编》,上海:商务印书馆,1936年。

[142]（元)徐明善:《芳谷集》,胡思敬辑:《豫章丛书》,南昌:南昌古籍书店,杭州:杭州古籍书店,1985年。

[143]（元)叶留:《为政善报事类》,南京:江苏古籍出版社,1988年。

[144]（元)袁易:《静春堂诗集》,《景印文渊阁四库全书》第1206册,台北:台湾商务印书馆,1983年。

[145]（元)赵道一:《历世真仙体道通鉴》,明正统道藏本。

[146]（元)佚名:《居家必用事类全集》,《北京图书馆古籍珍本丛刊》第61册,北京:书目文献出版社,2000年。

[147]（明)陈仁锡:《无梦园初集》,《续修四库全书》第1383册,上海:上海古籍出版社,2001年。

[148]（明)陈汝锜:《甘露园短书》,明万历刻清康熙重修本。

[149]（明)程本立:《巽隐集》,《景印文渊阁四库全书》第1236册,台北:台湾商务印书馆,1983年。

[150]（明)戴冠:《濯缨亭笔记》,《续修四库全书》第1170册,上海:上海古籍出版社,2001年。

[151]（明)董思张:《吴兴艺文补》,《续修四库全书》第1679册,上海:上海古籍出版社,2001年。

[152]（明)杜应芳:《补续全蜀艺文志》,明万历刻本。

[153]（明)冯梦龙编:《警世通言》,海口:海南出版社,1993年。

[154]（明)冯梦龙:《增广智囊补》,《笔记小说大观》第31册,扬州:广陵古籍刻印社,1983年。

[155]（明)冯梦龙:《古今谭概》,北京:中华书局,2007年。

[156]（明)高濂著,赵立勋校注:《遵生八笺校注》,北京:人民卫生出版社,1993年。

[157] (明)何镗:《古今游名山记》,《续修四库全书》第736册,上海:上海古籍出版社,2001年。

[158] (明)黄仲昭:《八闽通志》,福州:福建人民出版社,2006年。

[159] (明)邝露:《赤雅》,北京:中华书局,1985年。

[160] (明)李乐:《见闻杂纪》,上海:上海古籍出版社,1986年。

[161] (明)李日华:《味水轩日记》,上海:上海远东出版社,1996年。

[162] (明)李时珍:《本草纲目》,北京:人民卫生出版社,1975年。

[163] (明)李苏:《见物》,北京:中华书局,1991年。

[164] (明)刘基:《多能鄙事》,明嘉靖四十二年范惟一刻本。

[165] (明)刘基:《诚意伯文集》,上海:商务印书馆,1936年。

[166] (明)刘嵩:《槎翁诗集》,《景印文渊阁四库全书》第1227册,台北:台湾商务印书馆,1983年。

[167] (明)罗玘:《圭峰集》,《景印文渊阁四库全书》第1259册,台北:台湾商务印书馆,1983年。

[168] (明)倪辂:《南诏野史》,台北:成文出版社,1968年。

[169] (明)邵经邦:《弘艺录》,清康熙邵远平刻本。

[170] (明)王肯堂:《证治准绳》,《景印文渊阁四库全书》第771册,台北:台湾商务印书馆,1983年。

[171] (明)王士性:《广志绎》,北京:中华书局,1981年。

[172] (明)王思任:《谑庵文饭小品》,《续修四库全书》第1368册,上海:上海古籍出版社,2001年。

[173] (明)王同轨:《耳谈类增》,郑州:中州古籍出版社,1994年。

[174] (明)王稺登:《王百谷集十九种》,《四库禁毁书丛刊》集部第175册,北京:北京出版社,1997年。

[175] (明)魏浚:《西事珥》,明万历刻本。

[176] (明)谢肇淛:《滇略》,《影印文渊阁四库全书》第494册,台北:台湾商务印书馆,1983年。

[177] (明)谢肇淛:《五杂俎》,上海:上海书店出版社,2001年。

[178]（明）谢肇淛:《尘余》,明万历刻本。

[179]（明）徐弘祖:《徐霞客游记校注》,昆明:云南人民出版社,1985年。

[180]（明）徐火勃:《榕阴新检》,《续修四库全书》第547册,上海:上海古籍出版社,2001年。

[181]（明）姚孙业:《亦园全集》,《四库禁毁书丛刊》集部第86册,北京:北京出版社,1997年。

[182]（明）叶盛:《泾东小稿》,《续修四库全书》第1329册,上海:上海古籍出版社,2001年。

[183]（明）张懋修:《墨卿谈乘》,明刻本。

[184]（明）周復俊:《泾林续纪》,《续修四库全书》第1124册,上海:上海古籍出版社,1996年。

[185]（明）周瑛:《翠渠摘稿》,《景印文渊阁四库全书》第1254册,台北:台湾商务印书馆,1983年。

[186]（明）朱诚泳:《小鸣稿》,《景印文渊阁四库全书》第1260册,台北:台湾商务印书馆,1983年。

[187]（明）朱国祯:《湧幢小品》,《明代笔记小说大观》,上海:上海古籍出版社,2005年。

[188]（明）祝允明:《怀星堂集》,《景印文渊阁四库全书》第1260册,台北:台湾商务印书馆,1983年。

[189]（清）百一居士:《壶天录》,《笔记小说大观》第22册,扬州:广陵古籍刻印社,1983年。

[190]（清）陈鼎:《蛇谱》,清道光吴江沈氏世楷堂刻昭代丛书本。

[191]（清）陈宏绪:《寒夜录》,清钞本。

[192]（清）陈其元:《庸闲斋笔记》,北京:中华书局,1989年。

[193]（清）陈梓:《删后文集》,《清代诗文集汇编》第254册,上海:上海古籍出版社,2010年。

[194]（清）程林:《圣济总录纂要》,《中国医学大成》第50册,上海:上海科学技术出版社,1990年。

[195]（清）褚人获：《坚瓠集》，《笔记小说大观》第15册，扬州：江苏广陵古籍刻印社，1983年。

[196]（清）杜文澜：《平定粤匪纪略》，《近代中国史料丛刊》第5辑，台北：文海出版社，1966年。

[197]（清）鄂辉：《平苗纪略》，《四库未收书辑刊》第4辑14册，北京：北京出版社，1997年。

[198]（清）方成培：《雷峰塔传奇》，台北：东方文化书局，1976年。

[199]（清）方以智：《物理小识》，上海：商务印书馆，1937年。

[200]（清）高铨：《蚕桑辑要》，《续修四库全书》第978册，上海：上海古籍出版社，2001年。

[201]（清）桂馥：《札朴》，北京：中华书局，1992年。

[202]（清）洪颐煊：《台州札记》，清钞本。

[203]（清）黄钊：《读白华草堂诗二集》，《清代诗文集汇编》第555册，上海：上海古籍出版社，2010年。

[204]（清）纪昀：《阅微草堂笔记》，上海：上海古籍出版，1980年。

[205]（清）闵麟嗣：《黄山志》，《续修四库全书》第723册，上海：上海古籍出版社，2001年。

[206]（清）梁章钜：《归田琐记》，北京：中华书局，1981年。

[207]（清）蒲松龄：《聊斋志异》，北京：人民文学出版社，1989年。

[208]（清）钱泳：《履园丛话》，北京：中华书局，1979年。

[209]（清）屈大均：《翁山诗外》，《清代诗文集汇编》第118册，上海：上海古籍出版社，2010年。

[210]（清）屈大均：《广东新语》，北京：中华书局，1985年。

[211]（清）阮元：《淮海英灵集》，《续修四库全书》第1682册，上海：上海古籍出版社，2001年。

[212]（清）施润章：《学余堂诗集》，《景印文渊阁四库全书》第1313册，台北：台湾商务印书馆，1983年。

[213]（清）孙治：《孙宇台集》，清康熙二十三年孙孝桢刻本。

[214] (清)陶元藻:《泊鸥山房集》,《清代诗文集汇编》第341册,上海:上海古籍出版社,2010年。

[215] (清)王棫:《秋灯丛话》,济南:黄河出版社,1990年。

[216] (清)汪森:《粤西丛载》,《笔记小说大观》第18册,扬州:广陵古籍刻印社,1983年。

[217] (清)汪森:《粤西诗文载》,《景印文渊阁四库全书》第1465册,台北:台湾商务印书馆,1983年。

[218] (清)文行远:《浔阳蹠醢》,清康熙谷明堂刻本。

[219] (清)吴其浚:《滇西矿厂图略》,清钞本。

[220] (清)吴伟业:《梅村家藏稿》,《清代诗文集汇编》第29册,上海:上海古籍出版社,2010年。

[221] (清)吴震方:《岭南杂记》,王云五主编:《丛书集成初编》第3129册,上海:商务印书馆,1936年。

[222] (清)徐芳:《悬榻编》,清康熙刻本。

[223] (清)许起:《珊瑚舌雕谈初笔》,《续修四库全书》第1263册,上海:上海古籍出版社,2001年。

[224] (清)宣鼎:《夜雨秋灯录》,清光绪申报馆丛书本。

[225] (清)薛福成:《庸庵笔记》,《笔记小说大观》第27册,杭州:广陵古籍刻印社,1983年,

[226] (清)慵讷居士:《咫闻录》,《笔记小说大观》第24册,杭州:广陵古籍刻印社,1983年。

[227] (清)俞蛟:《梦厂杂著》,上海:上海古籍出版社,1988年。

[228] (清)俞樾:《右台仙馆笔记》,上海:上海古籍出版社,1986年。

[229] (清)俞樾:《耳邮》,《笔记小说大观》第26册,杭州:广陵古籍刻印社,1983年。

[230] (清)张廷玉等:《明史》,北京:中华书局,1974年。

[231] (清)张之洞等:《光绪顺天府志》,《续修四库全书》第684册,上海:上海古籍出版社,2001年。

[232]（清）赵彪诏：《说蛇》,《续修四库全书》第1120册,上海：上海古籍出版社,2001年。

[233]（清）赵吉士：《寄园寄所寄》,上海：大达图书供应社,1935年。

[234]（清）郑光祖：《一斑录》,北京：中国书店,1999年。

[235] 民国《杭州府志》卷八十,民国十一年铅印本。

二、近人研究

（一）汉文论著

[1] 仓林忠：《龙脉寻踪》,银川：宁夏人民出版社,2007年。

[2] 岑大利、高永建、任寅虎主编：《中国古代的乞丐》,北京：商务印书馆国际有限公司,1995年。

[3] 陈建平、王光西主编：《人体寄生虫学彩色图谱》,成都：四川大学出版社,2004年。

[4] 丁山：《中国古代宗教与神话考》,上海：上海书店出版社,2011年。

[5] 郭郛等：《中国古代动物学史》,北京：科学出版社,1999年。

[6] 郝守刚等编：《生命的起源与演化：地球历史中的生命》,北京：高等教育出版社,2000年。

[7] 何新：《诸神的起源》,北京：生活·读书·新知三联书店,1986年。

[8] 何新：《龙：神话与真相》,北京：时事出版社,2002年。

[9] 何星亮：《中国图腾文化》,北京：中国社会科学出版社,1992年。

[10] 何业恒：《湖南珍稀动物的历史变迁》,长沙：湖南教育出版社,1990年。

[11] 何业恒：《中国珍稀兽类的历史变迁》,长沙：湖南科技出版社,1993年。

[12] 何业恒：《中国珍稀鸟类的历史变迁》,长沙：湖南科技出版社,1994年。

[13] 何业恒：《中国虎与中国熊的历史变迁》,长沙：湖南师范大学出

版社,1996年。

[14] 何业恒:《中国珍稀爬行类两栖类和鱼类的历史变迁》,长沙:湖南师范大学出版社,1997年。

[15] 何业恒:《中国珍稀兽类的历史变迁 II》,长沙:湖南师范大学出版社,1997年。

[16] 黄永年、陈枫校点:《王荆公唐百家诗选》,沈阳:辽宁教育出版社,2000年。

[17] 吉成名:《中国崇龙习俗研究》,天津:天津古籍出版社,2002年。

[18] 李贵龙、王建勋主编:《绥德汉代画像石》,西安:陕西人民美术出版社,2001年。

[19] 李锦绣:《唐代财政史稿》,北京:北京大学出版社,1995年。

[20] 李慰祖:《四大门》,北京:北京大学出版社,2011年。

[21] 李雍龙主编:《人体寄生虫学》,北京:人民卫生出版社,2008年。

[22] 李玉尚:《海有丰歉:黄渤海的鱼类与环境变迁(1368~1958)》,上海:上海交通大学出版社,2011年。

[23] 梁志平:《水乡之渴:江南水质环境变迁与饮水改良(1840–1980)》,上海:上海交通大学出版社,2014年。

[24] 卢汉超:《叫街者:中国乞丐文化史》,北京:社会科学文献出版社,2012年。

[25] 马承源主编:《中国青铜器》,上海:上海古籍出版社,2003年。

[26] 丘光明编著:《中国历代度量衡考》,北京:科学出版社,1992年,第446页。

[27] 曲彦斌:《中国乞丐史》,北京:九州出版社,2007年。

[28] 王大有:《龙凤文化源流》,北京:北京工艺美术出版社,1988年。

[29] 王光照:《中国古代乞丐风俗》,西安:陕西人民出版社,1994年。

[30] 王建中、闪修山:《南阳两汉画像石》,北京:文物出版社,1990年。

[31] 王杰瑜:《政策与环境:明清时期晋冀蒙接壤地区生态环境变迁》,太原:山西人民出版社,2009年。

[32] 王元林：《泾洛流域自然环境变迁研究》，北京：中华书局，2005年。

[33] 卫聚贤：《古史研究》，上海：上海文艺出版社，1990年。

[34] 文焕然等：《中国历史时期植物与动物变迁研究》，重庆：重庆出版社，1995年。

[35] 闻一多：《伏羲考》，《神话与诗》，天津：天津古籍出版社，2008年。

[36] 吴汝康等：《人类的起源和发展》，北京：科学出版社，1980年。

[37] 吴山编：《中国历代装饰纹样》第1册，北京：人民美术出版社，1992年。

[38] 吴征镒主编：《中国植被》，北京：科学出版社，1980年。

[39] 颜家安：《海南岛生态环境变迁研究》，北京：科学出版社，2008年。

[40] 尹玲玲：《明清两湖平原的环境变迁与社会应对》，上海：上海人民出版社，2008年。

[41] 徐乃湘、崔岩峋：《说龙》，北京：紫禁城出版社，1987年。

[42] 杨利慧：《女娲的神话与信仰》，北京：中国社会科学出版社，1998年。

[43] 杨利慧：《女娲溯源—女娲信仰起源地的再推测》，北京：北京师范大学出版社，1999年。

[44] 赵尔宓：《中国蛇类》，合肥：安徽科学技术出版社，2006年。

[45] 赵尔宓、黄美华、宗愉等编著：《中国动物志·爬行纲》，北京：科学出版社，1998年。

[46] 周德钧：《乞丐的历史》，北京：中国文史出版社，2005年。

[47] 周明镇等：《脊椎动物进化史》，北京：科学出版社，1979年。

[48] 周绍良主编：《唐代墓志汇编》，上海：上海古籍出版社，1992年。

[49] 南京中医药大学编著：《中药大辞典》，上海：上海科学技术出版社，2006年。

[50] 浙江医科大学等编：《中国蛇类图谱》，上海：上海科学技术出版社，1980年。

[51] 中国画像石全集编辑委员会：《中国画像石全集》，郑州：河南美术出版社，济南：山东美术出版社，2000年。

[52]《中国药用动物志》协作组编著:《中国药用动物志》,天津:天津科学技术出版社,1983年。

(二)汉文硕博论文

[1] 白春霞:《战国秦汉时期龙蛇信仰的比较研究》,陕西师范大学硕士学位论文,2005年。

[2] 卜会玲:《神话中的蛇意象研究》,陕西师范大学硕士学位论文,2011年。

[3] 代岱:《中国古代的蛇崇拜和蛇纹饰研究》,苏州大学硕士学位论文,2008年。

[4] 戴孝军:《中国古塔及其审美文化特征》,山东大学博士学位论文,2014年。

[5] 寇雪苹:《先秦文献中的蛇意象考察》,西北大学硕士学位论文,2012年。

[6] 连雯:《魏晋南北朝时期南方生态环境下的居民生活》,南开大学博士学位论文,2013年。

[7] 黄鹏:《〈埤雅〉动植物名物训释研究》,扬州大学硕士学位论文,2014年。

[8] 王馨英:《唐代河南道土贡探析》,安徽大学硕士学位论文,2013年。

[9] 袁本海:《唐代关内道与江南道土贡对比研究——兼论唐中后期经济的发展》,中央民族大学硕士学位论文,2005年。

[10] 袁丽丽:《唐代河北道土贡研究》,河北师范大学硕士学位论文,2011年。

[11] 赵仁龙:《唐代宦游文士之南方生态意象研究》,南开大学博士学位论文,2012年。

(三)汉文期刊论文

[1] 白公湜:《蛇类的起源与演化》,《生物进化》2007年第4期。

[2] 曹淑芬:《蛇可能在陆地上演化》,《科学之友》(上旬刊)2012年第10期。

[3] 陈伟涛:《龙起源诸说辩证》,《史学月刊》2012年第10期。

[4] 范立舟:《伏羲、女娲神话与中国古代蛇崇拜》,《烟台大学学报》(哲学社会科学版)2002年第4期。

[5] 苟萃华、许抗生:《也谈我国古代的生物分类学思想》,《自然科学史研究》1982年第2期。

[6] 郭殿勇:《论龙的起源与演变关系》,《内蒙古社会科学》(文史哲版)1996年第4期。

[7] 胡人朝:《重庆市化龙桥东汉砖墓的清理》,《考古通讯》1958年第3期。

[8] 黄正建:《试论唐代前期皇帝消费的某些侧面—以〈通典〉所记常贡为中心》,《唐研究》第六卷,北京:北京大学出版社,2000年。

[9] 景以恩:《龙的原型为扬子鳄考辨》,《民俗研究》1988年第1期。

[10] 兰益辉:《从〈本草纲目·释名〉看中国古代动植物命名的方法》,《自然科学史研究》1989年第2期。

[11] 李荣华:《“南方本多毒,北客恒惧侵”:略论唐代文人的岭南意象》,《鄱阳湖学刊》2010年第5期。

[12] 罗世荣:《龙的起源及演变》,《四川文物》1988年第2期。

[13] 梅雪芹:《从环境的历史到环境史——关于环境史研究的一种认识》,《学术研究》2006年第9期。

[14] 祁庆福:《养鳄与豢龙》,《博物》1981年第2期。

[15] 孙作云:《敦煌画中的神怪画》,《考古》1960年第6期。

[16] 唐长寿:《乐山柿子湾崖墓画像石刻研究》,《四川文物》2002年第1期。

[17] 王赫、王炎松:《基于文化传播与审美心理的中国古建筑屋顶曲线起源初探》,《华中建筑》2015年第11期。

[18] 王利华:《浅议中国环境史学建构》,《历史研究》2010年第1期。

[19] 王利华:《探寻吾土吾民的生命足迹——浅谈中国环境史的“问

题"和"主义"》,《历史教学》2015年第12期。

[20] 王立仕:《淮阴高庄战国墓》,《考古学报》1988年第2期。

[21] 王馨英:《唐代土贡制度探析》,《天中学刊》2012年第5期。

[22] 王永兴:《唐代土贡资料系年》,《北京大学学报》(哲学社会科学版)1982年第4期。

[23] 吴杰华:《再论高祖斩白蛇》,《中国典籍与文化》2017年第1期。

[24] 夏炎:《唐代后期土贡物产的流动》,《南开学报》(哲学社会科学版)2015年第2期。

[25] 萧兵:《操蛇或饰蛇:神性与权力的象征》,《民族艺术》2002年第3期。

[26] 阎爱民:《汉代夫妇合葬习俗与"夫妇有别"观念》,《天津师范大学学报》(社会科学版)2011年第2期。

[27] 杨恒平:《裴渊〈广州记〉辑考》,《中国典籍与文化》2014年第1期。

[28] 杨通进:《中西动物保护伦理比较论纲》,《道德与文明》2000年第4期。

[29] 杨通进:《非典、动物保护与环境伦理》,《求是学刊》2003年第5期。

[30] 杨通进:《动物拥有权利吗》,《河南社会科学》2004年第6期。

[31] 杨通进:《人对动物难道没有道德义务吗——以归真堂活熊取胆事件为中心的讨论》,《探索与争鸣》2012年第5期。

[32] 杨通进:《环境伦理学对物种歧视主义和人类沙文主义的反思与批判》,《伦理学研究》2014年第6期。

[33] 游修龄:《龙和稻文化》,《中国稻米》1994年第2期。

[34] 张俊杰:《试析蛇馔在中国古代饮食文化中的缺失现象及原因》,《农业考古》2013年第1期。

[35] 张仁玺:《唐代土贡考略》,《山东师范大学学报》(人文社会科学版)1992年第3期。

[36] 张晓培:《蛇从陆地进化而来的新证据》,《科学画报》2006年第6期。

[37] 张志尧:《人首蛇身的伏羲、女娲与蛇图腾崇拜——兼论〈山海经〉中人首蛇身之神的由来》,《西北民族研究》1990年第1期。

[38] 邹卫东:《岭南食蛇习俗考》,《岭南文史》2000年第1期。

[39] 左鹏:《论唐诗中的江南意象》,《江汉论坛》2004年第3期。

三、外文论著(译著)

[1] A Ohman and S Mineka , "The Malicious Serpent Snakes as a Proto-typical Stimulus for an Evolved Module of Fear,"*Current Directions in Psychological Science*, vol.12, 2010.

[2] 仓桥由美子:《蛇:爱の阴画》,东京:丰国印刷株式会社,2009年。

[3] 丹尼斯·兆著,李鉴踪译:《蛇与中国信仰习俗》,《文史杂志》1991年第1期。

[4] 谷川健一:《蛇:不死と再生の民俗》,东京:富山房インタナーショナル株式会社,2012年.

[5] 吉川忠夫、麦谷邦夫编,朱越利译:《真诰》,北京:中国社会科学出版社,2006年。

[6] 吉野裕子:《日本人の死生观》,京都:人文书院,1995年。

[7] 吉野裕子:《蛇:日本の蛇信仰》,东京:讲谈社学术文库,1999年。

[8] 吉野裕子:《蛇:山の神》,东京:丰国印刷株式会社,2008年。

[9] JJ.Head , JI Bloch, AK Hastings, et al, "Giant boid snake from the Palaeocene neotropics reveals hotter past equatorial temperatures," Nature, vol.457, 2009.

[10] Judy S.DeLoache and Vanessa LoBue, "The narrow fellow in the grass: Human infants associate snakes and fear," *Developmental Science*, vol.12, 2010.

[11] Martin J.Batty and Kyle R.Cave, Paul Pauli, "Abstract stimuli associated with threat through conditioning cannot be detected preattentively,"*Emotion*, vol.5, 2005.

[12] Michael W. Caldwell, Randall L. Nydam, et al, " The oldest known snake from the Middle Jurassic−Lower Cretaceous provide insights on snake evolution, "*Nature Communications*, vol.6, 2015.

[13] Nicolas Vidal and S. Blair Hedges, "Molecular evidence for a terrestrial origin of snakes," *Proceedings of the Royal Society B Biological Sciences*, Suppl 4, 2004.

[14] Ohman, Arne, A Flykt, F Esteves, "Emotion Drives Attention:Detecting the Snake in the Grass," *Journal of Experimental Psychology General*, vol.130, 2001.

[15] Ottmar V. Lipp, Nazanin Derakshan, Allison M. Waters, Sandra Logies, "Snakes and cats in the flower bed:Fast detection is not specific to pictures of fear−relevant animals," *Emotion*, vol.4, 2004.

[16] R Nielsen, JM Akey, M Jakobsso, et al, "tracing the peopling of the world through genomics,"*Nature*, vol.541, 2017.

[17] RN Ondarza, "The dragons of eden.:Speculations on the evolution of intelligence,"*Critical Care*, vol.11, 1978.

[18] Thomas N. Headland and Harry W. Greene, "Hunter−gatherers and other primates as prey, predators, and competitors of snakes," *Proceedings of the National Academy of Sciences of the United States of America*, vol. 108, 2011.

[19] Vanessa LoBue and Judy S. DeLoache, "Detecting the Snake in the Grass—Attention to Fear−Relevant Stimuli by Adults and Young Children," *Psychological Science*, vol.19, 2008.

[20] Vanessa LoBue and Judy S. DeLoache, "What so special about slithering serpents? Children and adults rapidly detect snakes based on their simple features," *Visual Cognition*, vol.19, 2011.

[21] 薛爱华著,程章灿、叶蕾蕾译:《朱雀:唐代的南方意象》,北京:生活·读书·新知三联书店,2014年。

后 记

　　本书是在本人博士论文的基础上删减而成。2014年从隋唐史转向环境史的过程中，我逐渐进入了历史动物领域，其中最重要的因缘之一是，一直以来我偏向于关注其他学者很少关注的问题。历史动物在文焕然、何业恒两位先生之后，极少有学者坚持做相关领域的研究。为了避免陷入以往历史地理侧重于关注动物分布、变迁的模式，蛇在偶然的情况下进入了我的视野，因为我们目前很难确定秦汉以来中国这片土地上的蛇发生过哪些变迁，而其在中国文明中的地位又举足轻重。在具体研究思考过程中，我曾经历过一段比较艰难的时光，在无法梳理蛇分布变迁的情况下，从什么样的角度出发才能做出不同以往的研究，环境史的出现到底能够给历史动物研究贡献什么？

　　由于相关领域的学者极少，目前已有的研究并不能给我提供直接可以借鉴的路径。在这个过程中，要感谢导师王利华先生及陕西师范大学侯甬坚教授。王老师的思维非常活跃，总是能够在我迷茫之时给我勇气、方向。侯甬坚教授在我写作之前就已经开始突破传统的历史动物地理书写模式，他在这方面有非常多的思考。这两位老师是我在思考的汪洋中可以依靠的两座港湾。

　　对于这个题目的思考一直延续到2016年，这一年我到日本爱知大学进行为期一年的交流。抵达日本后，除了必要的课程，剩余的时间较多，在这里我沉下心梳理了之前的思考，确定了"自然恐惧"这条写作线索。在征得指导老师同意后，开始了写作。在日本的这一年，论文大部分已完成，这得益于之前在思考的过程中，我已经将资料搜集完毕，并进行了分类整理。当然，这里更要感谢我的日本导师黄英哲先生，他对我在课程之余花大量精力完成南开大学的博士论文给予了充分的理解和支持。

在论文完成的过程中,有过一段愉快的时光,论文的写作思路与历史动物领域中的其他论著是不一样的,在一些问题上也有了一些突破,这些都让我兴奋不已。在后续的写作和思考中,论文内容不够细致的缺点被呈现。曾经也思考过是否只关注某一时段或者某一地域,没有如此操作与史料的限制有关,与个人的学术能力、水平也有一定的关联。接下来,我可能会沿着限制时空的方向研究历史动物,前提是换一种其他动物,因为蛇的种类太多,史料记载过于模糊,在严格限制时空的情况下做出有创意的研究并不容易。

这本书难以避免存在一些不足和缺陷,在历史动物研究的道路上,我至今仍在摸索,诸多的思考都是不成熟的,而本书正是建立在这种摸索的基础上。可喜的是,现在学界多了一些以历史动物为研究旨趣的同仁,相关的成果逐渐多了起来,以后在这个领域也有了更多可以交流、碰撞的群体。

似乎难以避免的一个通病是,当我们花费时间在学术研究上时,不自觉地会忽略掉一些家庭的责任,至少在一段时间内,没有家人的支持,研究工作会受到很大的干扰,在此必须感谢家人对我学术研究的支持与理解。

在文稿付梓过程中,我还要感谢天津人民出版社吴丹编辑、天津师范大学姚志鹏博士。吴丹编辑修正了很多问题,提高了文稿质量。姚志鹏博士在稿件审读上做了大量工作,发现了稿件中不少硬伤。是吴丹编辑、姚志鹏博士及出版社其他成员的辛勤付出才使得这本书能够问世。

吴杰华

2022 年 10 月 19 日